선박 기인 대기오염물질 및 배출량 산정

이원주·여실중·김정국 지음

도서출판 GS인터비전

머리말

지금 인류는 '환경'이라는 공통의 과제를 마주하고 있습니다. 기후변화는 더 이상 먼 미래의 이야기가 아니며, 대기오염과 자원 고갈은 이미 우리의 일상 속에서 피부로 체감되고 있습니다.

이러한 위기는 생태계의 균형을 무너뜨릴 뿐 아니라, 인류의 지속 가능성마저 위협하고 있습니다. 이제 환경 문제는 선택이 아닌 필수의 영역이며, 그 해답은 과학적 근거에 기반한 행동에서 출발해야 합니다.

이러한 시대적 요구 속에서, 해운 및 조선 산업은 중대한 전환점을 맞이하고 있습니다. 선박은 글로벌 물류의 90% 이상을 담당하는 핵심 수단이지만, 동시에 탄소와 질소산화물, 황산화물, 입자상물질(PM) 등 다양한 대기오염물질을 배출하는 '이동하는 오염원'이기도 합니다. 국제해사기구(IMO)를 비롯한 각국 정부의 환경규제는 점점 더 엄격해지고 있으며, 산업계는 이에 대응하기 위한 실질적이고 구체적인 해법을 절실히 필요로 하고 있습니다.

이 책은 이러한 문제의식에서 출발하여, "선박 배출량 산정 방법론"이라는 주제를 심도 있게 다루고자 합니다. 단순한 기술적 접근을 넘어, 선박에서 발생하는 대기오염물질을 과학적이고 체계적으로 계량하고, 이를 바탕으로 환경정책 수립과 산업 전략 설계에 활용할 수 있는 방법론적 기반을 마련하는 것이 본서의 핵심 목적입니다.

이 책은 다음과 같은 방향을 지향합니다.

첫째, 선박 배출물질의 종류와 특성을 체계적으로 정리하고, 국내외 관련 환경규제 동향을 폭넓게 조망합니다.

둘째, 항만 및 해상에서의 배출량 산정기법을 정리하고, 실제 적용사례를 통해 현장성을 높였습니다.

셋째, 다양한 유형의 선박, 운항 조건, 연료별 특성을 반영한 맞춤형 배출량 평가 기법을 소개하고,

넷째, 전주기(LCA)적 접근을 접목하여 보다 종합적이고 정량적인 평가가 가능하도록 설계하였습니다.

이 책은 환경 분야 전문가, 해운·항만업계의 관리자, 관련 학문을 공부하는 대학생 및 대학원생, 정부·지자체의 환경정책 담당자 등 다양한 독자층에게 실질적인 가이드가 될 것입니다. 또한, 실무 중심의 사례와 함께 각종 국제 보고서 및 국내외 통계를 활용하여 이론과 실제를 겸비한 교재로서 활용도를 높이고자 하였습니다.

선박 산업은 인류 문명의 동맥인 동시에, 오늘날 환경 위기 시대의 책임 있는 주체입니다. 본 저서가 해양 산업 현장과 학계, 정책 현장을 연결하는 다리로서 기능하기를 바라며, 해양환경의 지속 가능성을 고민하는 모든 분들에게 깊은 통찰과 실천적 도구가 되기를 진심으로 기원합니다.

저자 일동

차례

CHAPTER 1

CHAPTER 1

선박 기인 대기오염의 배경과 중요성

1.1 국내외 환경규제 및 정책

1.1.1 국내 환경규제 및 정책

산업화와 도시화가 급격하게 진행되면서 제조업, 발전소 등에서 배출되는 오염물질과 자동차, 버스, 트럭 등 교통수단에서 배출되는 배기가스가 대기질을 악화시키고 있다. 또한, 난방과 농업 활동도 대기오염 문제를 가중시키고 있다. 특히, 초미세먼지($PM_{2.5}$)는 국민 건강에 큰 영향을 미치는 주요 대기오염물질로 지목되고 있으며, 이에 따라 호흡기 질환과 심혈관 실환 등의 빌생률이 증가하고 있다.

국제 해운은 전 세계 무역의 약 78%를 차지하고 있으며, 이 부문의 배출량은 국제 무역에서 전 세계 온실가스 배출량의 약 2.4%를 차지한다. 이는 높은 수치가 아닌 것으로 보일 수 있지만, 아무런 조치가 취해지지 않으면 이 배출량은 2012년부터 2050년까지 50%에서 최대 250%까지 증가할 것으로 예측되고 있다. 이처럼 선박은 해상운송에서 중요한 역할을 담당하지만, 동시에 대기오염을 심화시키는 주요 요인으로 작용하고 있다. 특히, 선박의 디젤 엔진에서 배출되는 질소산화물(NOx), 황산화물(SOx), 입자상 물질(Particulate matter, PM) 등은 항만 도시의 대기질을 악화시키는 주요 요인이다.

인류의 영향으로 대기 중 온실가스(Greenhouse gas, GHG) 농도는 꾸준히 증가해 왔으며, 2019년을 기준으로 평균 이산화탄소(Carbon dioxide, CO_2), 메탄(CH_4) 및 아산화질소(N_2O)의 농도는 각각 410 ppm, 1,866 ppb, 332 ppb에 달했다. 2021년 IPCC(Intergovernmental Panel on Climate Change) 6차 평가보고서에 따르면, 사회발전과 온실가스 감축 정도에 따른 미래 시나리오에서 산업기술의 빠른 발전에 중점을 두어 화석연료 사용을 여전히 지속할 경우 2,100년 대기 중 CO_2 농도는 1,100 ppm을 기록할 것으로 예상된다. 특히, 대기 중 CO_2 농도가 1,100 ppm에 달할 경우, 인체에 미치는 영향은 심각할 수 있다. 높은 농도의 CO_2는 호흡기계와 심혈관계에 부담을 주며, 장기적으로는 인체의 산-염기 균형에 영향을 미쳐 대사 과정에 부정적인 영향을 미칠 수 있다.

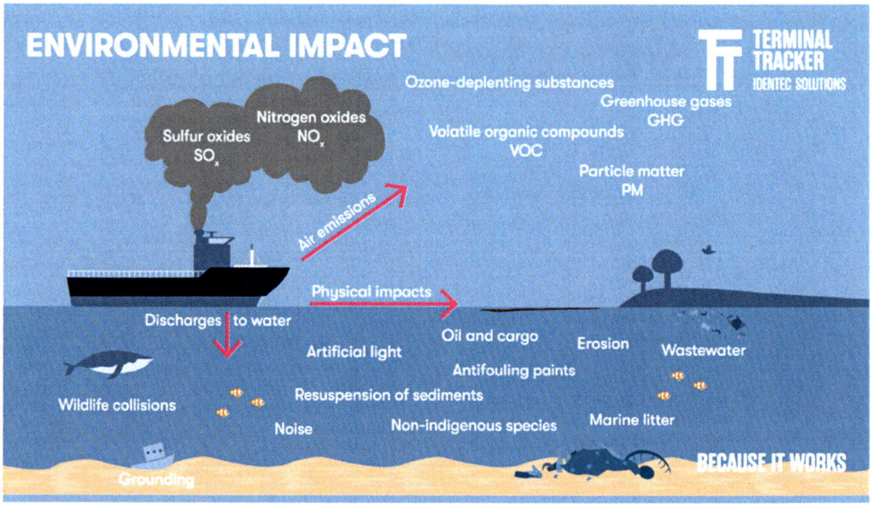

그림 1-1 선박으로부터 배출되는 오염물질에 따른 환경적 영향(출처: Identec solutions)

(1) 선박에서 발생하는 대기오염물질: 국내

최근 환경부 국가미세먼지정보센터에서 제공한 국가 대기오염물질 배출량 보고서에 따르면, 선박에서 배출되는 주요 대기오염물질의 양과 비중은 다음과 같다.

선박에서 배출되는 질소산화물(NOx)은 연간 약 160,005톤으로, 이는 전체 NOx 배출량의 약 18.1%를 차지한다. 질소산화물은 대기 중에서 산성비의 원인이 되며, 호흡기 질환을 유발할 수 있다. 황산화물(SOx)은 연간 약 7,872톤이 배출되며, 이는 전체 SOx 배출량의 약 4.9%에 해당한다. 미세먼지(PM_{10})는 연간 약 9,239톤이 배출되며, 전체 PM_{10} 배출량의 약 6.3%를 차지한다. 초미세먼지($PM_{2.5}$)의 경우 연간 약 8,633톤이 배출되어 전체 $PM_{2.5}$ 배출량의 약 5.9%에 해당한다. 또한, 휘발성유기화합물(Volatile Organic Compounds, VOCs)은 연간 약 50,471톤이 배출되며, 이는 전체 VOCs 배출량의 약 5.0%를 차지한다. 추가적으로, 일산화탄소(Carbon Monoxide, CO)는 연간 약 121,873톤이 배출되어 전체 CO 배출량의 약 12.1%를 차지한다.

이러한 데이터는 선박이 항만과 연안 지역의 대기질을 악화시키는 주요 요인임을 보여주며, 특히 NOx와 PM 배출에 큰 영향을 미치고 있음을 나타낸다. 선박 배출물질은 대기 중에서 다양한 화학 반응을 일으켜 2차 오염물질을 형성하고, 이는 환경과 인체 건강에 심각한 영향을 미친다. 따라서 선박 배출량 관리와 저감 대책의 중요성이 더욱 강조되고 있다.

(2) 국내 환경규제 및 관련 법령

우리나라 또한 미세먼지 문제의 심각성을 인식하고, 국가 차원의 종합적 대응을 위한 「미세먼지 관리 종합대책」(2017년 9월)을 발표한 이후, 「미세먼지 저감 및 관리에 관한 특별법」을 제정하여 2019년 2월 15일부터 시행하였다.

하지만, 선박·항만과 관련한 구체적인 실행안이 부족하다는 지적이 있어, 친환경 선박의 개발·보급·촉진을 위한 「환경친화적 선박의 개발 및 보급 촉진에 관한 법률」과 항만 및 인근 지역의 미세먼지 배출과 오염을 집중 관리하기 위한「항만지역 등 대기질 개선에 관한 특별법」을 제정하였으며, 2020년 1월부터 시행 중이다.

대기오염 관리 관련 일반 법령과 선박 대기오염물질 배출 관련 법령은 표 1-1과 같이 구분하고 세분화할 수 있으며, 최근 새롭게 제정된 선박의 대기오염물질 배출 관련 법률을 소개하면 다음과 같다.

1) 환경친화적 선박의 개발 및 보급 촉진에 관한 법률

「환경친화적 선박의 개발 및 보급 촉진에 관한 법률」은 해양운송 증가와 함께 선박에서 배출되는 대기오염물질이 심각한 환경 문제로 대두됨에 따라 제정되었다. 이 법률의 목적은 친환경 기술을 적용한 선박의 개발과 보급을 촉진하여 해양환경을 보호하고 대기오염을 줄이는 것이다. 이를 통해 해양 부문의 지속 가능한 발전을 도모하고, 국제해사기구(International Maritime Organization, IMO)의 환경 규제를 준수하며, 국내 해양산업의 경쟁력을 강화하고자 한다. 주요 내용으로는 다음과 같다.

표 1-1 선박 대기오염물질 배출 저감기술 관련 법률 개요(출처: 안용성 외, 2019)

구 분	법 령	목 적	시행일
일반 기본	저탄소 녹색성장 기본법	• 저탄소 녹색성장에 필요한 기반 조성 • 녹색기술, 녹색산업을 성장동력으로 활용	2010.4.14
	환경정책 기본법	• 환경정책의 기본 사항을 정하여 환경 오염과 환경훼손 예방 • 환경을 지속가능하게 관리·보전	1991.2.2
	대기환경 보전법	• 대기환경을 적정하고 지속가능하게 관리·보전	2019.7.16
일반 적용	환경개선비용 부담법	• 환경개선에 필요한 비용을 부담하여 환경개선을 위한 투자재원 조달	2015.7.1
	수도권 대기환경개선에 관한 특별법	• 수도권지역 대기환경 개선을 위해 종합적 시책 추진 • 대기오염원 체계적 관리	2018.12.20
	대기관리권역의 대기환경 개선에 관한 특별법	• 대기환경 개선을 위한 종합적인 시책 추진 • 대기오염원 체계적 관리	2020.4.3
해양/연안 기본	해양환경관리법	• 해양오염물질을 발생시키는 발생원 관리 • 해양오염물질의 배출 규제 • 해양오염 예방, 개선, 대응, 복원에 필요 사항 규정	2008.1.20
선박 대상 기본	선박안전법	• 선박 감항성 유지 및 안전운항에 필요한 사항 규정	1961.12.30
항만 대상 기본	항만법	• 항만 지정·개발·관리·사용 및 재개발 사항 규정 • 항만의 건설 추진 및 관리·운영의 효율화 도모	1967.4.30
항만배출저감-관리 적용	항만지역등 대기질 개선에 관한 특별법	• 항만지역등 대기질 개선을 위한 종합적인 시책 추진 • 항만배출원 체계적 관리	2020.1.1
친환경선박 개발-보급 적용	환경친화적 선박의 개발 및 보급 촉신에 관한 법률	• 환경친화적 선박의 개발 및 보급·촉진하기 위한 종합적인 계획 및 시책 수립	2020.1.1

(가) 산업통상자원부장관 및 해양수산부장관은 환경친화적 선박의 개발 및 보급에 관한 기본방향 등이 포함된 환경친화적 선박의 개발 및 보급을 촉진하기 위한 기본계획을 관계 중앙행정기관의 장의 의견을 들어 5년마다 공동으로 수립하도록 함(제3조).

(나) 해양수산부장관은 환경친화적 선박 및 기자재에 대하여 인증제를 시행할 수 있도록 함(제6조).

(다) 환경친화적 선박의 개발 정책에 관하여 필요한 사항을 관계 중앙행정기관의 장과 협의하기 위하여 산업통상자원부에 환경친화적 선박의 개발에 관한 정책협의회를 둠(제7조).

(라) 국가는 환경친화적 선박 관련 기술개발을 효율적으로 추진하기 위하여 기술기반 구축사업, 국제기술협력사업, 산업기술인력양성 및 교육훈련사업 등을 추진할 수 있도록 함(제9조).

(마) 국가, 지방자치단체, 공공기관, 지방공기업의 장은 선박을 조달하는 경우 해양수산부령으로 정하는 특별한 사정이 없으면 환경친화적 선박으로 구입해야 하고, 해양수산부장관은 구입 의무를 이행하지 아니한 국가, 지방자치단체, 공공기관 및 지방공기업의 명단을 공표할 수 있도록 함(제13조).

2) 항만지역 등 대기질 개선에 관한 특별법

「항만지역 등 대기질 개선에 관한 특별법」은 항만과 그 인근 지역에서 발생하는 대기오염물질이 지역 주민들의 건강에 심각한 영향을 미치는 문제를 해결하기 위해 제정되었다. 이 법률의 목적은 항만 및 인근 지역의 대기질을 개선하고, 주민들의 건강을 보호하기 위해 항만에서 발생하는 대기오염물질을 집중 관리하는 것이다. 이를 위해 항만 내 연료의 황 함유량 규제, 대기오염물질 배출량 모니터링 등의 조치를 포함하고 있다.

특히, 항만지역의 미세먼지는 선박 운항, 화물 하역 과정에서 주로 발생하고 있으나 현행 「대기환경보전법」 및 「수도권 대기환경개선에 관한 특별법」, 「해양환경관리법」으로는 해당 대기오염 배출원을 관리하는 데 어려움이 많다. 또한, 육상 대도시 중심으로 미세먼지 대책이 수립되고 있어 항만지역은 정책 우선순위에서 소외되는 문제점이 발생하고 있다.

따라서 이 법률은 항만지역의 미세먼지 등 대기오염물질 배출을 저감하고 효율적으로 관리함으로써 항만지역 주민의 건강에 미치는 위해를 예방하고 보다 쾌적한 생활환경을 조성하기 위해 제정되었다. 이를 통해 항만지역 등 대기질 개선에 대한 종합적인 대책을 마련하고, 항만지역의 대기오염물질 배출원을 규제하며, 환경친화적 선박을 확대하고 친환경 항만 인프라를 구축할 수 있도록 하고자 한다. 주요 내용으로는 다음과 같다.

(가) "항만지역등"을 「항만법」 제2조제4호에 따른 항만구역, 「어촌 · 어항법」 제2조제4호에 따른 어항구역, 「영해 및 접속수역법」에 따른 내수, 영해 및 접속수역으로 정의하고, "항만배출원"을 항만지역등에서 대기오염물질을 배출하는 선박, 하역장비, 자동차 등으로서 해양수산부령으로 정하는 것으로 정의함(제2조).

(나) 해양수산부장관은 환경부장관과의 사전협의와 「해양수산발전 기본법」 제7조에 따른 해양수산발전위원회의 심의 등을 거쳐 5년마다 항만지역등 대기질 개선 종합계획을 수립하고, 관계 행정기관의 장은 해당 종합계획의 시행에 필요한 조치를 하도록 규정함(제7조 및 제8조).

(다) 환경부장관과 해양수산부장관은 공동으로 항만지역등의 대기질 현황 및 변화에 대한 실태조사를 위하여 항만지역등 대기질측정망을 설치하고, 항만지역등의 대기질을 상시 측정하여야 하며, 항만지역등의 대기질에 관한 측정결과를 해양환경종합정보망에 반영하여 활용하여야 함(제9조).

(라) 해양수산부장관은 선박에서 발생하는 대기오염물질 저감을 위해 항만대기질관리구역 내에 황산화물 배출규제해역을 지정할 수 있도록 하고, 저속운항해역을 지정하여 선박의 소유자로 하여금 일정 속도 이하로 운항하도록 권고할 수 있도록 규정함(제10조 및 제11조).

(마) 국가기관, 지방자치단체, 공공기관 및 지방공기업의 장이 항만대기질관리구역을 운항할 예정인 선박으로서 대통령령으로 정하는 용도로 사용될 선박을 새로 조달하는 경우 환경친화적 선박으로 구매하도록 함(제12조).

(바) 비산먼지를 발생시키는 석탄, 곡물 등 해양수산부령으로 정하는 화물을 운송하는 항만사업자는 비산먼지의 발생을 억제하기 위한 시설을 설치하거나 필요한 조치를 하여야 함(제13조).

(사) 항만사업자는 대통령령으로 정하는 하역장비 배출가스허용기준에 맞게 하역장비를 운영하여야 하고, 항만관리청은 항만사업자가 환경친화적 하역장비를 우선 사용하도록 권고할 수 있도록 함(제14조 및 제15조).

(아) 해양수산부장관이 대기오염물질을 많이 배출할 우려가 있는 자동차에 대해 항만시설과 어항시설에의 출입을 제한할 수 있도록 규정함(제16조).

(자) 친환경 항만 구축에 필요한 사항을 규정하고, 해양수산부장관 또는 항만시설의 소유자로 하여금 미세먼지 등 오염물질이 다량으로 배출하는 선박이 이용하는 항만시설로서 대통령령으로 정하는 항만시설에 육상전원공급설비를 설치하도록 규정하며, 선박소유자에게 선박 내에 육상전원공급설비에서 공급되는 전력을 수급할 수 있는 장치인 수전장치의 설치를 권고할 수 있도록 규정함(제17조 및 제18조).

특히, 표 1-2와 같이「항만지역 등 대기질 개선에 관한 특별법」에 의거, 고유황 연료유에서 0.1% 이하 저유황 연료유로 교환하는 선박은 연료유 배관에 기준을 초과하는 연료유가 남아있지 않도록 주의해야 하고, 승선점검에 대비하여 연료유 교환일시와 위치를 기관일지에 기록하는 등 관련 법령을 준수하여야 한다.

표 1-2 항만대기질법에 따른 선박 주요 조치사항

구 분	내 용	비 고
주요 조치사항	• 황함유량이 0.1% 이하인 연료유 사용 (단, 배기가스정화장치를 설치하여 황산화물 배출량을 감축하는 경우는 예외)	항만대기질법 제10조제2항 등
	• 기관일지 기재 - 배기가스정화장치 설치 선박 : 배기가스정화장치의 운전상황 - 연료유를 교환한 선박 : ▲ 연료유의 종류 및 연료유의 교환이 완료된 날짜, 시간, 위치(장소), ▲ 연료유탱크에 남아있는 연료유의 양 (황함유량 0.1%를 충족하는 것으로 한정함), ▲ 연료유의 황함유량 (가장 최근에 수급한 연료유공급서 상의 황 함유량)	항만대기질법 제10조제3항 등
	• 기관일지 보관 (해당 연료유를 공급받은 때부터 1년간 신박에 보관)	항만대기질법 제10조제4항 등
	• 연료유전환절차서 비치 (황함유량이 다른 연료유를 각기 다른 탱크에 저장하여 사용하는 선박의 경우)	항만대기질법 제10조제5항

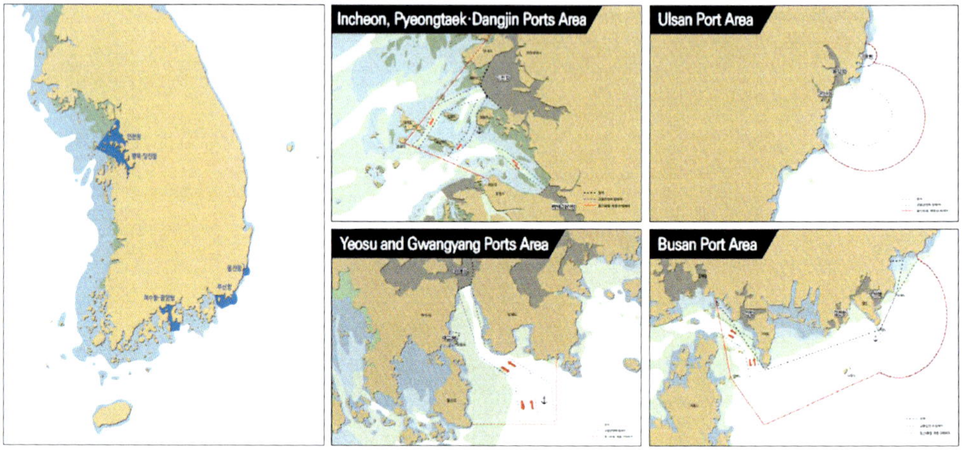

그림 1-2 Status of SOx Emission Control area in South Korea

한편, 「항만지역 등 대기질 개선에 관한 특별법」 제10조에 따라, 그림 1-2와 같이 국내 부산항, 인천항, 여수·광양항, 울산항, 평택·당진항 등 황산화물 배출규제 해역을 지정·운용하고, 이러한 황산화물 배출규제 해역에서 운항하는 선박의 연료유 황 함유량 기준을 강화하는 내용의 「황산화물 배출규제해역 지정 고시」가 2020년 9월부터 시행(해양수산부 고시 제2019-202호)되고 있다. 해당 고시에 따르면, 2020년 9월 1일~2021년 12월 31일까지는 배출규제 해역 내 정박·접안 시에만 0.1% 황 함유량 규제 적용토록 하였으나, 2022년 1월 1일부터는 진입하는 모든 선박에 0.1% 연료유 황 함유량 규제를 적용토록 하고 있다.

3) 해양환경관리법

「해양환경 관리법」은 선박, 해양시설, 해양 공간 등 해양오염물질의 발생원을 관리하고 기름 및 유해 액체물질 등 해양오염물질의 배출을 규제하는 법률로서, 해양오염의 예방, 개선, 대응, 복원에 필요한 사항을 규정하고 있다.

그림 1-3과 같이, 특히 개정된 「해양환경관리법 시행령」에 따라 2021년 1월 1일부터 내항선에도 연료유의 황 함유량 기준이 0.5%로 강화되었다. 이에 따라 어선을 포함한 내항선박은 2021년 이후 도래하는 '해양오염방지설비검사'를 받은 날부터 황 함유량 0.5%를 초과하는 연료유를 사용하거나 적재할 수 없다. 2021년에 검사를 받지 않는 선박은 2021년 12월 31일부터 같은 기준을 따르도록 하였다.

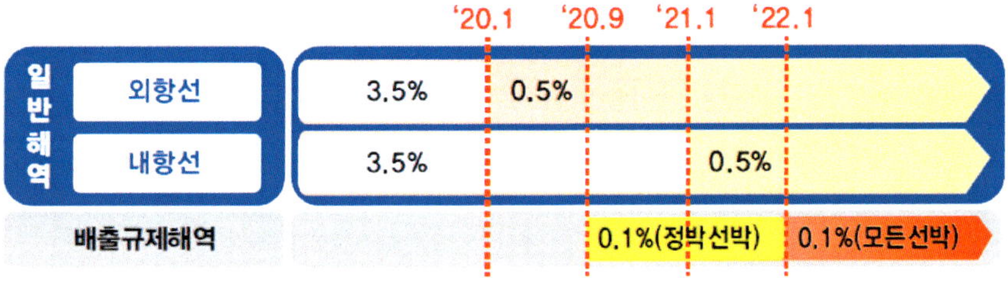

그림 1-3 우리나라의 연료유 황함유량 규제 현황

1.1.2 국제해사기구(IMO) 규제

(1) 국제해사기구(IMO) 및 UN 기후변화협약(UNFCCC)

IMO는 해양 환경 보호와 선박의 에너지 효율성 향상을 위해 설립된 유엔 산하의 전문 기구로, 선박으로 인한 해양오염 방지 및 안전을 도모한다. IMO는 여러 협약과 규제를 통해 선박의 대기오염 물질 배출을 줄이는 역할을 하며, 대표적인 협약으로는 해양오염방지협약(MARPOL)과 해상인명안전협약(SOLAS)이 있다. 특히 MARPOL Annex VI는 선박의 대기오염 방지를 위해 선박에너지효율설계지수(Energy Efficiency Design Index, EEDI)와 에너지효율운항지수(Energy Efficiency Operational Index, EEOI)를 도입하여 온실가스 배출을 줄이는 데 중점을 둔다.

한편, 유엔기후변화협약(United Nations Framework Convention on Climate Change, UNFCCC)은 1992년 브라질 리우데자네이루에서 열린 유엔 환경개발 회의에서 채택된 협약으로, 전 세계 국가들이 협력하여 온실가스 배출을 줄이고 기후 변화를 방지하기 위한 국제 협약이다. UNFCCC는 매년 당사국 총회를 개최하여 기후 변화에 관한 논의를 이어가고 있으며, 교토의정서와 파리협정 같은 후속 협약들을 통해 구체적인 온실가스 감축 목표와 이행 방안을 제시한다. 참고로 1997년 12월 교토에서 개최된 제3차 당사국 총회(Conference of the Parties, COP)에서는 선진국의 구체적인 온실가스 감축을 주 내용으로 하는 교토의정서(Kyoto Protocol)를 채택하는 한편, 기후변화협약의 구체적인 이행방안으로 선진국의 온실가스 감축 목표치를 규정하고 있다.

여기서, 기후변화협약이 전 세계 국가들이 지구 기후변화 방지를 위한 노력과 의지의 초석을 제공하였다면, 선진국으로 하여금 2008~2012년 온실가스 배출량을 1990년 기준으로 5.2%의 온실가스를 감축해야 함을 언급하는 교토의정서는 이를 이행하기 위하여 누가, 얼마만큼의, 어떻게 온실가스를 줄이는가에 대한 문제를 실질적으로 결정하는 것이라고 볼 수 있다.

표 1-3과 같이 IMO는 UNFCCC 당사국 총회(COP)에서 중요한 역할을 담당하며, 해운 부문의 온실가스 배출 감축 등을 위한 전략을 제시하고 이행 상황을 보고한다. IMO는 COP 회의에서 선박의 에너지 효율성 향상과 대체 연료 도입을 통한 탈탄소화 노력을 강조하며, 국제 협력을 통해 지속 가능한 해양 환경 보호를 추진하고 있다.

표 1-3 연도별 COP 회의에 따른 IMO 역할 및 보고사항

회 의	연 도	IMO 역할 및 보고사항
COP22	2016.11	• 선박 연료유 소비량 측정을 위한 데이터 수집 시스템(IMO DCS1)) 채택 • 온실가스 배출감소를 위한 포괄적 전략 개발 로드맵 보고
COP23	2017.11	• 선박 온실가스 배출 감소를 위한 포괄적 전략 개발 로드맵의 수립 및 초기전략 초안 개발 진행 경과 보고 • 신조선(2,600여 척)의 EEDI 요건 만족 검증 보고 • 글로벌 0.5% 황 함유량 요건 발효에 따른 오염물질 배출 저감 효과 보고
COP24	2018.12	• MEPC 72차에서 채택된 IMO 초기전략 및 향후 5년간의 논의사항 보고 • 단기, 중기, 장기 조치 후보군 식별 및 4차 IMO GHG Study 수행 보고
COP25	2019.12	• 신조선의 EEDI 요건 강화, 현존선박의 EEXI 강화 • 운항적 탄소집약도 요건 진행 경과 보고 • LNG 연료 메탄슬립 및 대체연료 이용 가능성 설명
COP26	2021.10	• 국제해운의 온실가스 저감을 위한 강제적 단기조치 이행을 위한 MARPOL Annex VI 개정안 채택 • EEXI, CII 및 SEEMP 이행 관련 다수의 기술지침서 채택 • 제4차 IMO GHG Study 완료 및 발간 • 저탄소 및 무탄소 대체연료 관련 IMO 심포지엄 진행 경과 보고
COP27	2022.11	• 손실과 피해(loss and damage) 기금 설립 합의 • 해상 연료 전환과 에너지 효율성 향상 프로젝트 지원 • 기후 변화 완화 방안 모색
COP28	2023.11	• '화석 연료 시대의 종말의 시작' 합의 • 화석 연료 사용 감소 및 재생 가능 에너지 전환 전략 마련

또한 IMO는 UNFCCC 사무국과 밀접하게 협조하고 있으며, COP의 결정사항에 가장 민감하게 반응하는 국제기구이기도 하다. 탈탄소를 요구하는 국제사회의 요청은 전 세계 산업전반으로 영향을 미치고 있으며, IMO 관할 하의 국제해운분야도 비록 3.0% 미만의 낮은 비율의 온실가스 배출량을 지니고 있지만 배출량에 대한 책임이 없다고 할 수 없다.

따라서, 향후 IMO와 유엔기후변화협약은 상호간의 논의진행 경과에 따라 피드백을 주고받을 것이며, 2050년 탈탄소를 이룩하기 위한 여정을 개발하기 위하여 관련 국제기구 및 회원국들과의 협조와 노력을 아끼지 않을 것으로 전망된다.

1) MARPOL 부속서 6장에 따른 주요 대기오염물질 규세 현황

IMO가 제정한 MARPOL은 선박으로 인한 해양 환경 오염을 예방하기 위한 주요 국제 협약이다. 이 협약은 선박의 운영 및 사고로 인한 오염을 방지하기 위한 규정을 포함하고 있으며, 1973년 11월 2일 IMO에서 채택되었다. 1976-1977년 동안 발생한 여러 유조선 사고에 대응하여 1978년 채택된 의정서는 1973년 MARPOL 협약을 흡수하였으며, 통합된 협약은 1983년 10월 2일에 발효되었다. 1997년에는 협약을 개정하기 위한 의정서가 채택되었고, 새로운 부속서 VI가 추가되어 2005년 5월 19일에 발효되었다. MARPOL 협약은 이후 여러 차례의 개정을 통해 업데이트되었다.

MARPOL 협약은 선박으로부터의 오염을 방지하고 최소화하기 위한 규정을 포함하고 있으며, 현재 6개의 기술 부속서를 포함하고 있다. 대부분의 부속서에는 운영 배출에 대한 엄격한 통제가 적용되는 특별 지역이 포함되어 있다.

특히 MARPOL 부속서 VI는 선박에서 발생하는 대기오염을 줄이기 위해 1997년에 채택되었으며, 2005년 5월 19일에 발효되었다. 이 부속서는 선박의 대기오염 물질 배출을 규제하여 해양 환경 보호와 인근 지역 주민의 건강을 지키기 위해 제정되었다. 주요 내용으로는 질소산화물(NOx), 황산화물(SOx), 휘발성 유기화합물(VOCs) 및 이산화탄소(CO_2) 배출 규제가 포함된다. 부속서 VI는 배출 기준을 설정하고, 이를 준수하기 위한 기술적, 운영적 조치를 규정하며, 국제해운업계의 환경 성능을 향상시키기 위한 지침을 제공한다.

(가) 질소산화물(NOx) 배출 규제 현황

MARPOL 부속서 VI 제13규칙은 2000년 1월 1일 이후 건조된 선박에 설치되는 출력 130 KW 이상의 디젤엔진을 적용대상으로 규정하고 있다. 다만, 비상용 선박 디젤기관 또는 선박에 설치되어 비상시에만 사용할 목적의 어떤 장치나 기구에 동력을 공급하는 기관, 또는 비상용으로만 사용할 목적의 구명정에 설치된 선박용 디젤기관은 제외한다.

선박 엔진에서 배출되는 질소산화물(NOx)을 규제하기 위해 세 가지 단계의 배출 기준을 설정한다. Tier I, II, III 단계로 나누어져 있으며, 각각의 단계는 선박의 건조 연도와 운항 해역 에 따라 적용된다. 특히 Tier III 기준은 질소산화물(NOx) 배출을 대폭 줄이기 위해 배출규제해역(NOx Emission Control Area, NECA) 내에서 더 엄격한 기준을 적용한다.

다만, Tier III 규제는 운항 해역까지도 고려하여, 2016년 1월 1일 이후 건조된 선박이 북미 및 미국 카리브해 ECA에서 운영되는 경우와 2021년 1월 1일 이후 건조된 선박이 발트해 및 북해 ECA에서 운영되는 경우에 적용된다.

또한, 질소산화물(NOx) 배출 규제는 NOx technical 2008(개정 MEPC.177(58) 및 MEPC.251(66))에 따라 인증을 받으며, 엔진의 정격 속도에 따라 실제 제한 값이 결정된다. 모든 인증된 엔진은 승인을 받은 technical file을 보유해야 하며, 이는 엔진의 승인 및 관련 조사 체계를 정의한다.

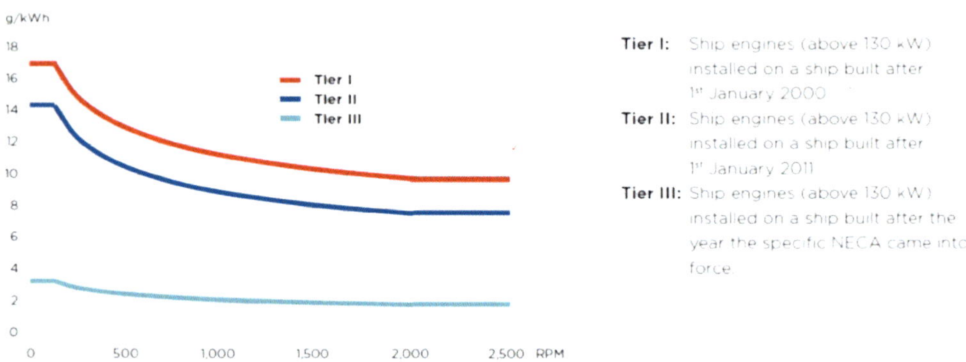

그림 1-4 Regulation of NOx from shipping(Source: Green Transition Denmark)

표 1-4 NOx control requirement of Annex VI

구 분	Tier I (2000.1.1.)	Tier II (2011.1.1.)	Tier III (2016.1.1., NECA)
n 〈 130 rpm	17.0	14.4	3.4
n = 130~1999 rpm	$45 \times n^{(-0.2)}$	$44 \times n^{(-0.23)}$	$9 \times n^{(-0.2)}$
n ≥ 2000 rpm	9.8	7.7	2.0

(나) 황산화물(SOx) 및 입자상 물질(PM)배출 규제 현황

MARPOL 부속서 VI 제14규칙은 선박 연료유의 황 함유량을 제한하여 황산화물(SOx) 및 입자상 물질 (PM) 배출을 규제한다. 이 규제는 연료유의 황 함유량을 제한하는 방식으로 이루어진다. 글로벌 기준에 따르면 연료유의 황 함유량은 2020년 1월부터 0.50% 이하로 제한되었으며, 황산화물배출 규제해역(SOx Emission Control Areas, SECA) 내에서는 0.10% 이하로 더 엄격하게 규제된다.

현재 SECAs는 발트해, 북해, 북미 지역 및 미국 카리브해 지역 등이 설정되어 있고, MEPC.361(79)에 따라 지중해도 SECA 지역으로 지정됨에 따라 2025년 5월 1일 이후 동 지역을 운항할 경우 SECA 지역 운항에 따른 규정을 준수하여야 한다.

그림 1-5 Current ECAs Around the World and Fuel Oil Sulphur Content Limits (Source: Sustainable Ships, 2023).

SOx와 입자상 물질 배출 통제는 모든 연료유, 연소 장비 및 장치에 적용되며, 여기에는 주 엔진과 보조 엔진뿐만 아니라 보일러와 불활성 가스 발생기도 포함된다.

앞서 언급 하였듯이, 배출규제해역에서는 황산화물(SOx), 질소산화물(NOx) 및 입자상 물질(PM) 배출을 제한하기 위한 더욱 엄격한 기준이 적용된다. 많은 선박은 ECA 안팎에서 운항하므로 각기 다른 연료유를 사용해야 한다. 이러한 경우, ECA 진입 전에 ECA 기준을 충족하는 연료유로 완전히 교체해야 하며, 이 과정은 철저히 기록되어야 한다. ECA에 진입하기 전 연료 교체를 완료한 시점과 위치를 기록하고, ECA에서 벗어난 후 ECA 연료유 사용을 중지하는 시점과 위치도 기록해야 한다.

MARPOL 부속서 VI 제14규칙은 제한값과 준수 방법을 제공하지만, SOx 및 PM 배출 통제와 관련하여 다른 방법들도 있다. 이러한 방법들은 기본적인 방법(오염물질 형성을 방지)과 보조적인 방법(배출된 오염물질을 배출 전 제거)으로 나뉜다. 이와 관련하여, MARPOL 부속서 VI 규칙 4.1은 이러한 방법의 적용을 허용하며, 승인을 위해 관련 지침을 고려해야 한다. 예를 들어, 황산화물 배기가스정화장치는 배출가스를 cleaning하여 대기로 배출하기 전에 오염물질을 제거한다. 이러한 시스템을 사용하는 경우, 연료유의 황 함유량은 시스템의 인증에 따른다.

(다) 이산화탄소(CO_2) 배출 규제 현황

IMO는 선박으로부터 이산화탄소(CO_2) 배출을 줄이기 위해 여러 규제를 도입했다. 그중 EEDI는 신조선박의 설계 단계에서 에너지 효율을 높이도록 하는 규제다. 에너지효율현존선지수(Energy Efficiency Existing Ship Index, EEXI) 또한 EEDI와 같이 선박의 설계출력, 화물운송능력, 선박의 주요치수, 사용하는 연료의 종류 등과 같이 설계상의 주요 인자를 활용하여 선박의 이산화탄소 배출을 규제하는 것으로, 현존선의 에너지 효율을 평가하여 기준에 맞도록 개조를 요구한다. 탄소집약도지수(Carbon Intensity Indicator, CII)는 선박의 연간 운항 중 이산화탄소 배출량을 평가하고, 효율성 등급을 부여한다. 추가로, 데이터 수집 시스템(Data Collection System, DCS)은 연료 소모량 및 운송 데이터를 수집하고 보고하도록 하여, 선박의 운항 효율성을 모니터링하고 개선하는 데 도움을 준다. 이 규제들은 모두 선박의 연료 효율성을 높이고 이산화탄소 배출을 줄이는 것을 목표로 한다.

① 신조선 에너지효율설계지수(EEDI) 및 IMO DCS

2011년 7월, 제62차 해양환경보호위원회(Maritime Environment Protection Committee, MEPC)에서 MARPOL Annex VI 개정안인 Res.MEPC.203(62)에 채택되었다. 이 개정안은 신조선박의 이산화탄소 배출 제한 규정을 포함하며, EEDI와 선박에너지효율관리계획서(Ship Energy Efficiency Management Plan, SEEMP)를 도입하였다. EEDI는 2013년 이후 건조되는 총톤수 400톤 이상의 모든 선박에 적용되며, 성능기반 메커니즘을 통해 연료소모량을 줄이는 기술적 조치를 요구한다. EEDI 감축률은 2015년부터 10%로 시작하여, 2025년에는 최대 30%까지 단계적으로 증가한다.

그 후 제75차 MEPC에서는 특정 선종의 감축률을 강화하고 이행시기를 앞당겼다. 예를 들어, 컨테이너선의 경우 2025년부터 감축률 30%가 요구되었으나, 200,000 DWT 이상의 컨테이너선은 2022년부터 최대 50%의 감축률을 적용받는다.

한편, EEDI는 신조 선박에만 적용되어 한계가 있었기에, 2013년 제65차 MEPC에서는 데이터수집 - 데이터분석 - 의사결정을 통한 추가 조치를 논의하였다. 그후 2016년 제70차 MEPC에서 선박 연료소모량 데이터 기록 및 수집을 의무화한 MARPOL Annex VI 개정안 Res.MEPC.278(70)이 채택되었다. 이 개정안은 총톤수 5,000톤 이상의 모든 선박이 매년 연료소모량과 운송업무량 데이터를 기록하고 보고할 것을 요구한다.

따라서 IMO의 DCS는 선박의 연료 소비와 운송 데이터를 체계적으로 수집하여 이산화탄소 배출을 모니터링하고 감소시키기 위해 도입된 제도이다.

MARPOL 2024 Amendment Annex VI Reg. 27에 따라 총톤수 5,000톤 이상의 모든 선박은 연료 종류별 연간 총 소비량과 운송업무량(재화중량 및 운항거리 등)을 기록하고 보고해야 한다. 이 데이터는 기국 정부에 제출되고, 검증 후 IMO에 보고된다. 이를 통해 IMO는 선박의 연간 운항 성능을 평가하고, 국제 해운의 탄소 배출 감소 정책을 개선하는 데 활용한다.

◈ 에너지효율설계지수 (EEDI, Energy Efficiency Design Index)

IMO의 선박 온실가스 저감을 위한 기술적 조치로서, 선박의 설계과정에서 1톤의 화물을 1해리 운송하는데 배출되는 이산화탄소 배출량을 기관출력, 재화중량톤수 등 선박의 제원을 활용하여 사전적으로 계산 및 지수화한 값이다. 즉, EEDI는 선박의 에너지효율을 지표화하기 위한 일종의 수식이며, EEDI의 목적은 선종 및 선박의 크기별로 이산화탄소 배출 특성을 비교하기 위한 것으로 다음과 같은 단계를 거쳐서 계산된다.

(1) 에너지효율설계지수(Attained EEDI) 계산

설계단계에서 선박의 이산화탄소 배출특성을 비교하기 위한 수식은 다음과 같다.

$$\frac{\left(\sum_{i=1}^{n} P_{(i)} C_{F(i)} SFC_{(i)}\right)}{Capacity \ V_{ref}} = \frac{\text{Engine Power(kW)} \times \text{SFC(g/kWh)} \times C_F}{\text{Capacity (DWT)} \times \text{Speed(kt)}}$$

※ P : 엔진 출력(kw), C_F : 연료에 대한 CO2 환산계수, SFC : 연료소모량, Capacity : 재화중량(DWT), Vref : 선박 속도(nm/h))

↓

$$\frac{[kW][1][g/kWh]}{[ton][nm/h]} = [g/ton.nm]$$

(2) 기준선(Reference) 확정

상기 수식에 따라 계산된 선박의 Attained EEDI가 협약요건을 만족하는지를 판단하기 위해서는 규제값을 설정하기 위한 기준이 확정되어야 한다. 이를 위해서, IMO에서는 IHSF 자료를 활용하여 10년간(1999.1.1 ~ 2009.1.1.) 건조된 총톤수 400톤 이상 선박의 이산화탄소 배출량을 선종별로 조사하였다. 이를 바탕으로 회귀 분석을 통하여 얻어진 기준선을 수식으로 표현한 것이 식 (1.1)과 같이 기준선 값이 되며, 이를 선종별로 정리한 것이 표 1-5와 같다.

$$\text{Reference EEDI} = a \cdot b - c \tag{1.1}$$

표 1-5 기준 EEDI 연산을 위한 주요 선정별 매개변수(MARPOL Annex VI R.24)

Ship type	a	b	c
산적 화물선(bulk carrier)	961.79	선박의 DWT	0.477
컨테이너선(container ship)	174.22	선박의 DWT	0.201
가스운반선(gas carrier)	1,120.00	선박의 DWT	0.456
일반 화물선(general cargo)	107.48	선박의 DWT	0.216
LNG 운반선	2,253.7	선박의 DWT	0.474
냉동운반선(refrigerated cargo)	227.01	선박의 DWT	0.244

(3) 에너지효율설계지수 허용값(Required EEDI) 계산

MARPOL 부속서 VI 제24규칙에 따라,

"에너지효율설계지수(Attained EEDI) ≤ 에너지효율설계지수 허용값(Required EEDI)
= (1-X/100) * 기준선 값"

(여기서, X는 에너지효율설계지수 기준선과 비교된 에너지효율설계지수 허용값을 위해 규정된 감축계수이며, MARPOL 2021 Amendment를 기준으로 이는 다음 표 1-6과 같음).

최종적으로 신조선의 에너지효율설계지수(Attained EEDI)값이 에너지효율설계지수 허용값(Required EEDI)보다 작아야 하며, 그 반대인 경우 해당 선박의 운항은 불가능하다.

표 1-6 선종 및 크기별 요구되는 저감률(reduction factor)

Ship Type	Size	Phase 0 1 Jan 2013 -31 Dec 2014	Phase 1 1 Jan 2015 -31 Dec 2019	Phase 2 1 Jan 2020 -31 Mar 2022	Phase 2 1 Jan 2020 -31 Dec 2024	Phase 3 1 Apr 2022 and onwards	Phase 3 1 Jan 2025 and onwards
Bulk carrier	20,000 DWT and above	0	10		20		30
	10,000 and above but less than 20,000 DWT	n/a	0-10*		0-20*		0-30*
Gas carrier	15,000 DWT and above	0	10	20		30	
	10,000 and above but less than 15,000 DWT	0	10		20		30
	2,000 and above but less than 10,000 DWT	n/a	0-10*		0-20*		0-30*
Tanker	20,000 DWT and above	0	10		20		30
	4,000 and above but less than 20,000 DWDT	n/a	0-10*		0-20*		0-30*

연습문제: EEDI 기준값(reference EEDI) 및 허용값(required EEDI) 계산

재화중량톤수가 70,000톤인 산적 운반선을 대상으로 EEDI를 기준 대비 30% 감축하려고 할 때 만족해야 하는 EEDI를 구하라.

해설

식 (1.1)을 적용하여

$$\text{Reference EEDI} = a \cdot b^{-c} = 961.79 \times (70{,}000)^{-0.477} = 4.699 \text{ g/(t·nm)}$$

30% 감축이 목표라면 요구되는 EEDI값은 다음과 같다.

$$\text{Required EEDI} = 0.70 \times \text{Reference EEDI} = 3.289 \text{ g/(t·nm)}$$

② 선박 에너지 현존선 지수(EEXI) 및 CII rating

COVID-19로 인해 대면 회의가 어려웠던 상황에서도, IMO는 화상 플랫폼을 통해 MEPC와 회기간 작업반을 개최하며 온실가스 저감을 위한 노력을 지속했다. 이러한 노력의 결과로, 2021년 6월 제76차 MEPC에서는 Res.MEPC.328(76)이 채택되었다. 이 결의안은 2023년부터 시행될 법적 강제성이 부여된 EEXI 요건을 포함하고 있다.

EEXI는 신조선의 EEDI와 유사하게, 톤-마일당 평균 이산화탄소 배출량을 측정하여 선박의 에너지 효율성을 평가하는 제도이다. EEXI는 기존 선박에도 적용되며, 기준선 대비 평균 20%의 감축률이 요구된다. 이는 모든 선박이 효율성을 향상시키기 위한 기술적 개조를 통해 연료 소모를 줄이고, 결과적으로 이산화탄소 배출을 감소시키는 것을 목표로 한다.

한편, IMO의 온실가스 초기전략에 따라, 2030년까지 탄소집약도(Carbon Intensity)를 40% 저감하는 목표를 달성하기 위한 규범으로서, 선박운항 탄소집약도(CII) 요건도 2023년부터 시행되고 있다. CII는 연간 총 연료 소모량을 재화중량톤수와 운항거리의 곱으로 산정되는 운송업무량으로 나눈 값으로, 톤-마일당 평균 이산화탄소 배출량을 의미한다.

CII는 연료 소모량, 재화중량톤수, 운항거리 등 운송업무량 데이터를 수집하여 계산되며, 이를 통해 각 선박은 A에서 E까지의 효율성 등급을 받게 된다. 이 등급은 선박에 발행되는 적합확인서(Statement of Compliance)에 표기되며, 3년 연속 D 등급을 받거나 E 등급을 받은 선박은 차년도 탄소집약도를 개선하기 위한 시정조치 계획을 수립해야 한다.

EEXI와 CII 요건은 기존 선박과 신조선박 모두를 포함하여 전 세계 해운업의 에너지 효율을 높이고, 온실가스 배출을 줄이기 위해 설계되었다. 이 규제들은 선박의 연료 효율성과 운항 효율성을 모니터링하고 개선하는 데 중요한 역할을 한다. 특히, 탄소집약도 요건은 IMO의 데이터 수집 시스템(DCS)과 밀접하게 연관되어 있다. DCS는 연료 소모량과 운송 데이터를 체계적으로 수집하여 탄소집약도를 계산하고, 이를 통해 각 선박의 효율성을 평가하는 기반을 제공한다.

IMO는 2026년까지 EEXI와 CII 요건을 검토하여 필요 시 요건을 상향 조정하거나, 새로운 단기조치를 추가로 도입할 계획이다. 이는 규제의 최신화를 통해 지속적으로 온실가스 배출을 줄이기 위한 노력을 반영하는 것이다.

이를 통해, EEXI 및 CII 규정은 저탄소 해운을 촉진하는 데 있어 중요한 역할을 할 것으로 기대된다. 금융기관, 용선주, 화주 등 민간부문은 효율적인 선박에 대한 투자를 통해 저탄소 해운에 기여할 수 있다. 이러한 규제들은 향후 온실가스 저감조치의 개발에 초석을 제공하고, 새로운 저감조치의 개발을 유도하는 방향성을 제시할 수 있을 것이다.

◈ 탄소집약도지수(CII) 달성값/허용값 산정 및 등급

CII 규제를 효율적으로 대응하기 위해서는 현 시점에서 활용 가능한 데이터를 기반으로 선박의 CII 달성값과 허용값을 산정하여 , 개별 선박의 CII 등급을 예측해야 한다.

(1) CII 달성값(attained CII) 산정

CII 달성값은 IMO DCS 데이터를 기반으로 산정하며 , 산정식은 (1.2)와 같다.

$$\text{Attained CII}_{\text{ship}} = \frac{\sum (FC_j \times C_{fj})}{Capacity \times} \qquad (1.2)$$

여기서 "$_j$"는 연료유 종류, "FC_j"는 유종별 연간 연료 사용량이며, "C_{fj}"는 연료사용량을 CO_2배출량으로 전환 하기 위한 유종별 전환계수(Conversion factor)로서 EEDI 산정 가이드라인(Res.MEPC.308(73))에 명시되어 있다. "Capacity"는 선박 용량으로서 선종별로 총톤수(GT) 또는 재화중량톤수(dwt)를 적용한다. 선박 용량으로서 재화중량톤수(dwt)를 적용하여 CII 달성값을 산정하는 경우 AER, 총톤수(GT)를 적용하여 산정하는 것을 cgDIST라 한다.

* 재화중량톤수(DWT)를 사용: 산적화물선, 탱커선, 컨테이너선, 가스운반선, LNG 운반선, 일반화물선, 냉동운반선, 겸용선

** 총톤수(GT) 사용: 여객선, Ro-Ro 화물선, Ro-Ro 화물선(차량운반선), Ro-Ro 여객선 등

(2) CII 허용값(required CII) 산정

CII 허용값 산정을 위해서는 해당 선박의 기준값(reference CII)을 산정해야 하며, 기준값 산정은 식 (1.3)과 같다.

$$CII_{ref} = aCapacity^{-c}$$

"a" 와 "c"는 2019년 IMO DCS 데이터를 활용하여 산출한 개별 선박의 용량과 CII 달성값을 기반으로 도출한 매개변수이며, 선종 및 크기별 값은 표 1-7과 같다.

해당 선박의 기준값에 감축률을 반영하여 CII 허용값을 다음과 같이 산정한다.

$$\text{Required annual operational CII} = \left(1 - \frac{Z}{100}\right) \times CII_{ref}$$

여기서 "Z"는 2019년 기준값 대비 연도별 CII 감축 계수로써, 선종 및 크기에 상관없이 모든 선박에 동일한 감축 계수를 적용하며, 2023년부터 2030년까지의 감축 계수는 표 1-8과 같다. 한편, 2027년 이후 Z factor는 단기 조치 효과의 결과를 고려하여 개발될 예정이다.

표 1-7 선종별 기준선 도출을 위한 매개변수(Res.MEPC 353(78))

Ship Type		Capacity	a	c
Bulk Carrier	279,000 DWT and above	279,000	4745	0.622
	less than 279,000 DWT	DWT	4745	0.622
Gas Carrier	65,000 DWT and above	DWT	14405E7	2.071
	less than 65,000 DWT	DWT	8104	0.639
Tanker		DWT	5247	0.610
Container		DWT	1984	0.489
General Cargo Ship	20,000 DWT and above	DWT	31948	0.792
	less than 20,000 DWT	DWT	588	0.3885
Refrigerated Cargo Carrier		DWT	4600	0.557
Combination Carrier		DWT	40853	0.812
LNG Carrier	100,000 DWT and above	DWT	9.827	0.000
	65,000 DWT and above but less than100,000 DWT	DWT	14479E10	2.673
	less than 65,000 DWT	65,000	14479E10	2.673
Ro-Ro Cargo Ship (Vehicle Carrier)		GT	5739	0.631
Ro-Ro Cargo Ship		DWT	10952	0.637
Ro-Ro Passenger Ship		GT	7540	0.587
Cruise Passenger Ship		GT	930	0.383

표 1-8 2019년 대비 CII 감축률 목표(Res.MEPC.338(76))

연 도	2023	2024	2025	2026
2019년 대비 CII 감축 계수	5%	7%	9%	11%

(3) CII 등급 범위

CII 등급은 A부터 E까지 있으며 , 각 등급별 범위(Boundary)는 CII 허용값을 기반으로 다음과 같이 산정한다.

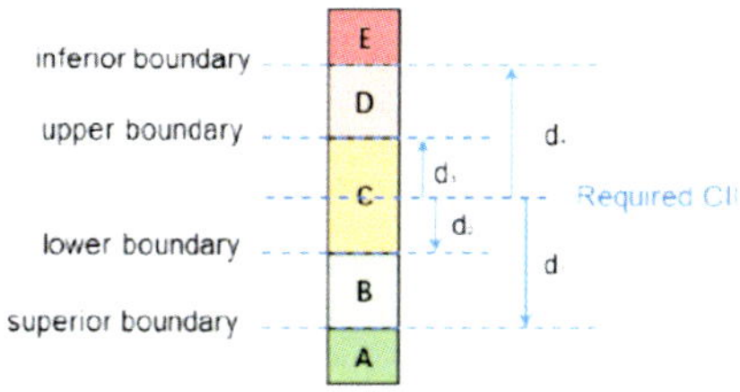

$$\text{superior boundary} = \exp(d1) \times required\ CII$$
$$\text{lower boundary} = \exp(d2) \times required\ CII$$
$$\text{upper boundary} = \exp(d3) \times required\ CII$$
$$\text{inferior boundary} = \exp(d4) \times required\ CII$$

그림 1-6 CII 등급 범위 및 산정 방법

"exp(dx)"는 CII 허용값으로부터 벗어나는 방향과 거리를 나타내는 dd 벡터의 지수로 써, 선종 및 크기별 값은 표 1-9와 같다.

표 1-9 선종별 등급 범위 결정을 위한 dd 벡터(Res.MEPC 339(76))

Ship type		Capacity in CII calculation	dd vector (after exponential transformation)			
			d1	d2	d3	d4
Bulk Carrier		DWT	0.86	0.94	1.06	1.18
Gas Carrier	65,000 DWT and above	DWT	0.81	0.91	1.12	1.44
	less than 65,000 DWT		0.85	0.95	1.06	1.26
Tanker		DWT	0.82	0.93	1.08	1.28
Container Ship		DWT	0.83	0.94	1.07	1.19
General Cargo Ship		DWT	0.83	0.94	1.06	1.19
Refrigerated Cargo Carrier		DWT	0.78	0.91	1.07	1.20
Combination Carrier		DWT	0.87	0.96	1.06	1.14
LNG Carrier	100,000 DWT and above	DWT	0.89	0.98	1.06	1.13
	less than 100,000 DWT		0.78	0.92	1.10	1.37
Ro-Ro Vehicle Carrier		GT	0.86	0.94	1.06	1.16
Ro-Ro Cargo Ship		DWT	0.66	0.90	1.11	1.37
Ro-Ro Passenger Ship		GT	0.72	0.90	1.12	1.41
Cruise Passenger Ship		GT	0.87	0.95	1.06	1.16

연습문제: EEDI 기준값(reference EEDI) 및 허용값(required EEDI) 계산

다음과 같은 산적 운반선의 2023년 IMO DCS 데이터가 아래 표와 같이 보고된 경우, 아래의 값을 각각 구하시오. (GT 39,052 ton, dwt 69,999 ton, HFO 사용량 5,693 ton, MGO 사용량 26 ton, 운항거리 61,523 nm)

① CII 달성값(attained CII), ② CII 기준값(reference CII), ③ CII 허용값(required CII), ④ CII rating

산적화물선의 2023년 IMO DCS 데이터 보고값(예시)

연 도	2023	2024	2025	2026
2019년 대비 CII 감축 계수	5%	7%	9%	11%

해설

① '23년 CII 달성값(Attained)

$$\frac{((5693(t)\times 3.114)+(26(t)\times 3.206))\times 10^6}{69999(t)\times 61523(nm)} = 4.14gCO_2/t \cdot nm$$

② '19년 CII 기준값(CII_R)

$$aCapacity^{-c} = 4745\times 69999^{-0.622} = 4.60gCO_2/t \cdot nm$$

③ '23년 CII 허용값(Required)

$$\left(1-\frac{5}{100}\right)\times 4.60gCO_2/t \cdot nm = 4.37gCO_2/t \cdot nm$$

④ '23년 CII 등급

단위: gCO_2 / t • nm

D1	D2	D3	D4	Rating
4.37 × 0.86 = 3.76	4.37 × 0.94 = 4.11	4.37 × 1.06 = 4.63	4.37 × 1.18 = 5.15	C

③ 기타 IMO 온실가스 저감을 위한 중장기 조치

제70차 MEPC에서는 선박의 온실가스 저감을 위한 로드맵을 승인하였다. 이 로드맵은 IMO 초기전략, 4차 IMO GHG Study, 탄소집약도 데이터 수집 및 분석, 초기전략 개정을 포함하여 2023년까지 수행될 계획이다. 제72차 MEPC에서는 Res.MEPC.304(72)를 통해 국제해운의 온실가스 배출 감축을 위한 3단계 목표를 채택했다: 1) 신조선의 EEDI 요건 강화, 2) 2030년까지 탄소집약도 40% 감축, 3) 2050년까지 탄소 배출량을 2008년 대비 50% 감축.

여기서 3번째 목표는 제80차 MEPC를 통해 온실가스 배출량을 2050년 무렵(by or around, i.e. closc to 2050)까지 순배출량 zero(Net-zero)에 도달하는 것으로 2023 개정전략을 채택(Res.MEPC.377(80))하였다.

단기조치는 2018~2023년에 개발된 조치들을, 중기조치는 2023~2030년, 장기조치는 2030년 이후에 개발될 조치들을 포함한다. 앞서 언급하였듯이, IMO는 2030년까지의 탄소집약도 40% 감소 목표를 달성하기 위해 EEXI, CII, SEEMP 요건을 2023년부터 시행하기로 결정했다. 아울러, MEPC 76차 회의에서는 중기 및 장기조치 개발을 위한 작업계획이 승인되었고, 최종적으로, 2023년 이후에는 선택된 조치들의 이행을 위한 법적 체계가 개발될 계획이다. 이러한 일정에 따라, 국제해운 분야에서의 추가적인 온실가스 감축 및 파리협정의 온도상승 억제 시나리오에 부합하는 2050년 탈탄소 경로를 달성하기 위해 제안되는 중기조치들의 개념은 표 1-10과 같다.

표 1-10 Concept, Pros and Cons of proposed Mid-term Measures for mitigating GHG from international shipping

제안	개념	장점	단점
연료표준제도 (GHG Fuel Standard, GFS)	선박의 연간 연료유 사용 기준 평균 선박별 Well to Wake GHG 배출집약도 (GHG intensity, MJ/gCO_2eq)을 제한하며, 단계적 강화	온실가스 감축목표 달성여부 확인 가능, 저/무탄소 연료의 명확한 공급 및 비용의 예측 가능	기금조치가 아니므로 개도국 지원 및 무탄소 기술개발 등의 지금 확보기 어려우며, First Mover의 인센티브가 없음

배출권거래제 (Emission Cap and Trade, ETS)	IMO가 선박별 배출권을 할당하며, 할당량 초과 시 탄소배출권 시장에서 구매	총량 규제를 통해 명확한 감축목표 달성여부 확인 가능. First Mover 인센티브와 경매 등의 기금 활용 가능	탄소가격이 시장에서 결정되므로 가격 예측이 어려우며, 불안정한 가격으로 인하여 투자(신조 및 기술개발) 불확실, 행정상 부담 발생
탄소 부담금 (GHG Levy)	온실가스 배출량 당 일정 금액(탄소가격)을 부과하고, 이를 통하여 마련된 기금을 운용하는 제도	배출권거래제 대비 규제 이행이 쉽고 탄소가격에 따라 상당한 양의 기금 창출이 가능하고, 저·무탄소연료의 시장경쟁력 강화로 전환이 촉진되며, 일정하고 예측가능한 탄소가격으로 인해 업계의 투자 확대가 가능함	감축목표 달성여부 확인 어려우며(해운으로부터의 온실가스 저감에 직접적 상관관계 없음), IMO가 정책 및 정치적 논의를 통하여 탄소가격을 결정하므로 가격에 대한 합의가 어려울 수 있음
ZEV 인센티브(Zero Emission Vessel) incentive	선박에게 배출량 당 일정 금액(탄소가격)을 부과하고 마련된 기금 중 일부를 무탄소 연료 구매 선사에게 제공(리베이트)하여 직접적 인센티브 제공	탄소부담금 보다 낮은 탄소가격으로 연료 가격 차이 보상 가능. 탄소가격이 낮기 때문에 업계의 투자(신조· 연구개발) 활성화 가능	ZEV(무탄소선박)에 대한 정의가 마련되어야 하며, 온실가스 감축목표 달성여부 확인이 어려움
국제해사지속가능성 기여금 및 보상금 (IMSR)	CII 등급제를 활용하여 D, E등급 선박으로부터 부과금을 징수하고, A, B등급 선박에게 인센티브 지급. 온실가스 저감조치 측면에서 부정적인 영향을 받는 개도국에 입/출항 하는 선박은 5% 인센티브 부여	D, E등급 선박에게 기여금을 부과함으로서 운항여부에 대한 불확실성을 줄일 수 있으며, 탄소집약도(CII) 제도를 중장기적으로 활용 가능	규정의 적용이 탄소집약도 요건의 적용대상으로 한정되며, 연료전환이 아닌 저속운항 등으로도 운항 효율을 개선할 수 있으므로 무탄소 선박의 도입을 지연시킬 수 있음

기술/시장기반 조치의 결합(Basket Measures)	각 조치들의 단점을 보완하기 위해서 기술적 조치(GFS)와 시장기반 조치(GHG Levy 또는 ETS)를 함께 도입	목표달성 여부 확인이 어려운 탄소부담금의 단점을 GFS를 통해 보완할 수 있음. 배출권거래제 대비 행정부담이 적음	탄소가격이 불안정하여 투자가 어려운 배출권 거래제의 단점을 보완할 수 없음. 탄소부담금 대비 행정부담 발생
국제해사연구이사회(IMRB)	선박은 연료유 톤당 2달러를 부과하고, 이를 통하여 마련된 기금은 무탄소 선박,연료,인프라 관련 기술개발에 활용	지속적인 논의와 개선으로 제도의 이행측면에서 완성도가 높으며, 기금을 운영하는 프로세스가 가능함	단독 조치로서 채택될 가능성은 낮으며 시장기반조치(배출권거래제·탄소부담금)의 기금 사용 방안으로 고려될 가능성이 높음

(라) 휘발성 유기 화합물(VOCs) 배출 규제

IMO는 해양 환경 보호를 위해 다양한 규제를 도입했으며, 그 중 하나가 휘발성 유기 화합물(VOCs) 배출 규제이다. VOCs는 화물 탱크의 통풍 및 소제 작업 과정에서 주로 발생하며, 대기 중에 방출되면 오존을 형성하고 건강에 이상 문제를 유발할 수 있다. 이를 해결하기 위해 MARPOL Annex VI 제15규칙에서는 VOCs 배출을 최소화하기 위한 조치를 명시하고 있다.

VOCs 규제는 원유 운반선에 주로 적용되며, 탱크 세척과 적하 작업 중 발생하는 VOCs 배출을 줄이기 위한 기술적 및 운영적 방법을 요구한다. 선박 소유자는 VOCs 관리 계획서를 작성하여, 적하, 하역, 저장, 통풍 등의 과정에서 VOCs 배출을 줄이는 방법을 상세히 기술해야 한다. 또한, VOCs 배출 저감 장비를 설치하고 이를 유지 관리해야 한다.

이 규제는 선박의 설계와 운영 모두에서 VOCs 배출을 줄이는 것을 목표로 하며, 이를 통해 대기 오염을 감소시키고 해양 환경을 보호한다. 이러한 노력은 글로벌 해운업의 환경 영향을 최소화하고 지속 가능한 해양 환경을 유지하는 데 중요한 역할을 한다.

1.1.3 그 밖의 해외 환경규제 및 정책

표 1-11은 IMO 환경규제 외에 주요 유럽 규제 및 기타 국제 규제들을 보여 준다. 이러한 규제에는 EU MRV(Monitoring, Reporting, and Verification), European SRR(Ship Recycling Regulation), CSI(Clean Shipping Index), KHC(Hong Kong Convention), PP(Poseidon Principles) 및 SCC(Sea Cargo Charter) 등이 포함된다. 선박의 에너지 효율성과 관련된 직접적인 규범은 없지만, 많은 규제들이 대기오염, 특히 온실가스 배출과 관련이 있다. 이러한 규제들은 에너지 효율적인 선박 시스템 개발에 제한을 가할 수 있다.

특히 그중 EU 규정 2015/757을 기반으로 하는 EU MRV는 해상 운송에서 발생하는 CO_2 배출량을 모니터링, 보고 및 검증하는 데 중점을 둔다. 2015년 7월 1일부터 발효된 이 규정은 EU 항구에 기항하고 상업 활동에 종사하는 총톤수 5,000톤 이상의 선박에 적용된다.

해운회사는 CO_2 배출량을 추적하는 방법을 자세히 설명하는 모니터링 계획을 준비하고 이를 한국선급(KR)과 같은 검증 기관에 제출하여 승인을 받아야 하고, 매년 적용 대상 선박별로 CO_2 배출량 및 관련 데이터를 보고해야 한다. 보고서에는 출발 및 도착 항구, 날짜 및 시간, 연료 소비, CO_2 배출량, 이동 거리, 해상 시간, 운송된 화물, 운송 작업 및 평균 에너지 효율과 같은 정보가 포함되어야 한다. 검증된 보고서는 매년 다음 해 4월 30일까지 유럽 집행위원회(European commission, EC)와 기국에 제출하여야 한다.

추가로 유럽 집행위원회는 온실가스 저감을 위한 노력의 일환으로, 2021년 7월 'EU Fit for 55' 패키지 법안을 발표한 바 있다. 'Fit for 55' 패키지는 2030년까지 온실가스 배출량을 1990년 수준 대비 55% 감축하기 위한 입법안 패키지이며, 이 중 국제해운과 직접적으로 연관된 사항에 유럽탄소배출권 거래제도(Emissions Trading System, EU ETS)가 포함되어 있다.

2024년 1월 1일부터 시행된 이 규제는 해운회사가 온실가스 배출량에 해당하는 배출권을 구매하고 제출하도록 의무화한다. 선박의 기국과 관계없이 유럽 경제 지역(European Economic Area, EEA) 회원국의 관할 구역 내 항구에 기항하는 총톤수 5,000톤 이상의 선박은 연간 기준으로 EU MRV 항차에서 배출한 온실가스 배출량에 해당하는 배출권을 구매하고, 관리당국에 제출해야 한다. 이를 이행하지 않을 경우 벌금 및 EEA 영토 내 항구 입항 금지와 같은 조치가 내려질 수 있다. 또한, 2026년부터는 기존의 규제 대상 온실가스인 CO_2 뿐만 아니라, 메탄(CH_4)과 아산화질소(N_2O)도 ETS 규제 대상에 포함하도록 단계적으로 확대된다.

이처럼, EU ETS의 데이터 수집 및 보고 프레임워크는 EU의 기후 목표를 지원하며, 해운 부문의 CO_2 배출 보고의 투명성과 정확성을 향상시키는 것을 목표로 시행되었다. 또한, 이는 해운업계의 에너지 효율성과 환경 책임의 중요성을 강조하는 측면도 있다.

한편, 그 밖의 국제 규정으로 홍콩협약(Hong Kong Convention)은 선박의 운항 중 배출되는 대기 오염 물질을 직접 규제하지 않지만, 선박 재활용 과정에서 안전과 환경 보호를 보장하기 위해 2009년 5월 채택된 협약이다. 이 협약은 재활용 중 유해 물질의 적절한 관리를 통해 대기 오염을 간접적으로 줄이는 데 기여하고자 2023년 6월 26일 발효 요건을 충족했으며, 2025년 6월 26일부터 발효될 예정이다.

표 1-11 Main regulations of ship (Source: Barreiro et al., 2022)

Name	Reach	Description
International Maritime Organization	International	United Nations specialized agency with responsibility for the safety and security of shipping and the prevention of marine and atmospheric pollution by ships.
EU Monitoring, reporting and verification	European	European strategy for progressively integrating maritime emissions into the Green House Gases policy by the organized monitorization of fuel consumption of ships.
European Ship Recycling Regulation	European	Normative seeking to reduce the negative impacts linked to the recycling of ships, along with imposing a number of safety and environmental requirements.
Clean Shipping Index	European	Practical tool for evaluating and classifying the environmental performance of ships, with discounts on port and faraway dues for those that best comply

Hong Kong Convention or the Safe and Environmentally Sound Recycling of Ships	International	Normative intended to address all the issues around ship recycling, including regulations for the design and operation or an inventory of hazardous materials
Poseidon Principles	International	World's first sector-specific, self-governing climate alignment agreement amongst financial institutions, establishing a global framework for assessing and disclosing the climate alignment of ship finance portfolios.
Sea Cargo Charter	International	Framework for disclosing the climate alignment of ship chartering activities around the globe, setting a benchmark and actionable guidance for that end.

◈ 참고: IMO GHG Study

IMO는 1997년 대기오염 컨퍼런스(International Conference on Air Pollution Prevention from Ships)에서 채택된 결의서 8을 통해 선박에서 배출되는 이산화탄소(CO_2)에 대한 연구를 촉구하였다. 이는 국제 해운 부문에서 배출된 이산화탄소(CO_2)의 정량적 측정을 통해 전 세계 이산화탄소(CO_2) 인벤토리에서 해운 부문의 상대적 비율을 파악하기 위함이었다. 이후 IMO는 2000년, 2009년, 2014년, 2020년에 걸쳐 총 4번의 GHG 연구를 수행하였다.

표 1-12 Main regulations of ship(출처: Barreiro et al., 2022)

연구	발행 연도	주요 연구 내용
1차 IMO GHG 연구	2000년	• 1996년 국제 해운 부문의 CO_2 배출량은 전 세계 인위적 배출량의 약 1.8%를 차지한다고 추정

2차 IMO GHG 연구	2009년	• 2007년 CO_2 배출량은 880백만 톤으로 전 세계 인위적 배출량의 약 2.7%를 차지한다고 추정
3차 IMO GHG 연구	2014년	• 2012년 CO_2 배출량은 796백만 톤으로 전 세계 인위적 배출량의 약 2.2%를 차지한다고 추정. • 2차 IMO GHG Study에서 언급한 배출량 880백만톤을 885백만톤으로 정정하고 전 세계 인위적 배출량의 약 2.8%를 차지하는 것으로 최신화* * 개별선박의 해운활동에 근거한 Bottom-up 방식 도입
4차 IMO GHG 연구	2020년	• 2018년 CO_2 배출량은 1,076백만 톤으로 전 세계 인위적 배출량의 약 2.89%를 차지한다고 추정. • 국제해운, 연안해운 및 수산어업분야로부터 발생하는 이산화탄소 인벤토리를 각각 별도로 구분

IMO의 GHG 연구는 국제 해운 부문의 배출량을 정량화하고 미래 배출 추이를 예측하는 데 있어 중요한 역할을 한다. 특히, 연구 결과는 주요 정책 결정의 기초 자료로 사용되며, 해운 산업의 탄소집약도 개선과 온실가스 배출 저감 노력에 기여하고 있다. 또한, IMO의 연구는 선박의 에너지 효율성을 증대시키기 위한 기술적, 운영적 조치의 개발을 촉진한다.

IMO GHG 연구 자료는 대기오염과 배출량 산정을 연구하는 데 중요한 데이터와 통찰을 제공한다. 특히 다음과 같은 구체적인 활용 방안이 있다.

- 배출 계수(emission factors) 활용: IMO GHG 연구에서 제공하는 배출 계수를 이용하여 다양한 선박의 연료 사용과 관련된 대기오염 물질별 배출량을 계산할 수 있다.
- 배출량 모델링: 연구에서 제공된 배출량 데이터를 사용하여 선박의 항로, 속도, 연료 유형 등을 고려한 배출량 모델을 개발할 수 있다. 이를 통해 다양한 운항 시나리오에서의 배출량을 예측하고 분석할 수 있다.
- 탄소집약도 분석: 연구에서 제공된 탄소집약도 지표(EEOI, AER 등)를 이용하여 선박의 에너지 효율성을 평가하고, 이를 기반으로 선박 설계 및 운항 방식을 개선할 수 있다. 예를 들어, 탄소집약도가 낮은 선박의 특성을 분석하여, 새로운 선박 설계에 반영할 수 있다.

1.2 선박 기인 대기오염의 개요

선박으로부터 발생하는 대기오염물질은 해양환경뿐만 아니라 인체 건강에도 심각한 영향을 미친다. 이러한 오염물질에는 질소산화물(NOx), 황산화물(SOx), 이산화탄소(CO_2), 입자상 물질(PM), 휘발성유기화합물(VOCs), 일산화탄소(CO), 미연탄화수소(UHC) 등이 있다. 이들 오염물질은 연료 성분, 엔진 운전 조건 등에 따라 다양한 형태와 농도로 배출되며, 각 물질은 그 특성과 생성 과정, 그리고 환경에 미치는 영향이 상이하다.

선박 기인 대기오염은 글로벌 해운 산업의 성장과 더불어 더욱 심각해지고 있다. 이러한 오염물질들은 대기 중에서 반응하여 2차 오염물질을 형성하거나, 인체의 호흡기 및 심혈관계에 직접적인 영향을 미치는 등 다방면에서 환경과 건강에 악영향을 미친다. 예를 들어, NOx와 VOCs는 광화학 스모그의 원인 물질로 작용하며, SOx는 산성비를 유발하고, PM은 미세먼지로서 호흡기 질환을 유발할 수 있다.

1.2.1 질소산화물(NOx)

(1) 질소산화물(NOx)의 정의 및 종류

질소산화물(NOx)은 질소와 산소로 이루어진 화합물로, 이들의 혼합물을 지칭할 때 일반적으로 사용되는 용어이다. 주로 대기오염의 주범이 되는 NO(일산화질소)와 NO_2(이산화질소)를 총칭하여 NOx라고 한다. NO는 연소 시에 발생하는 질소산화물의 약 95%를 차지하며, 인체 및 자연환경 파괴의 원인물질로 작용한다.

NOx는 총 7가지 종류가 알려져 있으며, 그중 NO, NO_2, N_2O(아산화질소)가 주요 배출물로서 인체 및 대기 환경 유해성 문제가 대두되고 있다. 대표적인 생성반응은 다음과 같다.

$$N_2 + O_2 \rightleftarrows 2NO$$

$$2NO + O_2 \rightleftarrows 2NO_2$$

(2) 질소산화물의 생성 과정

NOx는 생성 메커니즘에 따라 그림 1-7과 같이 열생성(thermal) NOx, 연료기인(fuel) NOx, 속발(prompt) NOx로 구분된다. 이 중 열생성 NOx는 연소 반응에서 70%~80% 수준의 높은 비율로 형성된다. 열생성 NOx는 고온의 연소 분위기에서 공기 중의 질소와 산소가 반응하여 생성되며, 연료 중 질소 성분이 없는 청정 연료의 연소에서도 발생한다.

연료기인 NOx는 연료 속의 질소 화합물이 산소와 반응하여 생성되는 질소산화물이다. 유기적으로 결합된 질소를 포함하는 연료에서 질소 성분이 산화 반응을 통해 생성되며, 연료의 질소 함량이 높을수록 발생량이 증가한다. 잠고로, 대형 선박에서 사용되는 중유의 질소 함량은 0.1~0.5% 정도이다.

속발 NOx는 화염면 근처에서 반응 초기에 형성되는 NOx로, 연소 초기 단계에서 산소와 질소가 빠르게 반응하여 생성된다. 이는 주로 농후연소 상태에서 발생한다.

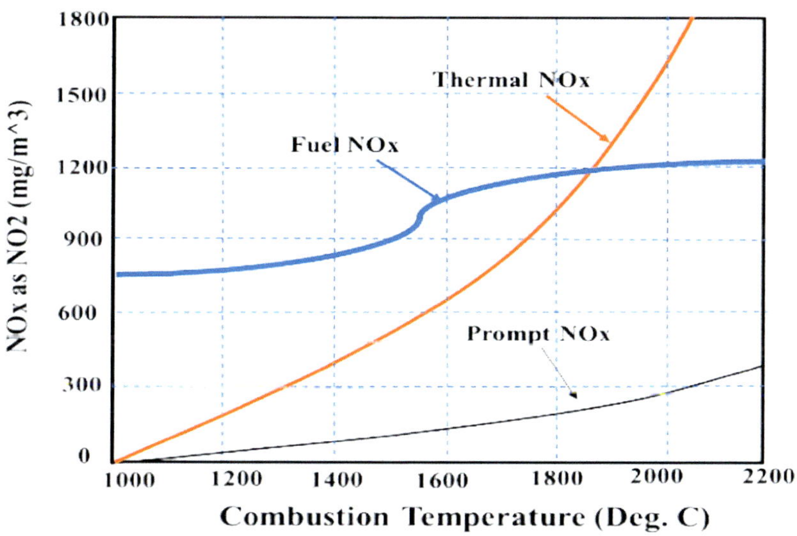

그림 1-7 NOx variations vs. peak combustion temperature
(출처: Sonawane et al., 2021)

이와 같이, NOx 배출은 일반적으로 엔진 부하가 증가함에 따라 연소 온도가 높아져 증가하는 것으로 간주된다. 정격 출력이 큰 대형 엔진은 저속 엔진에서 연소 가스가 실린더 내에 더 오랫동안 머물러 추가적인 NOx 형성을 위한 시간이 제공되기 때문에 상대적으로 낮은 출력 및 고속 엔진보다 더 높은 특정 NOx 배출을 발생시킨다. 그러나 일부 연구에 따르면 엔진 부하가 증가하면 산소 함량이 감소하여 NOx 배출이 감소할 수도 있다는 보고도 있다.

또한, 일부 연구 결과에 따르면 중유에서 경유로 전환할 때 NOx 배출에 미치는 영향은 일관되지 않는 것으로 보이며 NOx 형성에 있어서 연료 밀도보다는 세탄가와 연료 방향족성이 더 중요한 연료 관련 변수로 보고 있다.

(3) 질소산화물에 의한 환경적 영향 등

질소산화물(NOx)은 환경에 다양한 영향을 미친다. 대기 중에서 NO는 빠르게 NO_2로 산화되며, NO_2는 광화학 스모그의 주요 원인 물질이다. 또한, NO_2는 인체 건강에 심각한 영향을 미쳐 호흡기 질환을 유발할 수 있다. NOx는 대기 중에서 오존(O_3)을 생성하는데, 이는 지표 오존 농도를 증가시켜 식물 생장에 해를 끼치고, 인간의 호흡기 및 심혈관계 건강에 부정적인 영향을 미친다.

또한, NOx는 산성비의 원인이 되어 토양과 수질 오염을 유발하고, 건축물 및 금속 구조물을 부식시키는 등 환경에 광범위한 영향을 미친다. 질소산화물은 탄화수소와 반응하여 입자상 물질(PM) 형성에 기여하며, 이는 대기질을 악화시키고 인체 건강에 부정적인 영향을 미친다.

1.2.2 황산화물(SOx)

(1) 황산화물(SOx)의 정의 및 생성

황산화물은 연료유에 포함된 황(Sulfur)이 연소 과정에서 산소와 반응하여 생성되는 화합물로, 대기오염물질 중 하나이다. 주로 아황산가스(SO_2)와 삼산화황(SO_3) 형태로 존재하며, 이 중 SO_2가 약 95%를 차지한다.

SO_3는 대기 중에서 SO_2가 산화되어 생성되며, 물과 결합하여 황산(H_2SO_4)을 형성한다. 이들 물질은 대기 중으로 방출되어 심각한 대기오염을 유발하며 생성 반응은 다음과 같다.

$$S + O_2 \rightleftarrows SO_2$$
$$2SO_2 + O_2 \rightleftarrows 2SO_3$$
$$SO_3 + H_2O \rightleftarrows H_2SO_4$$

특히, 연료유중의 유황분은 황산이 되어 실린더라이너, 피스톤 링 등의 부식마모를 일으킬 뿐만 아니라, 대기 중으로 방출되는 아황산가스(SO_2)도 매우 심각한 대기오염원이 되므로 유황분은 되도록 적은 것이 바람직하다.

이와 같이, SOx 배출은 주로 연료의 황 함유량에 의존한다. 질소(N2)와 달리 황은 자연대기 성분 중에 거의 존재하지 않고, 연료 중의 황 성분이 연소 과정에서 산소와 결합하여 SO_2와 SO_3로 변환되기에 연료에 포함된 황 성분에 정비례하게 된다. 결국, 황산화물은 대기 중으로 배출되기에 황산화물의 배출을 줄이기 위해서는 연료의 황 함유량을 낮추거나, 배기가스를 처리하는 기술을 사용해야 한다.

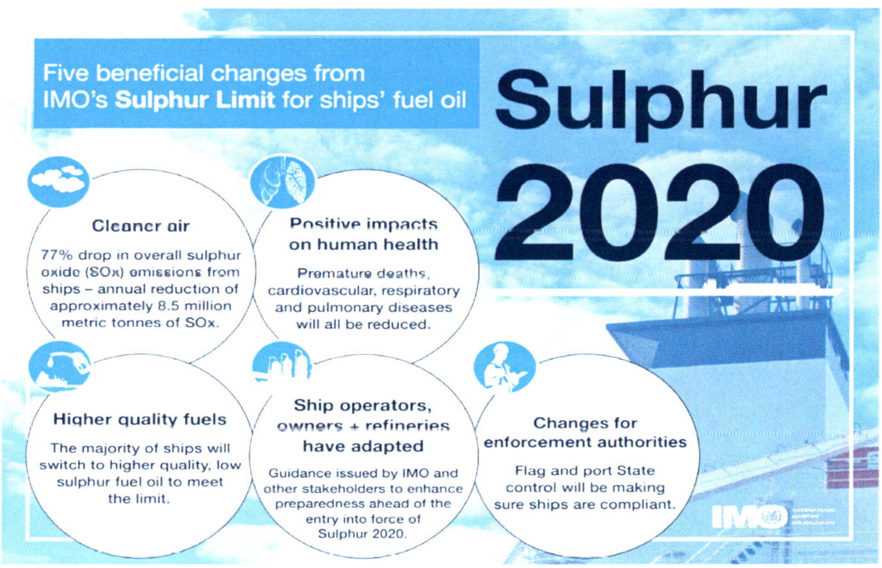

그림 1-8 Five beneficial changes from IMO's sulphur limit for ships' fuel oil(출처: IMO)

(2) 황산화물(SOx)에 의한 환경적 영향 등

황산화물은 대기 중에서 여러 가지 환경적 영향을 미친다. 대기 중에서 물과 결합하여 황산으로 변환되며, 이는 산성비의 주요 원인 중 하나이다. 산성비는 토양과 수질 오염을 초래하며, 산성화된 토양은 식물 성장에 악영향을 미치고, 산성화된 수질은 수생 생물에 유해하다.

또한, 황산화물은 호흡기를 자극하여 인체 건강에 악영향을 미친다. 특히 아황산가스(SO_2)는 호흡기 질환을 유발하고, 천식 환자나 노약자에게 심각한 영향을 미칠 수 있다. 마찬가지로, 삼산화황(SO_3)은 황산으로 변환되어 호흡기 점막에 강한 자극을 주며, 장기적으로 노출될 경우 호흡기 질환의 위험을 증가시킨다.

추가적으로, 황산화물은 대기 중에서 다른 오염물질과 반응하여 2차 오염물질을 형성할 수 있다. 예를 들어, SO_2는 대기 중에서 질소산화물(NOx)과 반응하여 초미세먼지($PM_{2.5}$)와 같은 2차 오염물질을 형성한다. 이러한 미세먼지는 인체의 호흡기 및 심혈관계에 심각한 영향을 미치며, 대기 중의 가시거리를 저해하여 환경 미관에도 부정적인 영향을 미친다.

1.2.3 이산화탄소(CO_2)

(1) 이산화탄소(CO_2)의 생성

이산화탄소(CO_2)는 선박의 연소 과정에서 주요하게 배출되는 온실가스이다. 메탄(CH_4), 아산화질소(N_2O), 수화불화탄소(HFCs), 과불화탄소(PFCs), 육불화황(SF_6) 등 온실가스에 비해 지구온난화지수(Global Warming Potential, GWP)는 상대적으로 낮지만, 온난화기여도(Global Warming Contribution, GWC)는 가장 높다.

연료 중의 탄소 성분이 공기 중의 산소와 반응하여 이산화탄소가 생성되기에 CO_2 배출은 연료의 탄소 함량과 전체 연료 소비량에 직접적으로 연관되어 있다.

$$CmHn + (m + \frac{1}{4})O_2 \rightarrow m\,CO_2 + \frac{n}{2}H_2O$$

일부 연구에 따르면 디젤 엔진의 연료 소비율(specific fuel oil consumption, SFOC)과 관련하여, 엔진 부하가 낮을 때 CO_2 배출량이 높고, 중간 부하에서는 감소하며, 최대 부하의 약 75%에서 최소값을 보인 후 부하가 100%에 도달하면 다시 증가한다는 내용도 있다.

앞서 언급하였듯이, 선박 연료의 탄소-수소 비율은 CO_2 배출량을 결정하는 중요한 요소이다. 다양한 유형의 연료에서 탄소 함량이 달라지면 CO_2 배출량에도 차이가 발생한다. 예를 들어, 액화천연가스(Liquefied Natural Gas, LNG) 및 메탄올과 같은 대체 연료의 도입으로 인해 CO_2 배출량이 감소할 수 있다. 이는 이러한 대체 연료가 기존 화석 연료보다 낮은 탄소 함량을 가지고 있기 때문이다.

(2) 온실가스에 따른 지구 온난화 전망

IPCC[1] 제6차 평가보고서(2021년)에 따르면, 인류의 영향으로 기후 시스템의 온난화가 급속하게 진행되고 있으며, 지난 2,000년간 전례 없는 속도로 지구 온난화가 일어나고 있다. 이로 인해 극한 기후 현상이 증가하고 있다. 열대저기압의 발생 빈도는 감소했지만, 강도는 더욱 강해졌다.

과거와 미래의 CO_2 배출량이 미래 온난화 강도를 결정하기에 온실가스를 극적으로 감축하지 못하면, 21세기 후반기에는 1,850~1,900년 대비 지구 온도가 3.3~5.7℃ 상승할 것으로 예측하고 있다. 또한, 마찬가지로 온실가스 배출 시나리오(Shared Socioeconomic Pathway, SSP)를 기반으로 미래 대기 중 이산화탄소 농도를 예측한 결과는 그림 1-9와 같다. 여기서 재생에너지 기술 발달로 화석연료 사용이 최소화되고 친환경적으로 지속 가능한 경제성장을 이룰 것으로 가정(SSP1-2.6)한 이상적인 시나리오의 경우, 그나마 지금보다 이산화탄소 농도를 약간 낮출 수 있으리라 보고 있다. 참고로, 온실 가스 배출 시나리오는 2100년 기준 복사강제력 정도와 함께 미래 기후 변화 대비 수준에 따라 인구, 경제, 토지이용, 에너지사용 등의 미래 사회경제상이 어떻게 달라질 것인가를 적용한 시나리오이다.

---

1) IPCC(Intergovernmental Panel on Climate Change): 기후변화의 과학적 규명을 위해 세계기상기구(WMO)와 유엔환경계획(UNEP)이 공동으로 설립(1988년)한 국제협의체. 전세계 과학자가 참여·발간하는 IPCC 평가보고서(AR: Assessment Report)는 기후변화의 과학적 근거와 정책방향을 제시하고 유엔기후변화협약(UNFCCC)에서 정부간 협상의 근거자료로 활용.

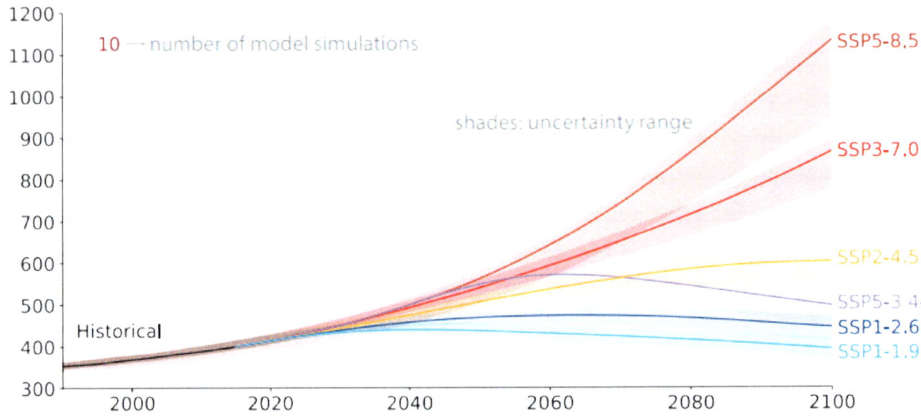

그림 1-9 온실가스 배출 시나리오에 따른 미래 대기 중 이산화탄소 농도 예측(IPCC, 2021)

아울러, 산업기술의 빠른 발전에 중심을 두어 화석연료 사용이 높고 도시 위주의 무분별한 개발이 확대될 것으로 가정하는 경우(SSP5-8.5), 이로 인해 극한 고온, 해양 폭염, 호우의 빈도와 강도 증가, 가뭄 증가, 강력한 열대저기압 비율 증가, 북극 해빙, 적설 면적, 영구동토층 감소가 나타날 것으로 보고 있다.

이에 따라, 인위적인 지구온난화의 강도를 제한하기 위해서는 CO_2 누적 배출량을 줄여서 CO_2 배출 넷제로(Net zero)에 도달하고, 다른 온실가스 배출도 강력하게 감축해야 한다고 강조하고 있다.

◈ 참고: 질소산화물(NOx)과 황산화물(SOx)은 온실가스로 분류되지 않는다?

황산화물(SOx), 질소산화물(NOx)는 대기 중 행동 방식과 기후 변화에 미치는 영향이 다르기 때문에 온실가스 목록에 포함되지 않는다. CO_2는 대기 중에서 수세기 동안 존재하며, 시간이 지남에 따라 축적된다. 반면, SOx는 방출되면 태양 복사를 반사하는 에어로졸을 형성해 일시적인 냉각 효과를 가지며, 대기 중에서 며칠에서 몇 주 동안만 존재한다. NOx 또한 지표 근처에서 오존을 형성해 해로운 대기 오염을 일으키지만, 대기 중에서 짧게 머무르며, 온난화에 미치는 직접적 영향은 제한적이다.

1.2.4 입자상 물질(PM)

(1) 입자상 물질(PM)의 생성

입자상 물질(Particulate Matter, PM)은 대기 중에 떠다니는 고체 또는 액체 입자로, 크기는 0.002~500 μm 범위에 있으며 다양한 밀도를 가진다. 선박에서 배출되는 PM은 주로 유기물(organic matter, OM), 원소 탄소(elemental carbon, EC), 황산염, 금속, 무기 이온 등으로 구성된다.

- 유기물(Organic Matter, OM): 연료와 윤활유의 불완전 연소에 의해 생성된다. OM은 연료 종류에 따라 PM 구성의 주요 부분을 차지한다. 또한, 연료 유형에 따라 다르며, 연료의 전환에 따라 질량이 줄어들 수 있지만, 입자 수는 크게 변하지 않는다.
- 원소 탄소 (Elemental Carbon, EC): 주로 연소 과정에서 충분한 산소가 공급되지 않아 생성되는 그을음(soot, black carbon)으로 구성된다. 이는 연료의 불완전 산화로 인해 발생한다.
- 황산염 (Sulfates): 연료에 포함된 황 성분이 연소 과정에서 산화되어 SO_2 및 SO_3로 변환되고, 이는 다시 황산염 입자를 형성한다.
- 금속 및 무기 이온 (Metals and Inorganic Ions): 연료 및 윤활유에 포함된 금속 성분이 연소 과정에서 방출된다.

PM은 특히, 디젤 엔진의 연소실에서 연료와 공기의 혼합이 불완전하게 이루어질 때 형성된다. 이는 연소 과정에서 연료가 불완전하게 산화되어 그을음 입자가 형성되는 원소 탄소 부분과, 연료와 윤활유의 무거운 성분이 연소 중에 완전히 연소되지 않고 남아 있는 유기물 부분으로 나눌 수 있다. 또한, 일부 가벼운 연료 성분은 부분 산화 과정을 거쳐 무거운 유기물로 변환될 수 있다.

또한, 일부 연구에 따르면, PM 배출량은 연료 유형, 엔진 부하 및 연소 조건에 따라 달라진다. 예를 들어, 앞서 언급하였듯이 연료의 전환(residual to distillate)은 PM의 질량을 줄일 수 있지만, 입자 수에는 큰 영향을 미치지 않는다. 엔진 부하와 관련하여, 부하가 증가할수록 PM 배출이 약간 감소하는 경향을 보이지만, 낮은 부하에서는 연료 분사 압력의 감소로 인해 PM 배출이 증가하는 경향이 있다. PM의 크기 분포는 주로 초미세 입자(100 nm 이하)로 구성되며, 이는 공기 중에서 장기간 체류할 수 있어 인체 건강에 심각한 영향을 미친다.

(2) 입자상 물질(PM)의 환경적 영향 등

PM의 환경적 및 건강적 영향은 매우 심각하다. 특히, $PM_{2.5}$(직경 2.5 μm 이하의 미세먼지)는 호흡기 질환, 심혈관 질환 및 조기 사망과 관련이 있으며, 특히 천식, 심혈관 질환 또는 폐 질환을 앓고 있는 사람들에게 더욱 치명적이다.

PM은 또한 대기 중에서 부유하며 가시거리를 저해하고, 식물의 광합성을 방해하며, 토양과 수질을 오염시킨다. PM은 식물 잎에 침적되어 잎 표면을 손상시키고, 기공을 막아 광합성 효율을 감소시킬 수 있다. 특히 블랙카본(Black carbon, BC)이 잎에 침적되면 그늘 효과로 인해 광합성률이 감소한다. 또한, PM에 포함된 산성 성분은 식물 잎을 직접적으로 손상시킬 수 있다. 이러한 영향은 도시화와 산업화가 진행된 아시아 지역에서 더욱 두드러진다.

그뿐만 아니라, 선박에서 배출되는 입자상 물질(PM)의 증가는 폐암 등으로 인한 사망률 증가와 관련이 있으며, 이 또한 동아시아 및 서아시아의 항만 지역에서 그 영향이 크다. 2019년 유엔환경계획[2](United Nations Environment Programme, UNEP)에서 발간한 아태지역의 대기오염에 관한 보고서에 따르면, 특히 아시아권의 경우 강력한 정책 개입이 없다면, $PM_{2.5}$ 노출은 2015년 43 $\mu g/m^3$에서 2030년 62 $\mu g/m^3$로 약 50% 증가할 것으로 예상한다. 그림 1-10과 같이 동아시아의 일부 지역에서는 $PM_{2.5}$ 농도가 감소할 것으로 예상되지만, 인구 밀도가 높은 산업화 지역에서는 여전히 높은 농도를 유지할 것임을 보여 준다.

한편, 최근 IMO는 BC 배출을 줄이기 위한 추가적인 조치를 논의하고 있다. BC는 북극과 같은 민감한 지역에서 기후 변화에 큰 영향을 미치는 물질로, IMO는 이러한 배출을 줄이기 위한 기술적 및 운영적 대안을 검토 중이다. 참고로, 2021년, 제77차 MEPC에서는 기후위기 측면에서 BC 배출량 증가를 우려하며 해운 활동으로 발생하는 BC로부터 극지 해역 보호를 위한 결의서(Res.MEPC.342(77))를 채택한 바 있다.

---

2) 유엔환경계획(UNEP): 환경 보호 및 지속 가능한 개발을 촉진하기 위해 설립된 환경 문제 전담 유엔 기구. 1972년 스웨덴 스톡홀름에서 열린 인간 환경에 관한 국제회의를 계기로 창설. UN 산하 기구 최초로 제3세계 국가인 케냐 나이로비에 본부가 위치하고 있음.

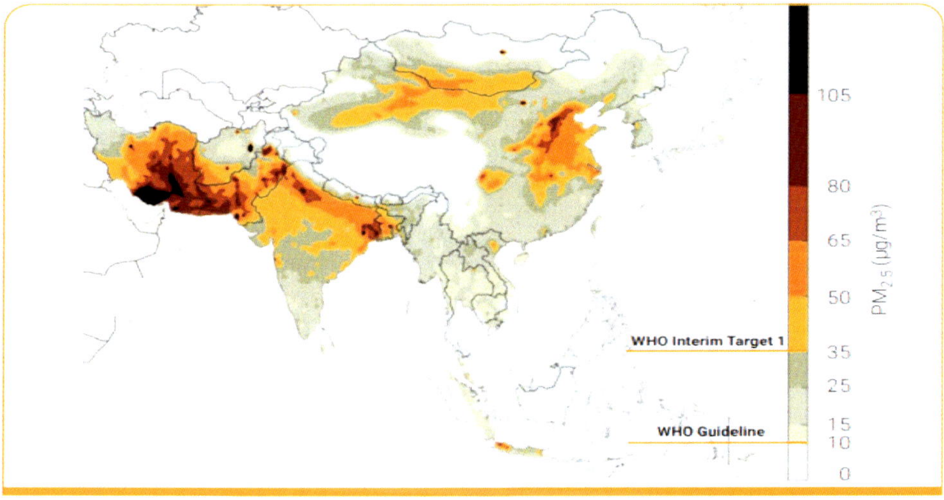

그림 1-10 Ambient levels Of $PM_{2.5}$ in Asia in 2030 under current legislation(Gains, 2017)

1.2.5 휘발성유기화합물(VOCs)

(1) 휘발성유기화합물(VOCs)의 생성

휘발성유기화합물(VOCs)은 정상적인 온도와 압력 조건에서 쉽게 기체 상태로 증발하는 다양한 유기 화합물을 포함하는 물질군이다. VOCs 배출은 주로 연소 과정과 용제(solvents) 사용에 의해 발생하지만, 다른 여러 소스에서도 방출될 수 있다.

선박에서 발생하는 VOCs 배출은 주로 선적, 하역, 발라스팅 및 운송 과정에서 발생한다. 특히, 그림 1-11과 같이 선박 적재 시 탱크 내의 증기 배출은 대기 중으로 다량의 VOCs를 방출하게 되는데 이는 주로 벤젠, 톨루엔, 자일렌과 같은 유해 물질을 포함하고 있다.

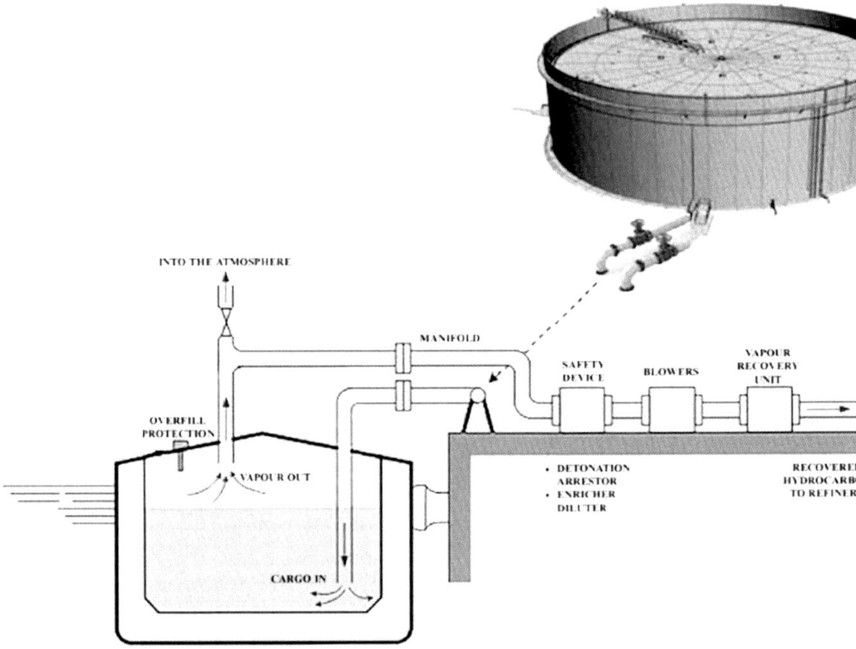

그림 1-11 Flow-sheet of the ship-loading system equipped with emission abatement (Milazzo et al., 2017)

(2) 휘발성유기화합물(VOCs)의 환경적 영향 등

VOCs는 가벼운 성분(주로, 메탄)과 메탄 이외의 휘발성 유기 화합물(Non Methane Volatile Organic Compounds, NMVOCs)로 나뉜다. VOCs의 경량 성분(주로 메탄)은 온실효과에 기여하고, 나머지 성분(NMVOCs)은 NOx와 함께 광화학 반응에 참여하여 오존을 형성한다. 또한, 일부 대체된 방향족 VOCs는 인간 발암물질로 분류된다. 예를 들어, 벤젠은 잘 알려진 발암물질로서, 장기간 노출 시 백혈병과 같은 중대한 질병을 유발할 수 있다.

환경적 측면에서 VOCs는 대기질 악화에 큰 영향을 미친다. 특히, 산업 지역이나 교통이 혼잡한 도시 지역에서는 VOCs 배출이 집중되어 대기오염 문제를 심화시킨다. 이는 지역 주민들의 건강에 직접적인 영향을 미치며, 장기적으로 생태계에도 부정적인 영향을 미칠 수 있다.

1.2.6 일산화탄소(CO)

(1) 일산화탄소(CO)의 생성

일산화탄소(CO)는 무색·무취의 기체로, 산소가 부족한 상태에서 석탄이나 석유 등 연료가 연소할 때 발생하는 대기오염 물질이다. 일산화탄소는 주로 불완전 연소의 결과로 생성되며, 연료와 공기의 연소 반응에서 산소가 충분하지 않을 때 발생한다. 디젤 엔진에서는 대체로 공기 과잉 상태로 운전되기 때문에 CO 배출량이 상대적으로 적지만, 가솔린 엔진에서는 더 많이 발생할 수 있다.

CO 배출은 주로 실린더 벽 근처에 분사된 연료에서 발생하며, 여기서는 연소 온도가 낮아지고, 반응 속도가 낮아져 CO가 CO_2로 전환되지 못하고 남게 된다. CO 배출량은 엔진 부하와 반비례하는 경향이 있으며, 높은 부하에서는 연소 온도가 높아지고 산소가 충분히 공급되어 CO가 더 많이 산화된다. 그러나, 선박의 주 엔진 출력이 줄어드는 maneuver operation mode에서는 CO 배출량이 증가한다.

또한, 일산화탄소 배출은 엔진의 회전 속도와 관련이 있다. 높은 속도로 회전하는 엔진은 연료의 체류 시간이 짧아 CO 배출이 더 많을 수 있으며, 저속 2행정 엔진은 더 높은 공기-연료 비율을 유지하여 CO 배출이 적다. 참고로, CO 배출량은 연료 유형에 크게 영향을 받지 않는 것으로 알려져 있다.

(2) 일산화탄소(CO)의 환경적 영향 등

일산화탄소는 대기 중에서 다른 물질과 반응하여 간접 온실가스로 작용할 수 있다. CO는 대기 중에서 산화되어 이산화탄소(CO_2)로 전환될 수 있으며, 이는 온실 효과를 유발하여 지구 온난화에 기여할 수 있다. 따라서, CO 배출량을 줄이는 것이 중요하다.

또한, CO는 인체 건강에 심각한 영향을 미친다. CO는 혈액 내의 헤모글로빈과 결합하여 산소 운반을 방해하며, 이는 호흡기 및 심혈관 질환을 유발할 수 있다. 특히, CO 중독은 고농도에 노출되었을 때 치명적일 수 있다.

1.2.7 미연탄화수소(unburned hydrocarbon, UHC)

(1) 미연탄화수소(UHC)의 생성

미연탄화수소(Unburned Hydrocarbons, UHC)는 엔진 연소실에서 불완전 연소로 인해 발생하는 탄화수소를 의미한다. 디젤 엔진에서 미연탄화수소의 생성은 주로 농후한 혼합기가 연소할 때 발생하며, 이는 CO 생성과 유사한 메커니즘을 따른다. 부분적으로 농후한 혼합기는 연소 지연을 유발하여 불완전한 연소를 초래하고, 미연탄화수소를 배출한다. 반면, 매우 희박한 혼합기도 미연탄화수소 배출을 유발할 수 있다. 즉, 농후한 혼합기는 산소가 부족하여 완전 연소가 이루어지지 않으며, 희박한 혼합기는 연소 온도가 낮아져 불완전 연소가 발생한다.

또한, 미연탄화수소는 엔진 부하가 낮을 때 연소 효율이 떨어져 배출이 증가한다. 이는 연료와 윤활유가 완전히 연소되지 않고 배출가스에 포함되기 때문이다. 아울러, 가솔린 엔진의 경우, 시동 시 엔진 내부 온도가 낮아 연료가 충분히 기화되지 않아 부분적으로 농후 혼합기가 생성되어 미연탄화수소가 다량 배출된다.

(2) 미연탄화수소(UHC)의 환경적 영향 등

미연탄화수소는 대기 중에서 다른 오염물질과 반응하여 광화학 스모그를 형성할 수 있으며, 이는 호흡기 질환을 유발하고, 대기질을 악화시킨다. 또한, 미연탄화수소는 지구 온난화에 기여하는 간접 온실가스로 작용할 수 있다. 이러한 이유로 미연탄화수소의 배출을 줄이기 위한 다양한 기술적, 정책적 대응이 필요하다.

미연탄화수소의 배출을 줄이기 위해 디젤 엔진에서는 연소 효율을 높이기 위한 기술들이 적용되고 있다. 예를 들어, 저온 디젤 연소와 예혼합 압축 착화 연소는 연소 온도를 낮춰 NOx 배출을 줄일 수 있지만, 이는 미연탄화수소 배출을 증가시킬 수 있어 추가적인 개선이 필요하다. 따라서, 연소 최적화 기술과 배출 후처리 장치의 적용이 중요하다.

표 1-13 주요 오염물질의 생성 원인과 환경적 영향 등

대기오염물질	주요 생성 원인	환경적 영향 등
질소산화물(NOx)	연료의 연소 과정에서 공기 중의 질소와 산소가 고온에서 반응하여 생성 (열생성 NOx, 연료기인 NOx, 속발 NOx)	광화학 스모그 형성, 오존 생성, 산성비 유발, 호흡기 질환 유발, 건축물 및 금속 구조물 부식
황산화물(SOx)	연료유 중의 황 성분이 연소 과정에서 산소와 반응하여 생성 (주로 아황산가스 SO_2와 삼산화황 SO_3)	산성비 유발, 토양 및 수질 오염, 호흡기 질환 유발, 2차 오염물질 형성(초미세먼지 등)
이산화탄소(CO_2)	연료 중의 탄소 성분이 연소 과정에서 산소와 반응하여 생성	지구온난화 유발, 대기 중 CO_2 농도 증가
입자상 물질(PM)	연료와 윤활유의 불완전 연소, 황 성분의 산화, 금속 성분의 연소	호흡기 및 심혈관 질환 유발, 가시거리 저해, 식물의 광합성 방해, 토양 및 수질 오염, 블랙 카본(BC)에 의한 그늘 효과로 광합성률 감소
휘발성유기화합물 (VOCs)	연소 과정, 용제 사용, 선적 하역 및 발라스팅 과정에서 발생	광화학 스모그 형성, 오존 생성, 발암물질(벤젠 등)에 의한 건강 위험, 대기질 악화
일산화탄소(CO)	연료와 공기의 불완전 연소, 주로 가솔린 엔진에서 발생	산소 운반 방해로 인한 호흡기 및 심혈관 질환 유발, 간접 온실가스로 작용하여 지구온난화에 기여
미연탄화수소 (UHC)	연료의 불완전 연소, 농후 혼합기와 희박 혼합기에서 주로 발생	광화학 스모그 형성, 호흡기 질환 유발, 간접 온실가스로 작용하여 지구온난화에 기여

1.3 선박 기인 대기오염물질 저감기술 현황 및 전망

선박 기인 대기오염물질 저감기술은 배기가스 재순환(EGR) 시스템, 선택적 촉매 환원(SCR) 시스템, 그리고 배기가스 정화장치(EGCS) 시스템 등을 포함한다. EGR 시스템은 배기가스를 재순환시켜 NOx 배출을 줄이며, SCR 시스템은 촉매와 환원제를 사용하여 NOx를 무해한 물질로 변환한다. 그리고 EGCS 시스템은 주로 SOx 제거를 목표로 하며, 건식 및 습식 방법으로 배기가스를 처리한다. 이러한 기술들은 다양한 연료와 엔진에 적용되어 환경 보호와 규제 준수를 위한 효과적인 솔루션을 제공한다.

1.3.1 배기가스 재순환(EGR) 시스템

배기가스 재순환 시스템(Exhaust Gas Recirculation, EGR)은 질소산화물(NOx) 배출을 줄이기 위한 효과적인 기술이다. 이 시스템은 연소 후 배출되는 배기가스의 일부를 다시 흡기로 환류시켜 연소 온도를 낮추고 산소 농도를 감소시키는 원리로 작동한다. 이러한 방식으로 NOx 발생을 억제할 수 있다.

(1) EGR 시스템의 작동 원리

EGR 시스템은 연소 후 배출되는 배기가스의 일부를 냉각한 후 엔진의 흡입구로 다시 보내는 방식으로 작동한다. 배기가스를 냉각하는 이유는 배출가스의 열용량을 증가시켜 연소 온도를 낮추고, 산소 농도를 줄여 NOx 생성을 억제하기 위함이다. 이 과정에서 EGR 시스템은 다음과 같은 작동 원리를 따른다.

① 배기가스 냉각: 배기가스는 EGR 밸브를 통해 배출되기 전 냉각 과정을 거친다. 냉각된 배기가스는 연소실 내에서 비열용량(Specific Heat Capacity)[3])을 증가시켜 연소 온도를 낮추어 NOx 생성을 억제한다. 비열용량이 큰 CO_2와 H_2O 등의 가스가 포함된 배기가스를 재순환시키면 연소 온도가 감소하게 된다.

---

3) 비열용량(比熱容量 ,specific heat capacity): 단위 질량당의 열용량. SI단위는 J/(kg·K). 대체로 온도에 따라 변화한다. 또 온도를 높일 때 일정 압력하에서 하든가 또는 일정 체적을 유지하는가에 따라 다르므로 정압비열과 정적비열을 구별한다.

② 배기가스 재순환: 냉각된 배기가스는 엔진의 흡입구로 다시 보내져 새로운 연료와 공기 혼합물에 섞인다. 이로 인해 혼합기의 비열용량이 증가하고 산소 농도가 감소하여 연소 온도가 낮아진다. 이는 연소 과정에서 공기과잉율(λ)을 감소시켜 연소 온도와 NOx 생성을 억제한다.

③ 연소 온도 및 산소 농도 감소: 재순환된 배기가스는 연소실 내의 산소 농도를 줄이고 비열용량을 증가시켜 연소 온도를 낮춘다. NOx는 주로 고온에서 형성되므로, 연소 온도가 낮아지면 NOx 생성을 억제할 수 있다. 또한, 연소 온도 감소는 thermal NOx 생성 메커니즘을 억제하는 데 기여한다.

(2) EGR 시스템의 특징 및 효과

EGR 시스템은 연소 온도와 산소 농도를 낮춰 질소산화물(NOx) 배출을 줄이는 데 매우 효과적이다. 앞서 언급하였듯이, EGR 시스템은 배기가스의 일부를 냉각하고 물로 정화한 후 다시 엔진으로 재순환시켜 열용량을 증가시키고 산소 농도를 감소시킨다. 이로 인해 연소 온도가 크게 감소하여 NOx 배출을 최대 80%까지 줄일 수 있으며, 이는 Tier III 기준을 만족한다. 또한, EGR 시스템은 블랙 카본(BC) 배출을 최대 20%까지 줄일 수 있다.

그러나 EGR 시스템은 연료 소비량을 0%에서 4%까지 증가시키며, 재순환율이 높아질수록 연료 소비와 그을음 배출이 증가할 수 있다. 설치와 운영을 위해서는 디젤 미립자 필터(DPF) 또는 스크러버와의 결합이 필요하며, 물 처리를 위해 수산화나트륨(NaOH) 투입 장치가 필요하다.

배출되는 수처리수는 Res.MEPC.307(73) 지침을 준수해야 한다. 이러한 이유로 EGR 시스템은 주로 새로운 엔진 설계에 적용되며, 기존 엔진에 적용하는 것은 어려울 수 있다. 따라서 EGR 시스템은 NOx 배출을 줄이는 데 매우 효과적이지만, 연료 소비와 그을음 배출 증가 등의 문제를 해결하기 위해 다양한 보완 기술과 결합하여 사용해야 한다.

EGR 시스템은 그림 1-12와 같이 저압 EGR(low pressure loop EGR)과 고압 EGR(high pressure loop EGR), 내부 EGR(internal EGR) 등의 방식으로 구분되며, 각 방식은 엔진 설계와 운전 조건에 따라 다르게 적용될 수 있다.

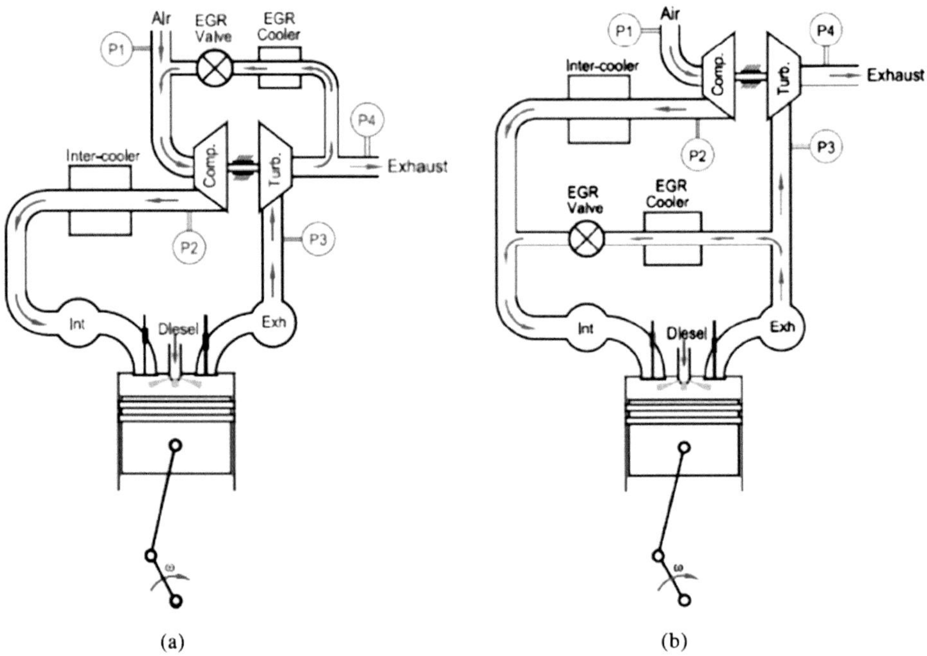

그림 1-12 Schematic diagram of (a) Low pressure and (b) high pressure loop EGR (출처: Zheng et al., 2004)

저압 EGR 시스템은 배기가스를 과급기와 후처리 장치를 통과한 후 재순환시키는 방식으로, 시스템의 열적 안정성을 높일 수 있으며 설치가 비교적 용이하다. 그러나 냉각 및 후처리 장치가 추가로 필요하여 시스템이 복잡해질 수 있다. 고압 EGR 시스템은 배기가스를 과급기를 통과하기 전에 재순환시키는 방식으로, 과급기 효율을 높일 수 있지만 고온의 배기가스를 처리하기 위해 추가 냉각 장치가 필요하다. 한편, 내부 EGR 시스템은 배기가스를 엔진 내부에서 직접 재순환시키는 방식으로, 구조가 단순하고 제어가 용이하지만 재순환된 배기가스의 양을 정확하게 제어하기 어려울 수 있다. 일반적으로 저압 EGR 시스템은 저속 및 중속 디젤 엔진에 사용되며, 고압 EGR 시스템은 고속 디젤 엔진에 많이 사용된다. 추가적으로, 내부 EGR 시스템은 모든 유형의 디젤 엔진에 적용될 수 있지만, 주로 소형 엔진에서 사용된다.

(3) EGR 시스템의 기술 개발 및 연구 현황

EGR 시스템의 기술 개발 및 연구 현황은 최근 몇 년 동안 크게 진전되었다. 일부 실험 연구에 따르면 그림 1-13과 같이 디젤 엔진에서 EGR 비율이 35%에 도달했을 때 NOx 배출량이 Tier III 기준을 만족하였으며, EGR 비율이 증가시킴에도 NOx 배출량은 계속 감소되는 결과를 나타냄을 확인할 수 있었다.

그러나, 앞서 언급하였듯이 높은 EGR 비율은 연료 소비와 그을음 배출을 증가시킬 수 있다. 이러한 문제를 해결하기 위해, 물 분사(water jet)와 EGR의 결합, 고압 분사(high injection pressure), 조기 분사(early injection) 및 다중 분사(multiple injection) 전략과 같은 최적화된 연료 분사 전략이 개발되고 있다. 전자 제어 시스템을 통한 EGR 제어 기술도 발전하여 안정성과 효율성이 향상되었다. 그러나, 연료 소비 증가와 그을음 배출 증가 등의 문제를 해결하기 위한 추가 연구가 필요하다.

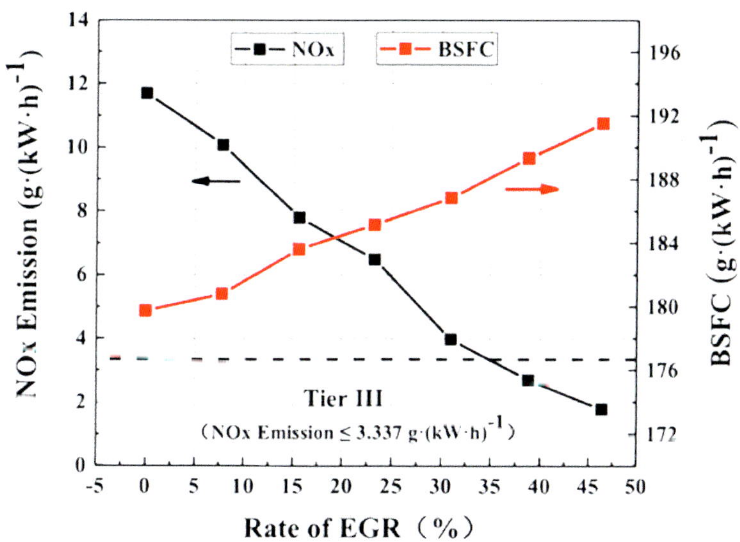

(a) BSFC and NOx

그림 1-13 BSFC and NOx emissions with different levels of EGR (출처: Jiang et al., 2019).

1.3.2 선택적 촉매 환원(SCR) 시스템

선택적 촉매 환원(Selective Catalytic Reduction, SCR) 시스템은 배기가스 내 질소 산화물(NOx)을 암모니아(NH_3)나 요소수(Urea)와 같은 환원제와 반응시켜 무해한 질소(N_2)와 물(H_2O)로 변환하는 기술이다. 이 시스템은 배출가스가 대기 중으로 배출되기 전에 NOx를 효과적으로 제거하며, 높은 NOx 저감 효율(70%~95%)을 자랑한다. SCR 시스템은 다양한 연료 유형과 호환되며, 특히 저유황 연료를 사용할 경우 더욱 효율적이다.

(1) SCR 시스템의 작동 원리

SCR 시스템은 배출가스가 대기 중으로 배출되기 전에 NOx를 효과적으로 제거하는 후처리 장치이다. SCR 시스템의 작동 원리는 배기가스가 촉매를 통과하기 전에 환원제를 스프레이 형태로 주입하여 화학 반응을 촉진하는 것이다.

SCR 시스템에서 사용되는 촉매는 주로 바나듐(V_2O_5)과 티타늄(TiO_2)으로 구성된 세라믹 또는 금속재질로 이루어져 있다. 이 촉매는 배기가스와 환원제가 반응하여 질소와 물로 변환되는 과정을 촉진한다. SCR 시스템의 효율성은 배기가스 온도, 환원제의 종류 및 양, 그리고 촉매의 상태에 따라 달라진다. 최적의 작동 온도는 일반적으로 300-400℃사이이며, 이 온도에서 NOx와 암모니아의 반응이 가장 효과적으로 일어난다. 추가적으로, SCR 시스템의 주요 화학반응은 다음과 같다:

$$4NO + 4NH_3 + O_2 \rightleftarrows 4N_2 + 6H_2O$$
$$2NO + 2NO_2 + 4NH_3 \rightleftarrows 4N_2 + 6H_2O$$
$$2NO_2 + 4NH_3 + O_2 \rightleftarrows 3N_2 + 6H_2O$$

SCR 시스템은 높은 NOx 저감 효율을 가지고 있으며, 70%에서 95%까지 NOx를 제거할 수 있다. 이는 Tier III NOx 배출 기준을 충족시키는 데 매우 효과적이다. 배기가스 중의 SO_2 수준이 낮을수록, 그리고 배기가스 온도가 높을수록 SCR 시스템의 효율은 더욱 높아진다. SCR 시스템은 또한 남은 암모니아를 산화시키기 위해 산화 촉매를 사용할 경우 VOC, CO, PM 등의 배출도 줄일 수 있다. 다만, SCR 시스템의 경우 작동 온도가 너무 높으면 NOx와 암모니아가 반응하지 않고 연소되며, 특히 고유황 연료를 사용할 경우 SO_2와 반응하여 암모니아염이 형성되어 촉매의 기공을 막고 배압을 악화시킬 수 있다.

(2) SCR 시스템의 특징 및 효과

SCR 시스템은 저압 SCR(Low pressure SCR, LP SCR)와 고압 SCR(High pressure SCR, HP SCR)로 구분되며, 각 시스템의 작동 매커니즘, 특징, 장단점은 다음과 같다.

그림 1-14(a)와 같이 LP SCR 시스템은 엔진의 과급기 후단에 설치되며, 배기가스 온도가 낮은 상태에서 작동한다. LP SCR 시스템의 주요 구성 요소는 SCR 반응기, 혼합기, 분해 장치(DCU) 등으로 이루어져 있다. LP SCR 시스템의 주요 특징은 높은 유연성과 간편한 설치이다.

이로 인해 LP SCR 시스템의 장점은 설치가 용이하고 배기가스 온도가 낮아도 효율적으로 작동할 수 있다. 또한, 엔진 성능에 미치는 영향이 적고, 배압 증가가 상대적으로 적다. 그러나 LP SCR 시스템은 황 성분에 민감하여 고유황 연료 사용 시 촉매 오염과 부식 문제가 발생할 수 있다. 따라서, LP SCR 시스템의 경우 황산화물에 의한 터빈 블레이드의 부식 문제 등으로 저유황 연료(황함유량 0.1% 미만)를 사용하는 경우에만 적용이 적합하다.

한편, 그림 1-14(b)와 같이 HP SCR 시스템은 엔진의 과급기 전단에 설치되며, 배기가스 온도가 높은 상태에서 작동한다. HP SCR 시스템은 고온의 배기가스를 처리할 수 있어 환원제가 더 효과적으로 작동할 수 있다. 따라서 이 시스템은 저유황유뿐만 아니라 고유황유를 사용하는 경우에도 적용이 가능하며, 배기가스 온도가 높을 때 NOx 제거 효율이 높다. 이로 인해, HP SCR 시스템은 일반적으로 고출력 엔진에 적용되며, 높은 배기가스 온도에서 효율적으로 작동한다.

정리하자면, HP SCR 시스템의 장점은 높은 NOx 저감 효율과 작은 설치 공간이다. 고온의 배기가스를 처리할 수 있어 환원제의 효율이 높아지고, SCR 시스템의 크기가 작아 설치 공간이 적게 필요하다. 그러나 HP SCR 시스템은 배기가스 온도가 너무 높거나 낮을 경우 효율이 떨어질 수 있으며, 배압 증가로 인한 연료 소비 증가 문제가 발생할 수 있다.

종합적으로 SCR 시스템은 NOx 배출 저감에 매우 효과적이며, 적절한 유지 보수와 운영을 통해 최적의 성능을 발휘할 수 있으나, 각 시스템의 상난섬을 고려하여 적절한 방식의 SCR 시스템을 선택하는 것이 중요하다.

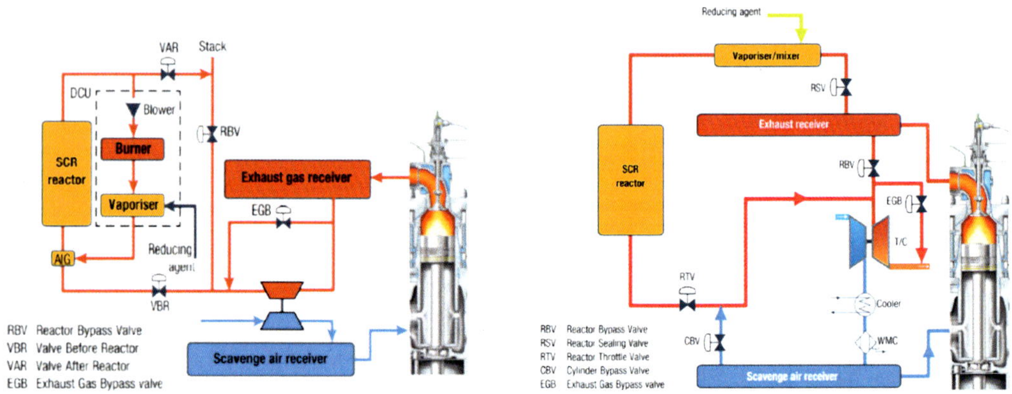

(a)LP-SCR (b)HP-SCR

그림 1-14 LP-SCR and HP-SCR system(출처: MAN Energy Solutions, 2019)

(3) SCR 시스템의 기술 개발 및 연구 현황

현재 SCR 시스템은 다양한 엔진과 연료에 적용될 수 있으며, 특히 선박용 디젤 엔진에서 효과적인 NOx 저감 기술로 자리 잡고 있다. SCR 기술은 NOx 배출을 최대 95%까지 줄일 수 있어 Tier III NOx 배출 기준을 충족하는 데 매우 효과적이다.

최근의 연구는 SCR 시스템의 구조 최적화, 증발기 및 혼합기의 설계 개선, 요소 용액의 스프레이 성능 향상 등을 중점적으로 다루고 있다.

예를 들어, 일부 연구에서는 플루 가스(flue gas) 흐름을 시뮬레이션하여 최적의 디플렉터 배열을 도출하는 한편, HP-SCR 시스템의 구조를 최적화하여 성능을 평가하는 연구도 진행한 바 있다. 또한, 높은 배기 온도를 유지하기 위한 전략도 연구되고 있다. 안정적인 SCR 작동을 위해 높은 배기 온도를 유지하는 방법을 연구하는 한편, 얇은 금속 촉매를 사용하여 엔진 배기 가스 압력을 13%~28%까지 줄이는 연구도 진행된 바 있다.

SCR 시스템은 다양한 선박에 대한 엔진 벤치 테스트를 통해 NOx 배출 저감 효과를 입증하는 실험도 진행된 바 있다. SCR이 탑재된 예인선에서 NOx를 감소 효과를 측정한 결과 약 92% 감소시켰다고 보고되었고, 일부 연구에서는 중속 디젤 엔진에서 SCR이 HFO와 경유를 사용하여 각각 86.9%와 84.4%의 NOx 저감 효과를 보였다고 밝혔다. 이러한 연구들은 SCR 시스템이 다양한 신박용 니젤 엔진의 배출 저감 기술로서의 잠재력을 보여주고 있다.

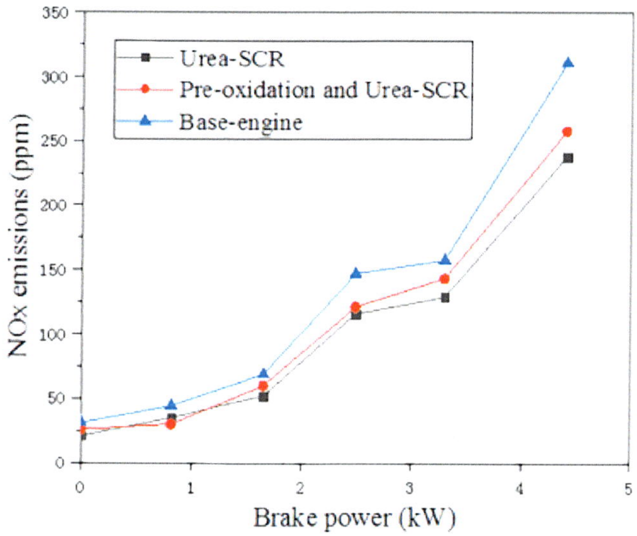

그림 1-15 Differences in NOx emission from different systems (Baik et al., 2004).

추가적으로, 그림 1-15는 SCR 시스템(Urea SCR system)이 장착된 엔진의 배출량이 기본 엔진(base engine)보다 낮고, 특히, 제동마력이 최대일 때 그 차이가 더욱 커진다는 것을 보여주고 있다.

이와 같이 SCR 기술은 효율성 향상과 배출 저감을 위해 지속적으로 연구되고 있으며, 다양한 운영 조건에서도 높은 성능을 유지할 수 있는 방향으로 발전하고 있다.

1.3.3 황산화물 배기가스정화장치(Scrubber)

(1) Scrubber 시스템의 작동 원리

Scrubber 시스템은 배기가스와 액체가 밀접하게 접촉하여 오염 물질을 분리하는 장치이다. 주로 SOx 제거를 위해 설계되었으며, 부수적으로 미립자 물질(PM)과 탄소 찌꺼기 등도 제거하는 효과가 있다. Scrubber는 크게 건식과 습식으로 나뉜다. 건식 Scrubber는 고온의 배기가스를 흡수제로 처리하여 오염 물질을 제거하고, 습식 Scrubber는 해수나 화학세정수를 이용해 오염 물질을 씻어낸다.

(2) 건식 scrubber 시스템의 특징 및 효과

건식 Scrubber는 흡수제를 사용하여 배기가스에서 SOx를 제거하는 방식이다. 주로 수산화칼슘(Ca(OH)2)을 배기가스에 주입하여 화학 반응을 통해 오염 물질을 제거한다. 건식 Scrubber의 장점은 전력 소비가 적고, 폐수가 발생하지 않아 처리 비용이 낮다는 점이다. 또한, 설치가 간단하고 유지 보수가 용이하다. 그러나 고온의 배기가스를 처리하기 때문에 시스템의 내구성이 중요하며, 흡수제의 교체와 처리 비용이 발생할 수 있다.

(3) 습식 Scrubber 시스템의 특징 및 효과

습식 Scrubber는 배기가스 내의 SOx를 제거하기 위해 해수나 화학세정수를 사용하는 방식이다. 습식 Scrubber는 주로 개방형, 폐쇄형, 하이브리드형 세 가지 종류로 나뉜다.

1) 개방형 Scrubber(Open-Loop Scrubber)

개방형 스크러버 시스템은 배기가스를 처리하여 황산화물(SOx)을 제거하는 데 사용되는 장치로, 자연적으로 알칼리성을 띠는 해수를 이용하여 배기가스와 접촉시켜 화학 반응을 통해 오염 물질을 제거한다. 이 시스템은 해수를 스크러버 상단에서 하단으로 흐르게 하여 배기가스와 접촉하게 함으로써 SOx를 포함한 오염 물질을 중화시킨다. 주요 화학 반응식은 다음과 같다.

$$SO_2 + H_2O \rightleftarrows H_2SO_3$$
$$H_2SO_3 + 0.5O_2 \rightleftarrows H_2SO_4$$

개방형 스크러버의 장점은 설치와 운영이 간단하고 비용이 저렴하다는 점이다. 해수를 직접 사용하기 때문에 추가적인 화학 물질이 필요하지 않으며, 전력 소모도 비교적 적다. 또한, 배기가스의 SOx를 약 98%까지 제거할 수 있어 높은 제거 효율을 자랑한다. 그러나 이 시스템은 해수의 알칼리성이 낮은 지역에서는 효율이 떨어질 수 있다.

또한, 스크러버에서 처리된 세정수는 낮은 pH와 높은 온도를 가지며, SOx, 중금속, PAH(다환방향족탄화수소) 등을 포함할 수 있다. 참고로, 그림 1-16은 현재 여러 국가에서의 개방형 스크러버 사용에 대한 제한 사항을 나타내고 있다.

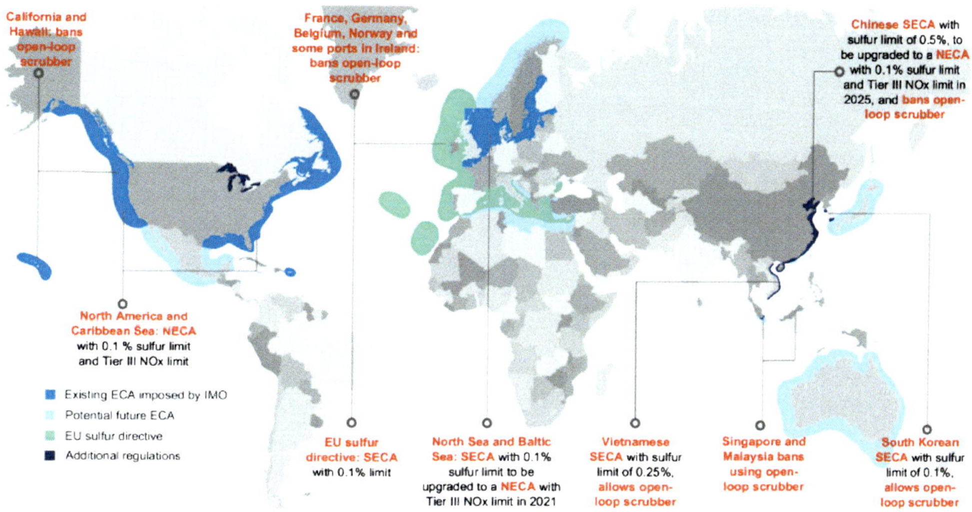

그림 1-16 Map of ECAs and restrictions on open-loop scrubbers (Zhao et al., 2021).

정리하자면, 개방형 스크러버는 저렴하고 간단한 설치와 운영이 가능하며, 높은 SOx 제거 효율을 가지고 있지만, 환경 규제와 해양 오염의 위험으로 인해 사용이 제한될 수 있으며, 선주들은 이러한 제한을 고려하여 개방형 스크러버의 경제적 타당성을 평가해야 한다. 따라서, 개방형 스크러버를 선택할 때는 해당 해역의 규제와 경제적 요인을 종합적으로 고려해야 한다.

2) 폐쇄형 Scrubber(Closed-Loop Scrubber)

폐쇄형 Scrubber는 화학세정수(주로 수산화나트륨 용액)를 사용하여 SOx를 중화시키는 방식이다. 배기가스는 스크러버 내에서 세정수와 접촉하여 SOx가 황산나트륨으로 변환된 후, 세정수는 재순환된다. 주요 화학 반응식은 다음과 같다:

$$H_2SO_3 + 2NaOH + 0.5O_2 \rightleftarrows Na_2SO_4 + H_2O$$
$$H_2SO_4 + 2NaOH + 0.5O_2 \rightleftarrows Na_2SO_4 + H_2O$$

폐쇄형 Scrubber의 장점은 해양 오염을 방지할 수 있다는 점이며, 다양한 해역에서 사용이 가능하다. 그러나 설치 비용과 운영 비용이 높고, 세정수 처리 시스템이 필요하다.

3) 하이브리드 Scrubber(Hybrid Scrubber)

하이브리드 Scrubber는 개방형과 폐쇄형 방식을 결합하여 상황에 따라 전환하여 사용할 수 있는 방식이다. 해수의 알칼리성이 높은 지역에서는 개방형 방식으로, 알칼리성이 낮거나 해양 오염을 방지해야 하는 지역에서는 폐쇄형 방식으로 운영할 수 있다. 하이브리드 Scrubber는 유연성이 뛰어나지만, 설치와 운영이 복잡하고 비용이 높다.

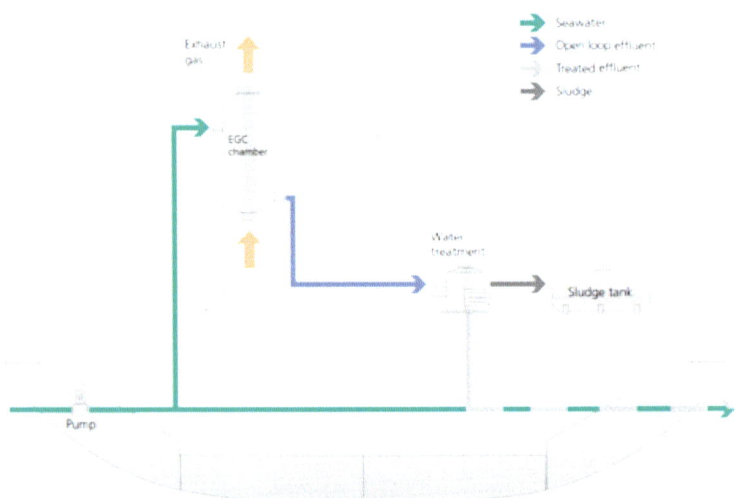

(a) Open loop

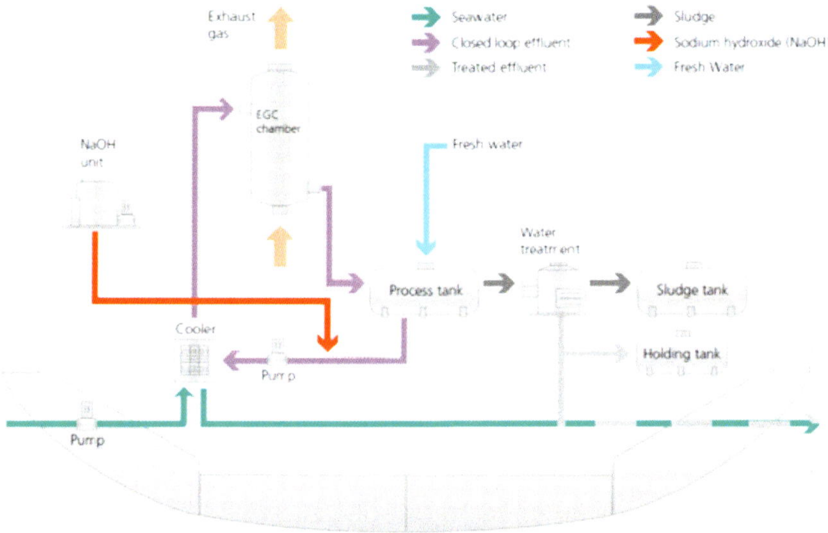

(b) Closed loop

그림 1-17 Open loop and closed loop wet scrubber

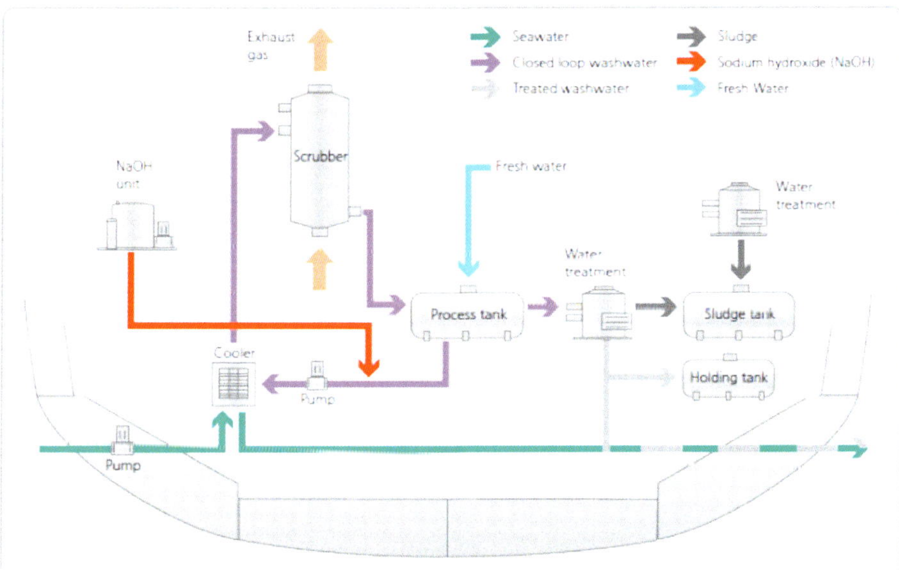

그림 1-18 A hybrid SOx scrubber operaing in closed loop mode

◈ 참고: EGCS(exhaust gas cleaning systems) 사용에 따른 배출가스 기준치

표 1-14는 연료유의 황 함유량과 이에 따른 배출가스 비율을 나타낸다. 예를 들어, 황 함유량이 0.50%인 연료유를 사용할 경우 SO_2 배출 농도는 21.7 ppm이다. 아울러, 부산항 등 국내 5대 항만(황산화물배출규제해역)에서 EGCS를 사용하는 경우 0.10% 연료유를 사용하는 수치에 상응하는 배출가스 비율(4.3)을 만족하여야 한다. EGCS는 이러한 배출가스 비율을 기준으로 설계되어, 다양한 연료유 황 함유량에 대해 규제 기준을 만족해야 한다. 이를 통해 선박이 다양한 운영 조건에서도 배출 기준을 준수할 수 있도록 한다.

표 1-14 SO_2/CO_2 비율에 따른 연료유 황 함유량 제한치

Fuel oil sulphur content (% m/m)	Ratio emission SO_2(ppm)/CO_2(% v/v)
4.5	195.0
3.5	151.7
1.5	65.0
1.0	43.3
0.5	21.7
0.1	4.3

◈ 참고: EGCS 사용에 따른 선외 배출되는 세정수 기준치

표 1-15는 EGCS에서 배출되는 세정수의 주요 모니터링 요소와 그 기준치를 나타낸다. EGCS 배출수의 pH, PAH 및 Turbidity는 본선에 설치된 Washwater Monitoring 장비를 통해 지속적으로 감시되어야 하며, Nitrates는 배출수에서 Sample을 채취하여 분석되어야 한다.

표 1-15 EGCS 사용에 따른 선외 배출되는 세정수 기준치

Monitored Element	Relevant Section of MEPC 340(77)	Value
pH (수소이온농도)	10.1.2	선박 정지 시 선외 배출 지점으로부터 4 m에서 측정된 pH는 최소 6.5이상
PAH (다환 방향족 탄화수소)	10.1.3	세정수내의 기름 농도를 확인하기 위하여 PAH를 측정하며 유입수 PAH 농도보다 50 ㎍/L를 초과 금지
Turbidity (탁도)	10.1.4	최대 연속 탁도는 입구 세정수의 탁도와 비교하여 25 FNU 또는 25 NTU 또는 이와 동등한 단위보다 크지 않아야 함
Nitrates (질산염)	10.1.5	• 질소산화물을 12% 제거한 수치; 또는 • 세정수 배출율 45 tons/MWh 기준에서 60 mg/l 초과 배출 금지

◈ 참고: EGCS 검사제도에 따른 제출 및 선박보관 서류 목록

EGCS의 검사제도는 Scheme A와 Scheme B로 나뉜다. Scheme A는 파라미터 확인 및 배출가스 시험 후 SECC(SOx Emissions Compliance Certificate, SOx 배출량 적합 증서)를 발행하며, 일상점검을 통해 규정 만족을 증명한다. Scheme B는 증서 발행 없이 배출가스 연속 모니터링을 통해 규정 만족을 증명하는 것으로서, 대부분 선박은 "Scheme B"를 적용한다.

표 1-16 EGCS 승인을 위한 제출서류("X"표시는 해당사항임)

Document	Scheme A	Scheme B
SECP (SOx Emissions Compliance Plan: SOx 배출량 준수 계획)	X	X
ETM (Exhaust Gas Cleaning System - Technical Manual: 배기가스세정시스템 - 기술설명서) Scheme A	X	-
ETM (Exhaust Gas Cleaning System - Technical Manual: 배기가스세정시스템 - 기술설명서) Scheme B	-	X
OMM (Onboard Monitoring Manual: 선상모니터링 매뉴얼)	X	X
EGC (Exhaust Gas Cleaning: 배기가스세정) Record Book (기록부) or Electronic Logging System (전자기록시스템)	X	X

◈ 참고: EGCS 고장 및 센서 이상 시 조치 방안

EGCS의 고장은 기준을 초과하는 배출로 이어지는 모든 상태를 의미하며, 센서 고장의 경우 일시적 비준수 상태는 예외로 한다. 고장이 발생하면 가능한 한 빨리 원인을 식별하고 해결해야 한다.

선박 운용자는 인증된 EGCS 기술 매뉴얼 또는 제조업체가 제공한 문서를 따라야 한다. 제조업체의 고장 진단 절차는 합리적인 시간 내에 시스템이 제대로 작동하지 않는지 확인하고, 조정 또는 수리해야 하는지 여부를 설명해야 한다. 또한, 고장 발생 시 선박에서의 오염방지에 관한 규칙 제24조에 의거 기관일지에 배기가스정화장치가 제대로 가동되지 않은 날짜 · 시간 · 장소 및 고장 사항과 함께 고장 사항의 수리 · 대체 등 조치 내용을 기재하여야 한다. 아울러, 1시간 내에 고장이 해결되지 않으면 저유황 연료유로 전환해야 한다.

만약 저유황 연료유가 부족하다면, 기국 및 항만당국에 이를 보고하고, 적절한 조치를 취해야 한다. 고장이 1시간 이상 지속되거나 반복되는 경우, 이를 관련 당국에 보고해야 한다. 기타 자세한 사항은 MEPC.1/Circ.883/Rev.1을 참조토록 한다.

1.4 대체 연료: 저탄소 배출 연료

그림 1-19와 같이 대체 연료는 주로 세 가지 주요 유형으로 분류된다. 첫째, 저탄소 연료는 LNG(LIquefied Natural Gas), LPG(Liquefied Petroleum Gas)와 Alcohols (메탄올, 에탄올 등)로 구성되며, 탄소 배출량이 기존 화석 연료에 비해 낮다. 둘째, 탄소 중립 연료는 바이오 연료로, 바이오디젤, 바이오메탄올, 바이오에탄올 등을 포함하며, 연소 과정에서 배출되는 이산화탄소를 생물학적 과정을 통해 다시 흡수하여 실질적으로 탄소 배출을 중립화한다. 셋째, 무탄소 연료는 수소 연료와 암모니아 연료 등으로, 연소 시 이산화탄소를 전혀 배출하지 않으며, 온실가스 배출을 줄이는 데 중요한 역할을 한다. 이러한 대체 연료들은 해운 산업의 탈탄소화와 환경 보호를 위한 중요한 수단이다.

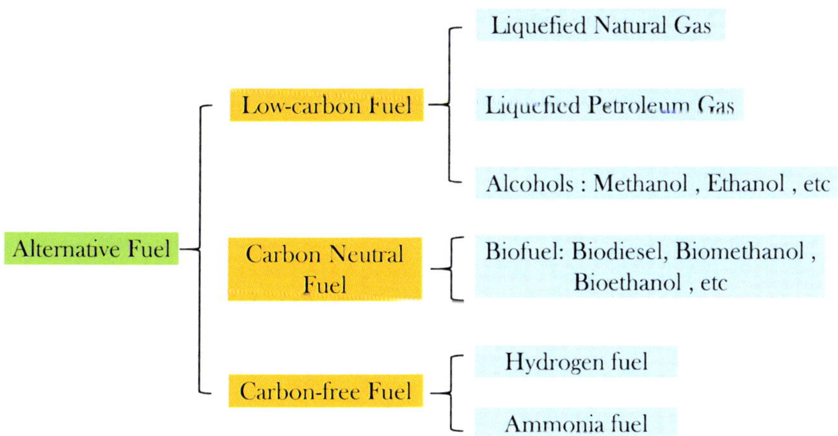

그림 1-19 Alternative fuels for ships.

표 1-17, 18은 다양한 대체 연료의 주요 물리화학적 특성과 배출 성능을 비교한 것이다.

저탄소 배출 연료 중 천연가스(NG)는 낮은 밀도를 가지고 있으며 CO_2 배출을 5-25%까지 감소시키는 것으로 나타난다. PG는 NG와 유사한 밀도와 발화 온도를 가지며, 엔진의 분사 방식 등에 따라 NOx 배출 저감효과가 다양하게 나타난다.

한편, 탄소 중립 연료 중 DME(Dimethyl Ether, 다이메틸에테르)는 낮은 밀도와 발화 온도를 가지며, SOx와 PM 배출이 매우 낮다. 그러나 연료 공급 인프라가 부족하여 상용화에 어려움이 있다. FAME(Fatty Acid Methyl Esters, 지방상 메틸 에스터) 또한 낮은 발화 온도를 가지며, SOx 배출이 매우 낮다. 이는 바이오디젤의 주요 성분으로 사용된다.

아울러 무탄소 연료 중 수소(Hydrogen)는 매우 낮은 밀도를 가지며 연소 시 CO_2 배출을 100%까지 저감할 수 있으나, NOx 배출이 높다. 암모니아 또한 연소 시 수소와 마찬가지의 배출효과를 가지고 있다. 추가로, 표 1-19는 MGO 대비 대체 연료별 연료 탱크 크기 및 엔진에 공급되는 압력을 상세히 나타낸다.

표 1-17 Typical physicochemical properties and emissions performance of marine fuels. (Xing et al., 2021).

Fuels	Chemical formula	Density at 15℃, kg/m³	Cetane number	Boiling point, ℃	Auto-ignition temperature in air, ℃	Flammability limits in air, vol%	Combustion emissions in ICE			
							CO_2	SOx	NOx	PM
LSHFO[a)]	C_8–C_{25}	975–1010	〉20	〉180	230	0.6–7.5	High	Medium	High	Medium
MDO[b)]	C_{10}–C_{25}	796–841	〉35	〉180	210	0.6–7.5	High	Low	High	Low
NG	CH_4	0.78	130*	-162	540	5.0–15.0	Medium	Low	Medium	Low
PG	C_3H_8 C_4H_{10}	1.52 2	99–112*	-42 -1	459 405	2.2–9.5 1.8–8.4	Medium	Low	Medium	Low
Methanol	CH_3OH	792	〈5	65	464	6.7–36.0	Medium	Low	Medium	Low
Ethanol	C_2H_5OH	789	5–15	78	365	3.3–19.0	Medium	Low	Medium	Low
DME[c)]	CH_3OCH_3	665	55–65	-25	350	3.4–27.0	Medium	Low	Medium	Low
Hydrogen	H_2	0.09	〉130*	-253	585	4.0–75.0	Low	Low	High	Low

Ammonia	NH_3	0.73	120*	-33	651	15.0–28.0	Low	Low	High	Low
SVO[d]	C_{14}-C_{22}	900–960	30–45	〉180	424	0.6–7.5	High	Low	High	Low
FAME[e]	C_{16}-C_{18}	860–900	45–55	〉180	261	0.6–7.5	High	Low	High	Low
HVO[f]	C_{15}-C_{18}	770–790	〉70	〉180	204	0.6–7.5	High	Low	High	Low
F-T Diesel	C_{15}-C_{18}	774–782	74–80	〉180	204	0.6–7.5	High	Low	High	Low

* octane number.
a) LSHFO: Low-Sulfur Heavy Fuel Oil, b) MDO: Marine Diesel Oil, c) DME: Dimethyl Ether, d) SVO: Straight Vegetable Oil, e) FAME: Fatty Acid Methyl Esters, f) HVO: Hydrotreated Vegetable Oil

표 1-18 Comparison of emission reductions by fuel type compared to HFO Tier II (MAN energy solution, 2020).

Energy storage Type	Emission reduction compared to HFO Tier II (%)			
	SOx	NOx	CO_2	PM
LNG (liquid, -162℃)	90–99	20–30	24	90
LPG (liquid, -42℃)	90–100	10–15	13–18	90
LEG (liquid, -89℃)	90–97	30–50	15	90
Methanol (CH_3OH) (65℃)	90–97	30–50	11	90
Ammonia (NH_3) (liquid, -33℃)	100	Compliant with regulation	~90	~90

표 1-19 Energy characteristics and storage requirements by fuel type (MAN energy solution, 2020).

Energy storage Type	Energy content, LHV (MJ/kg)	Energy density (MJ/L)	Fuel tank size relative to MGO	Supply pressure (bar)
MGO	42.7	35.7	1.0	7-8
LNG (liquid, -162℃)	50.0	21.2	1.7	300
LPG (liquid, -42℃)	46.0	26.7	1.3	50
LEG (liquid, -89℃)	47.5	25.8	1.4	380
Methanol (CH_3OH) (65℃)	19.9	14.9	2.4	10
Ammonia (NH_3) (liquid, -33℃)	18.6	12.7 (-33℃), 10.6 (45℃)	2.8(-33℃)a), 3.4(45℃)b)	80
Hydrogen (H_2) (liquid, -253℃)	120	8.5	4.2	-

a) The relative fuel tank size for ammonia has been provided for both cooled (-33℃) and pressurised tanks (45℃)
b) Assuming fully refrigerated media

1.4.1 액화천연가스(Liquefied Natural Gas, LNG)

LNG는 천연가스를 극저온 상태로 냉각하여 액화한 연료이다. 주성분은 메탄으로, 연소 시 오염물질 배출이 적어 환경 친화적인 특징이 있다. LNG는 액화 과정에서 부피가 크게 줄어들어 효율적인 저장과 운송이 가능하다. 이 연료는 높은 에너지 밀도를 가지고 있어 해운 산업에서 주목받고 있으며, CO_2 배출 저감에도 효과적이다. 또한, 연료비 절감 효과와 더불어 안전성 면에서도 뛰어난 장점을 가지고 있다.

(1) LNG의 성분 특성 및 생산

LNG는 천연가스를 -162℃로 냉각하여 액화시킨 형태로, 주성분은 메탄(CH_4)이다. 천연가스의 구성 성분은 주로 저분자 알칸 화합물로, 메탄이 대부분을 차지하며, 에테인, 프로판 등의 파라핀계 탄화수소도 포함된다.

LNG는 기체 상태의 천연가스를 액화하여 부피를 약 1/600로 줄인 형태로 저장 및 운송된다. 이 과정은 다음과 같은 단계를 포함한다. 첫째, 천연가스에서 황 화합물, 이산화탄소, 물 등을 제거하여 순도 높은 메탄을 확보하는 가스 정제 단계가 있다. 둘째, 정제된 천연가스를 -162℃로 냉각하여 액화시키는 액화 단계가 있다. 이 과정에서 천연가스는 액체 상태로 변하며 부피가 크게 줄어든다. 셋째, 액화된 천연가스를 특수 단열된 저장 탱크에 보관하여 운송하는 저장 및 운송 단계가 있다. LNG는 매우 낮은 온도를 유지해야 하므로, 고도의 단열 기술이 필요하다.

(2) LNG의 선박 연료로서의 특징

LNG는 선박 연료로서 여러 가지 장점을 가지고 있다. LNG는 다른 화석 연료에 비해 SOx, NOx, PM 등의 오염물질 배출이 적고 CO_2 배출량도 적다. 이는 LNG가 청정 연료로서 환경 보호에 기여할 수 있음을 의미한다. LNG는 높은 에너지 밀도를 가지고 있어, 동일한 양의 연료로 더 많은 에너지를 생산할 수 있다.

특히, LNG는 SOx 배출을 거의 100% 제거할 수 있으며, NOx 배출은 85-90% 감소시킬 수 있다. PM 배출은 약 98%까지 줄일 수 있고, 이론적으로는 CO_2 배출량을 20-25% 감소시킬 수 있지만, 일부 메탄 누출로 인해 실제 CO_2 배출 감소는 약 12-20%로 평가된다.

또한, LNG는 연료비 절감 효과가 있으며, 특히 규제가 강화됨에 따라 경제적인 이점을 제공할 수 있다. LNG는 인화점이 높아 다른 연료보다 안전하게 취급할 수 있으며, 누출 시에는 대기 중에서 빠르게 증발하여 화재나 폭발의 위험이 상대적으로 낮다.

LNG의 이러한 특성들은 해운 산업에서의 활용을 촉진하고 있으며, 기술 발전과 인프라 확충을 통해 LNG의 사용이 더욱 확대될 것으로 기대된다. LNG는 현재와 미래의 해운 산업에서 중요한 역할을 할 것으로 전망된다.

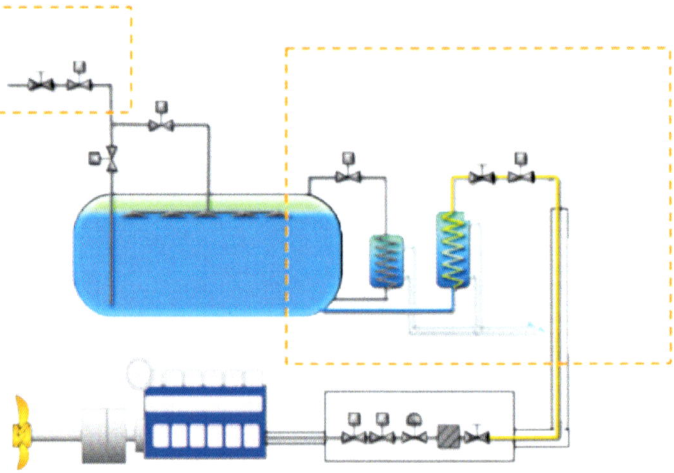

그림 1-20 Fuel supply system of an LNG ship (He et al., 2020).

한편, 그림 1-20은 선박에의 LNG 연료 공급 시스템을 보여준다. 이 시스템은 다음과 같은 단계로 구성된다, 저장 탱크에서 극저온 상태로 저장된 LNG가 기화기를 거쳐 기체 상태로 변환된다. 기화된 LNG는 히터를 통해 온도가 조절된 후 버퍼 탱크에 저장되어 일정한 압력으로 엔진에 공급된다. 최종적으로 버퍼 탱크에서 공급된 LNG는 엔진에서 연소되어 추진력을 생성한다. 이 시스템은 LNG가 저장 탱크에서 기화기를 거쳐 엔진으로 전달되는 과정에서 온도와 압력을 조절하여 최적의 연소 상태를 유지함으로서 LNG를 안정적으로 공급하고, 최적의 조건에서 연소할 수 있도록 돕는다.

(3) LNG 연료 엔진 현황 및 연구 동향

LNG는 해운 산업에서 저탄소 연료로 잠재적인 매력을 가지고 있다. HFO와 디젤에 비해, LNG는 SOx, NOx, 그리고 PM의 배출이 적어 더 깨끗하게 연소된다. 이론적으로 LNG는 기존의 중유에 비해 CO_2 배출을 20-25% 감소시킬 수 있다.

표 1-20은 세계 주요 선박용 LNG 연료 엔진을 요약한 것이다. LNG는 선박용 엔진의 연료로 사용되기 위해 주로 이중 연료 엔진(dual-fuel engines)이 적용되고, 크게 개조된(retrofitted) 엔진과 새로 설치된 엔진으로 나뉜다. 개조된 엔진은 디젤과 천연가스를 혼합하여 사용할 수 있지만, 새로 설치된 엔진은 순수 천연가스 연소가 가능하다.

또한, 새로 설치된 엔진은 연료 특성에 따라 엔진 구조와 작동 매개변수를 최적화할 수 있어, 배출 성능이 더 우수하다.

또한, 천연가스 엔진은 NG 공급 방식과 혼소 여부에 따라 여러 가지로 분류된다. 포트 분사(port injection) 엔진과 실린더 직접 분사(in-cylinder direct injection) 엔진으로 나뉘며, 실린더 직접 분사 엔진은 고압 직접 분사 엔진과 저압 예혼합 분사 엔진으로 다시 나뉜다.

표 1-20 Summary of main marine LNG engines (Zhao et al., 2017).

Company	Nation	Engine Type	Power (kW)	Speed ($r\cdot min^{-1}$)	Emissions
Hyundai Heavy Industries	Korea	HiMSEN	480/cycle	720	Tier III
		H54DF	8,820-26,460	600	Tier III
Daihatsu	Japan	6DE28DF	1,730	720	Tier III
Yanmar	Japan	EY26DF/EY26	1,530	720	-
Mitsubishi Heavy Industries	Japan	KU30GSI	3,650-5,750	720	NOX 〈 300×10^{-6}
Kawasaki Heavy Industries	Japan	L30KG	3,670-4,005	750	Tier III
Mitsui Group	Japan	MD36G	3,000-7,000	600	-
MTU	Germany	MTU4000	1,000-2,200	600-800	Tier III
MAN	Germany	35—44/51—60 medium speed dual fuel engine	500-21,600	720	Tier III
Caterpillar	USA	G20CM34	10,000	720	TA-Luft2
		M46DF	965/cycle	500	-
WinGD	Switzerland	X62DF/X72DF	193,500	89	Tier III
Wartsila	Finland	W20DF-B	160/cycle	1000	-
		W34DF	480/cycle	720	-
		W46DF	1,145/cycle	600	-
		W31DF	530/cycle	720	Tier III

일부 연구들에 따르면 천연가스 대체율(the performance of natural gas substitution)의 성능은 부하 조건에 따라 다르다. 저부하 조건에서는 대체율(substitution rate)이 증가함에 따라 열효율이 감소하고 NOx 배출이 처음에는 증가하다가 감소한다. 중·고부하 조건에서는 대체율이 증가함에 따라 열효율이 점차 증가하고 CO 배출이 감소하지만 NOx 배출량은 증가한다.

천연가스는 발화점이 높아 일반적으로 다른 연료에 의해 점화 및 연소에 필요하며, 디젤 연료가 주로 점화 연료로 사용된다. 또한 선박용 엔진의 크기가 크기 때문에 연료 분사에는 큰 구경의 인젝터가 필요하며, 대구경 디젤 인젝터의 분사 특성에 대한 많은 실험 연구가 진행되고 있다. 또한, LNG 이중 연료 엔진의 분사 전략에 대한 많은 연구가 진행되었으며, 연료 분사 타이밍, 다중 분사, 후 분사(post-injection) 및 조기 분사(early-injection)를 변경하여 엔진 성능을 효과적으로 개선할 수 있음이 밝혀졌다.

다만, LNG는 선박의 대체 연료로서 기술이 비교적 성숙했지만, 배출 문제도 존재한다. LNG의 불완전 연소는 연소되지 않은 메탄 배출을 동반하여 온실 효과에 대한 영향을 CO_2보다 훨씬 크게 만든다. 또한, LNG 선박이 바다에서 운항할 때 직사광선을 받으며, LNG 연료 탱크의 상부 온도가 상대적으로 높아 기화율이 증가해 연료 손실을 초래한다.

1.4.2 액화석유가스(Liquefied Petroleum Gas, LPG)

LPG는 주로 프로판(C_3H_8)과 부탄(C_4H_{10}) 등 저분자 탄화수소로 구성된 연료이다. LPG는 가스 상태에서 액화하여 부피를 크게 줄임으로써 효율적인 저장과 운송이 가능하다. 이 연료는 높은 에너지 밀도와 연소 효율을 가지고 있어 선박 연료로 주목받고 있다. 특히, LPG는 저탄소 연료로서 CO_2 배출 저감 효과가 있으며, 안정성 면에서도 뛰어난 장점을 가지고 있다.

(1) LPG의 성분 특성 및 생산

LPG는 석유 성분 중 프로판(Propane, C_3H_8)과 부탄(Butane, C_4H_{10}) 등 비점이 낮은 탄화수소로 구성된다. 이 가스들은 상온에서 가압하여 액화한 형태로, 부피를 각각 약 260배, 230배 줄일 수 있다. 가스는 온도에 따라 상과 부피의 변화가 심하므로 대량 운송이 어려운 반면, 액화된 LPG는 부피가 줄어들어 저장 및 운송이 용이하다. 육상에서는 이미 자동차와 농기계, 건설기계 등에서 활발히 사용되고 있으며, 간단한 장치의 설치 및 개조를 통해 가솔린 대신 사용할 수 있다.

LPG의 생산 과정은 천연가스 처리 및 석유 정제 과정에서 부산물로 생성되는 프로판과 부탄을 분리하여 가압 액화하는 단계를 포함한다. 이 과정에서 황 화합물, 이산화탄소, 물 등의 불순물을 제거하여 순도 높은 프로판과 부탄을 확보한다. 액화된 LPG는 고도의 단열 기술이 적용된 저장 탱크에 보관되며, 이러한 탱크는 내압성이 높아야 한다.

다만, LPG는 LNG와 분산 특성이 다르다. 누출 또는 방출 시 공기보다 무거워 낮은 곳에 고이게 되며, 메탄가스에 비해 대기 중으로 잘 확산되지 않는다. 따라서 LPG는 누출을 고려하여 환기가 잘 되는 장소에 보관하여야 한다. 또한, 자연발화온도가 LNG보다 낮기 때문에 전기 장비 주변에서는 표면 온도를 낮게 유지해야 한다. 아울러, LPG는 높은 밀도와 낮은 점화 범위를 가지고 있으며, 폭발 하한계가 약 2%로 안전 관점에서 주의가 필요하다. 추가로, 프로판의 경우 부탄보다 끓는점이 낮아 추운 기후에서는 프로판 함량이 높아야 한다.

(2) LPG의 선박 연료로서의 특징

LPG는 연소 시 비교적 낮은 온도를 유지하면서 완전 연소를 통해 오염물질 배출을 줄일 수 있다. 이는 LPG가 청정 연료로서 환경 보호에 기여할 수 있음을 의미한다.

LPG는 황 성분이 거의 없기 때문에 SOx 배출이 거의 없으며, PM 배출 또한 줄일 수 있다. 또한, LPG는 높은 옥탄가(RON 105)를 가지고 있어 불꽃점화기관(spark ignition, SI)에 매우 적합하고, 수년 동안 정유공장에서 가솔린의 옥탄가를 증가시키는 혼합 요소로 사용되어 왔다.

또한, 가솔린기관과 비교하여 실린더 내경 마모율이 감소함에 따라 엔진 수명이 약 50% 증가하고, 배기 시스템의 수명을 연장하여 전체적으로 운영비용뿐만 아니라, 유해물질의 배출도 감소시킬 수 있다. 추가로, 불꽃점화기관(SI engine)의 경우 LPG 연료 시스템으로 쉽게 전환할 수 있다. 다만, 기존에 가솔린을 사용하던 소형 선박을 LPG 연료로 개조할 경우 부식, 진동, 선박의 정속성 등을 고려하여야 하며, 특히 엔진과 LPG 저장 실린더가 해상에서 부식되지 않도록 부식 방지 처리 등 해양 환경에 맞게 개조하여야 한다.

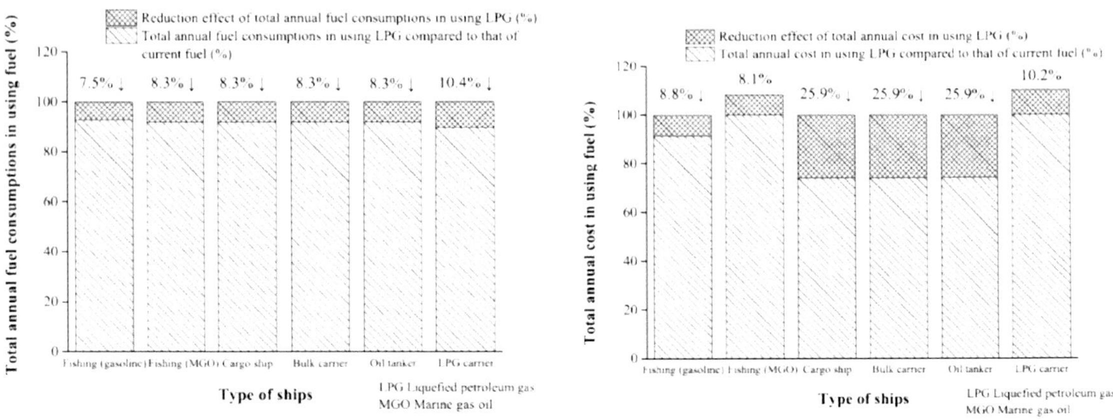

그림 1-21 Reduction effects of LPG on annual fuel consumption and cost (Until 2022).

그림 1-21은 LPG를 사용함으로써 연간 연료 소비와 비용이 감소한 수치를 보여준다. 대한민국 등록선박을 대상으로 동일한 발열량을 생산하는데 필요한 LPG 연료의 양을 근거로 하여 LPG 연료 사용에 따른 잠재적 효과를 분석한 결과, 현재 사용하는 유종 대비 LPG 연료 사용 시 모든 선박에서 연간 연료 사용량이 7.5%—10.4%까지 감소하였고, 연료비용 부문에서는 8.8%—25.98%까지 감소 효과가 있는 것으로 나타났다.

한편, LPG는 연료공급 인프라 구축이 LNG보다 용이하다는 장점을 가지고 있다. 이미 구축된 LPG 벙커링 시설을 활용할 수 있어 추가 인프라 투자 비용이 적으며, 연료 공급 시스템도 비교적 단순하여 경제적이다. LPG는 다양한 연료 공급 방식을 통해 선박에 안정적으로 연료를 공급할 수 있으며, 이러한 점들이 선박 연료로서의 LPG의 장점을 더욱 부각시킨다.

이러한 특성들은 LPG가 해운 산업에서의 활용을 촉진하고 있으며, 기술 발전과 인프라 확충을 통해 LPG의 사용이 더욱 확대될 것으로 기대된다.

(3) LPG 연료 엔진 현황 및 연구 동향

선박 연료로서 LPG는 주로 단독 연료 방식(single fuel method), 이중 연료 방식(dual fuel method), 점화 보조 연료 방식(ignition improver method)으로 사용된다.

단독 연료 방식은 LPG를 실린더에 직접 주입하여 점화 플러그로 점화시키는 방식이다.

이중 연료 방식에서는 LPG와 다른 연료를 혼합하여 사용하며, 예를 들어 LPG-디젤, LPG-디메틸에테르(DME), LPG-메탄올, LPG-수소 등이 있다. 이러한 방식으로 사용될 때 LPG는 연소 효율이 높고, 오염물질 배출이 적다.

LPG 연료 엔진의 현황을 살펴보면, 현재까지 대부분의 연구는 소형 실린더 엔진에 집중되어 있으며, 대형 실린더 엔진에 대한 연구는 아직 부족한 상황이다. 이에 따라, 선박용 엔진에서 LPG의 활용을 확대하기 위해서는 대형 엔진에 대한 연구가 필요하다.

그림 1-22와 같이 LPG는 탱크와 시스템에 사용되는 재료의 대부분이 암모니아에 적합하고, 암모니아로 진환하기 위해 필요한 조치를 최소화할 수 있기에 LPG 시스템에 약간의 수정만으로 암모니아를 적용할 수 있다.

LPG 연료 공급 시스템(Low-flashpoint fuel supply system, LFSS)은 압력 펌프, 열교환기, 필터, 압력 및 유량 조절 밸브, 질소 공급 시스템 등으로 구성된다. 이 시스템은 LPG를 엔진에 안정적으로 공급하기 위해 고압 펌프를 통해 가압된 연료를 엔진으로 전달하며, 연료의 온도와 압력을 조절하여 최적의 연소 조건을 유지한다.

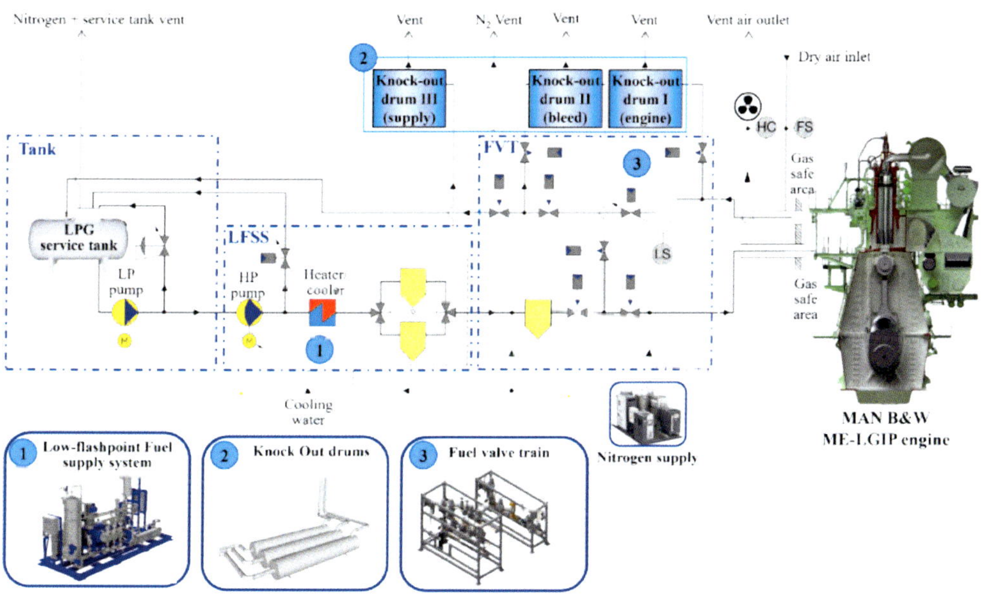

그림 1-22 Scheme of LPG and ammonia system for marine engine suggested by MAN Energy Solution (Petersen et al., 2019).

ME-LGIP 엔진은 액체 상태의 LPG를 50 bar의 압력으로 공급받으며, 부스터 연료 주입밸브를 통해 600 bar로 가압되어 실린더에 주입된다. 따라서 연료 공급 시스템이 ME-GI 엔진보다 상대적으로 저압으로 구성된다. 연료 공급 온도는 25~45℃ 범위 내에서 유지되며, 고압 펌프는 100% 용량의 2대 또는 50% 용량의 3대로 구성된다. 연료의 온도를 맞추기 위해 열교환기를 통해 가열 또는 냉각하고, 필터는 10 μm 수준으로 연료를 여과하여 엔진으로 유입되는 연료의 순도를 유지한다.

또한, LPG FVT는 LFSS와 엔진 사이에 위치하여 연료 공급 라인과 엔진에서 LPG가 LFSS로 재순환되는 라인을 연결한다. 이 장치는 연료 공급 장치의 이상 작동 시 연료를 차단하고 잔량을 안전하게 배출하는 역할을 한다. LPG FVT는 이중 차단 및 배출 밸브, 압력 조절 밸브, 질소 공급 밸브, 필터, 센서류로 구성된다.

그 외 서비스 탱크는 재순환된 LPG 연료를 수용하여 연료 탱크를 오염으로부터 보호하며, 엔진 정지 및 질소 가스 퍼징 시 액체 LPG의 유출을 방지하는 역할을 한다. 이 탱크는 20 bar 이상의 압력으로 설계되어야 하며, 엔진 요구 사항을 충족하도록 구성된다.

추가적으로 질소 시스템은 엔진, LPG FVT, LFSS, 서비스 탱크의 퍼징을 위해 사용되며, 연료 공급 시스템의 기밀성 시험에도 사용된다. 질소 발생기와 가압 압축기를 통해 고압 실린더에 질소를 저장하고, 필요 시 퍼징 과정을 수행한다. 참고로, 기액 분리기(knock out drum)는 벤트 마스트에 포함되어 액체 상태의 LPG 유출을 방지한다.

1.4.3 메탄올(Methanol)

메탄올은 천연가스, 석탄, 바이오매스 등 다양한 원료로부터 생산되기에 공급 안정성이 높다. 상온 및 상압에서 액체 상태로 존재하여 운송 및 저장이 비교적 용이하며, 재생 가능한 원료를 사용하면 탄소 중립적인 메탄올을 생산할 수 있다. 이러한 특성으로 인해 메탄올은 해운 산업에서 유망한 대체 연료로 주목받고 있으며, 온실가스 배출을 줄이는 데 효과적이다. 또한, 다른 대체 연료와 비교하여 운송, 저장, 벙커링에 따른 추가적인 인프라 비용이 적다.

(1) Methanol의 성분 특성 및 생산

메탄올은 산소를 포함하고 있으며 황이 없는 연료로, 주로 천연가스, 석탄, 바이오매스와 같은 다양한 원료로부터 생산된다. 메탄올의 주요 구성 성분은 산소, 수소, 탄소로 이루어져 있으며, 이 중 탄소와 수소의 비율은 1:4이다. 이 구성은 메탄올이 자체 산소를 공급하여 완전 연소가 가능하게 하며, 이를 통해 일산화탄소(CO)와 탄화수소(HC) 배출을 줄일 수 있다.

메탄올은 다양한 원료로부터 생산될 수 있어, 원료 공급의 유연성이 높다. 천연가스, 석탄, 바이오매스, 폐기물 등에서 메탄올을 생산할 수 있다.

일반적으로 메탄올의 생산은 세 단계로 이루어진다. 첫째, 합성가스(syngas) 생산 단계로, 원료가스가 고온에서 촉매에 의해 변환된다. 둘째, 메탄올 합성 단계로, 합성가스가 메탄올로 변환된다. 셋째, refining 단계로, 생산된 메탄올에서 불순물을 제거하여 고순도의 메탄올을 얻는다. 천연가스를 주원료로 사용하는 그레이 메탄올(grey metahnol)의 경우, 메탄올 생산 과정에서 CO_2 배출이 발생할 수 있지만, 바이오매스나 재생 가능한 에너지를 사용하는 그린 메탄올(green metahnol)의 경우 탄소 중립적인 메탄올을 생산할 수 있다.

참고로, 그레이 메탄올은 주로 천연가스 같은 화석 연료에서 생산되며, 이 과정에서 상당한 양의 이산화탄소가 배출된다. 블루 메탄올은 그레이 메탄올에서 메탄을 포집 및 처리하여 얻는 기술을 통해 CO_2 배출을 줄인다. 그린 메탄올은 바이오매스, 폐기물, 또는 대기 중 CO_2를 활용해 생산되며, 탄소 중립적 특성을 가진다. 이 세 가지 메탄올은 화학적 특성은 유사하지만, 생산 과정과 환경적 영향에서 차이를 보인다.

한편, 메탄올은 상온 및 상압에서 액체 상태로 존재하여, 운송 및 저장이 비교적 용이하다. 이는 LNG나 수소 등의 대체 연료와 비교하였을 때 큰 장점이다. 따라서 기존 연료와 비교하여 운송, 저장 및 벙커링에 큰 장벽이 없으며 새로운 인프라에 대한 대규모 투자가 필요하지 않다.

메탄올의 연간 생산량은 1억 톤을 초과하지만 대부분이 재생 가능한 원료가 아닌 천연가스와 석탄에서 유래한다. 재생 가능한 메탄올의 생산 비용은 화석 기반 메난올 생산 비용보다 1.5~4배 높게 추정된다. 그러나 메탄올 산업은 전 세계적으로 널리 퍼져 있어 주요 항구 터미널에서 쉽게 구할 수 있다.

(2) Methanol의 선박 연료로서의 특징

메탄올은 해운 산업에서 선박 연료로 사용될 수 있는 여러 가지 특징을 가지고 있다. 메탄올은 산소를 포함하고 있어 자체 산소 공급을 통해 완전 연소가 가능하고 연소 효율을 높일 수 있으며, 낮은 발화점을 가지고 있어 저온에서도 쉽게 연소될 수 있다.

또한, 메탄올은 황이 없는 연료로, SOx 배출이 전혀 없다. RoPax Ferry를 대상으로 pilot project를 통한 연구 결과에 따르면 이중 연료 엔진(MGO-methanol)에서 메탄올을 사용할 때 NOx 배출을 약 30-60%, SOx를 거의 100%, PM을 95%까지 줄일 수 있다는 결과가 도출된 바 있다. 이로 인해 메탄올은 IMO의 배출 규제 기준을 충족할 수 있는 유망한 연료로 평가받고 있다.

그러나 메탄올의 에너지 밀도가 기존 전통 연료의 약 절반이기 때문에 약 두 배 이상의 저장 공간이 필요하며, 일부 재료와의 부식 문제로 인해 저장 및 사용 시 주의가 필요하다. 또한, 인체에 급성 독성(toxicity)을 지니고 있어 유출 시 섭취, 피부 접촉 및 호흡 흡입을 피하기 위한 보호 조치와 비상 계획이 필요하다.

아울러, 메탄올과 디젤의 비혼화성(immiscibility)은 주요 도전 과제이다. 따라서 기존의 디젤 엔진에서 메탄올을 사용할 때는 연료 주입 시스템, 연료 탱크, 배관 등의 엔진 개조가 필요하다. 또한 메탄올의 낮은 인화점(10~12℃)으로 인해 선박에서의 안전한 저장이 중요한 문제이다.

경제적 관점을 볼 때 메탄올 투자는 LNG에 비해 상대적으로 낮지만, 메탄올은 에너지 등가 기준에서 가격이 낮을 경우 MGO와 비용 경쟁력이 있다. 메탄올의 연료비는 MGO와 비교하여 비슷한 수준이거나 약간 더 높을 수 있지만, 연료 효율성과 환경적 이점을 고려할 때 충분히 경쟁력 있는 선택지로 평가된다.

(3) Methanol 연료 엔진 현황 및 연구 동향

메탄올은 해운 산업에서 대체 연료로 주목받고 있으며, 이를 위한 엔진 기술과 연구가 활발히 진행되고 있다. 메탄올 연료를 사용하는 선박 엔진은 주로 메탄올-디젤 이중 연료 엔진과 순수 메탄올 연료 엔진으로 나뉜다. 이중 연료 엔진은 소량의 디젤을 점화 연료로 사용하여 메탄올의 연소를 촉진하는 방식으로 작동하며, 이는 더 높은 연소 효율과 낮은 배출 가스를 제공한다.

메탄올 연료 엔진 기술은 2006-2009년의 METHAPU 프로젝트를 시작으로, 최근의 SUMMETH 프로젝트까지 다양한 연구가 진행되어 왔다. SUMMETH 프로젝트는 소형 해양 엔진에서 메탄올 연소를 조사하고, 메탄올의 해양 연료 시장 진입 가능성을 모색하는 것을 목표로 하였다. Stena Line의 Stena Germanica는 세계 최초의 메탄올 연료를 사용하는 페리로, 2015년에 운영을 시작하며 메탄올의 실질적 적용 가능성을 증명하였다.

한편, life-cycle GHG 배출 관점에서 천연가스에서 생산된 비재생 메탄올의 경우, GHG 배출은 HFO와 MDO보다 10% 높지만, 바이오매스에서 생산된 재생 메탄올을 사용하면 GHG 영향을 최대 56%까지 낮출 수 있다는 연구 결과도 있다.

Wärtsilä와 MAN은 메탄올-디젤 이중 연료 엔진의 개발에 앞장서고 있다. 이들 엔진은 중속 4행정 엔진과 저속 2행정 엔진으로, 2015년 Stena Germanica와 2016년 Waterfront Shipping의 50,000 DWT 화학 운반선에 최초로 적용되었다. 최근의 연구 프로젝트로는 Effship, SPIRETH, Pilot Methanol, MethaShip, LeanShips 등이 있으며, 이들은 메탄올을 대체 연료로 사용하는 해상용 엔진의 가능성을 탐구하고 있다.

메탄올 연료 전지(Fuel Cell, FC) 시스템도 해양 응용을 위해 연구되고 있다. METHAPU Undine, E4Ships Pa-X-ell MS Mariella, RiverCell과 같은 연구 프로젝트는 메탄올 연료 전지의 해양 적용 가능성을 탐구하였다. 직접 메탄올 연료 전지(Direct Methanol Fuel Cells, DMFC), 고체 산화물 연료 전지(Solid Oxide Fuel Cells, SOFC), 고온 고분자 전해질 연료 전지(High Temperature Polymer Electrolyte Membrane Fuel Cells, HT-PEMFC) 등이 테스트되었다.

전체적으로, 메탄올은 해양 연료로서 많은 장점을 가지고 있으며, 다양한 연구와 실험을 통해 그 가능성이 검증되고 있다. 메탄올 연료 엔진 기술은 환경적 이점과 쉽게 이용할 수 있는 인프라 측면의 이점을 제공하며, 앞으로의 연구와 기술 발전을 통해 메탄올의 선박용 대체 연료로서의 활용이 더욱 확대될 것으로 기대된다.

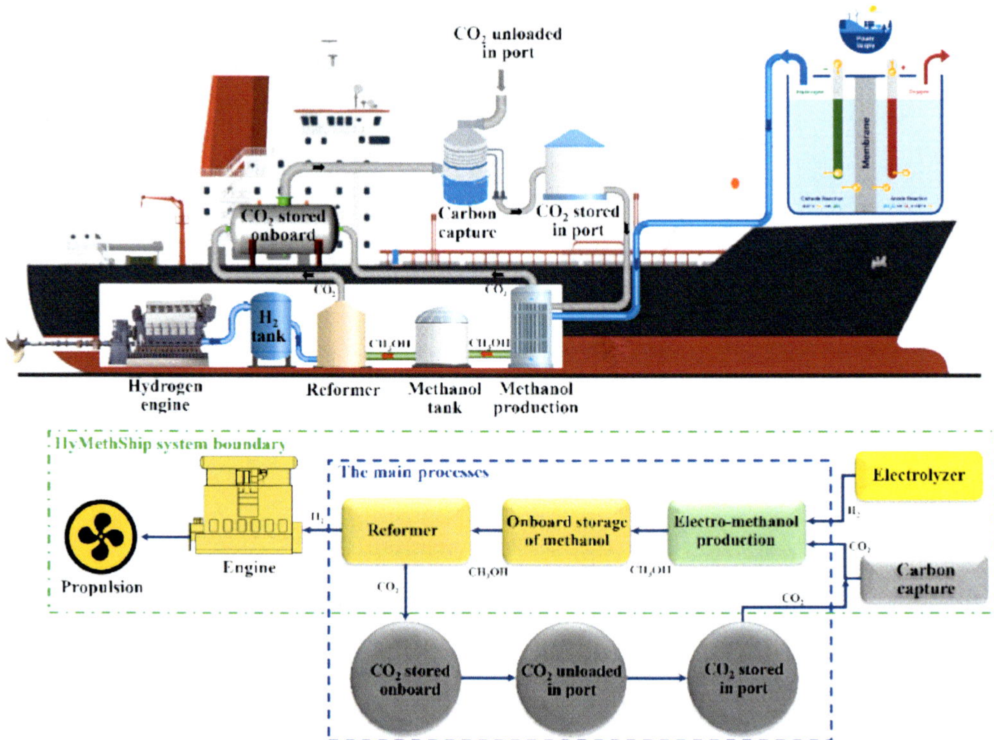

그림 1-23 HyMethShip with the engine running on hydrogen and integrated by methanol production system (HyMethShip, 2019).

한편 수소는 무탄소 연료로 주목받고 있으나, 부피당 에너지 밀도가 낮고 저장 및 운송 인프라가 부족한 것이 단점이다. 특히 해운 산업에서는 이러한 문제로 인해 수소의 활용이 제한적이다.

그림 1-23과 같이 HyMethShip 프로젝트는 이러한 단점을 극복하기 위해 개발되었으며, 메탄올을 개질하면서 생성된 CO_2를 포집하고 이를 다시 메탄올로 전환하는 시스템을 적용한다.

$$CH_3OH + H_2O \rightarrow 3H_2 + CO_2$$

이 방식은 기존의 수소 저장 문제를 해결하고, CO_2와 메탄올만을 선박에 저장하고, 필요에 따라 메탄올을 개질하여 수소를 생성·사용하는 혁신적인 기술이다. 액화 수소의 경우에도 저장 탱크 용량은 LNG의 두 배 이상이 되지만, 이러한 수소 저장의 단점을 메탄올 기반 수소 연료 엔진 기술로 극복하는 방법을 보여준다.

정리하자면, 메탄올 기반 수소 연료 기술은 저장 공간의 효율성을 높이고, 온실가스 배출을 최소화하여 해양 운송의 지속 가능성을 크게 향상시킨다. 이는 수소 경제의 발전에 중요한 역할을 할 것이다.

1.5 대체 연료: 탄소 중립 연료, 무탄소 연료

이 장에서는 해양 산업의 탈탄소화를 위한 중요한 해결책으로서 대체 연료인 바이오디젤, 암모니아, 수소의 성분 특성 및 생산 방법, 선박 연료로서의 특징, 지속 가능성과 연구 동향 등을 알아보고자 한다. 탄소 중립 연료인 바이오디젤과 무탄소 연료인 암모니아 및 수소는 각각 환경에 미치는 영향을 최소화하며, 해양 산업의 지속 가능한 발전에 기여할 수 있는 잠재력을 가지고 있다. 이들 연료의 활용 가능성과 한계를 검토함으로써 미래 해양 연료의 방향성을 제시하고자 한다.

1.5.1 바이오디젤(Biodiesel)

바이오디젤은 식물성 기름, 동물성 지방, 폐유 등의 원료를 에스터교환 과정을 통해 생산되는 연료로, 주요 성분은 지방산 메틸 에스터(Fatty Acid Methyl Ester, FAME)이다. 높은 산소 함량과 높은 세탄가를 가지고 있어 연소 효율이 뛰어나며, HC와 CO 배출량을 줄이는 데 기여한다. 또한 PM과 soot 배출을 감소시키며, 기존 디젤 엔진에서 거의 개조 없이 사용이 가능하다. 그러나 낮은 산화 안정성과 저온 흐름 특성 등의 도전 과제가 있으며, 지속 가능한 원료와 생산 과정을 통해 환경적 영향을 최소화할 수 있다.

(1) Biodiesel의 성분 특성 및 생산

바이오디젤의 생산은 주로 에스터교환(transesterification) 과정[4]을 통해 이루어진다. 이는 가장 일반적이고 비용 효율적인 방법이다. 이 과정은 식물성 기름과 동물성 지방에 있는 트라이글리세라이드(triglyceride)를 지방산 메틸 에스터(Fatty Acid Methyl Ester, FAME)와 글리세롤(glycerol)로 변환한다. 이 화학 반응은 원료와 알코올, 보통 가격이 저렴한 메탄올(methanol)과 촉매, 일반적으로 수산화나트륨(sodium hydroxide) 또는 수산화칼륨(potassium hydroxide)을 혼합하여 이루어진다. 에스터교환 반응은 다음과 같이 표현할 수 있다:

$$\text{Triglyceride} + \text{Methano} \rightarrow \text{FAME (Biodiesel)} + \text{Glycerol}$$

이 외에도 마이크로 에멀션(micro-emulsion), 열분해(pyrolysis), 희석(dilution) 등의 다른 방법을 통해서도 바이오디젤을 생산할 수 있지만, 이들은 덜 일반적이다. 수소 발생 유래 재생 디젤(hydrogenation-derived renewable diesel, HDRD)과 피셔-트롭슈(fischer-tropsch, F-T) 디젤은 바이오디젤 생산의 대안적인 방법이다. HDRD는 식물성 기름이나 동물성 지방을 수소화하여 파라핀 디젤을 생산하며, 이는 FAME에 비해 더 나은 저온 흐름 특성과 저장 안정성을 가지고 있다. F-T 공정은 바이오매스(biomass)를 가스화하여 합성가스(syngas)를 생산하고, 이를 촉매 반응을 통해 바이오디젤로 합성하는 방식이다.

바이오디젤 생산의 원료는 다양하며, 식물성 기름, 동물성 지방, 폐유 등이 포함된다. 350개 이상의 기름을 함유한 작물이 바이오디젤의 잠재적인 원료로 식별되었으며, 이들은 크게 식용 식물성 기름(oybean oil, palm oil 등), 비식용 식물성 기름(jatropha oil), 폐유(used cooking oil), 동물성 지방(tallow 등) 등 네 가지 주요 그룹으로 분류될 수 있다.

식용 식물성 기름은 그 이용 가능성과 확립된 공급망 덕분에 가장 일반적으로 사용되는 원료이다. 그러나 식용 기름의 사용은 식량 안보와 식량 대 연료 논쟁에 대한 우려를 불러일으킨다.

---

4) 에스터에 알코올·산 또는 다른 에스터를 작용시켜서 에스터를 구성하는 산기(카보닐산인 경우는 아실기) 또는 알킬기를 교환하는 반응

한편, 비식용 기름과 폐유는 지속 가능한 대안으로 주목받고 있다. 이 원료들은 식량 생산과 직접적으로 경쟁하지 않으며, 농업 잔여물, 임업 잔여물, 산업 부산물 등에서 공급될 수 있다.

동물성 지방, 예를 들어 탤로(Tallow, 소·면양에서 채취한 지방)와 어유(Fish Oil)는 바이오디젤 생산에 사용되며, 이는 주로 육류 가공 산업의 부산물로서, 저가치 물질에 유용한 사용처를 제공한다. 원료의 선택은 결과적으로 바이오디젤의 특성에 크게 영향을 미치며, 세탄가, 저온 흐름 특성, 산화 안정성 등에 영향을 준다.

앞서 언급한 수소발생 유래 재생 디젤(HDRD)과 피셔-트롭슈(F-T) 디젤은 더 넓은 범위의 원료, 특히 농업 잔여물과 임업 폐기물과 같은 목질계 바이오매스(lignocellulosic biomass)에서 생산될 수 있다. 이 공정들은 바이오디젤로 고품질의 연료를 변환하기 위해 가스화 및 촉매 합성 등의 추가 단계가 필요하다.

이렇듯. 다양한 원료로 인해 바이오디젤 제품의 조성도 다르게 나타나며, 생산 기술에 따라 구분하자면 주로 에스터교환(transesterification, 1세대), 촉매 수소화(catalytic hydrogenation, 2세대) 및 가스 합성(gas synthesis, 3세대)으로 나뉜다. 1세대 바이오디젤에 비해 2세대와 3세대 바이오디젤은 표 1-21과 같이 더 높은 세탄가를 가지며 디젤과 유사한 특성을 지니고 있어 이상적인 대체 디젤 연료로 평가받고 있다.

표 1-21 Production Technology of Biodiesel (Wang et al., 2022).

Generation	Raw Material	Production Process	Ingredients	Cetane Number	Low Calorific Value (J/g)
First-generation	Animal or vegetable oils	Transesterification	Fatty acid methyl ester (FAME), glycerin	Around 51	38,000
Second-generation	Animal or vegetable oils	Catalytic hydrogenation	Alkanes	Around 90	44,000
Third-generation	Agricultural and forestry wastes such as straws	Gas synthesis	Alkanes	Around 80	44,000

(2) Biodiesel의 선박 연료로서의 특징

앞서 언급하였듯이, 일반적으로 FAME로 알려진 바이오디젤 연료는 식물성 기름, 동물성 지방, 폐유 등의 다양한 원료에서 화학적 처리 과정을 통해 얻어진다. 바이오디젤의 주요 화학적 특성 중 하나는 높은 산소 함량이다. 일반적으로 바이오디젤은 약 11%의 산소를 포함하고 있으며, 이는 전통적인 화석 연료 디젤에 비해 상당히 높은 수치이다. 이 높은 산소 함량은 점화 후 자체 산소 공급 효과를 촉진하여 연소 속도를 높이고 연소 기간을 단축시키며, 더 완전한 연소를 가능하게 한다. 그 결과, 바이오디젤의 연소는 기존 디젤에 비해 HC 배출을 약 25%, CO 배출을 약 29% 줄인다고 보고된 바 있다.

바이오디젤은 또한 높은 세탄가(Cetane Number)를 가지고 있어 점화 품질과 연소 특성이 우수하다. 바이오디젤의 주요 성분은 에스터 기능기를 가진 긴 사슬의 FAME로, 12~24개의 탄소 원자를 가진 탄화수소 그룹과 한 개의 탄소 원자를 가진 에스터 기능기로 구성되어 있다. 이러한 조성은 바이오디젤이 효율적으로 연소되도록 하며, PM과와 그을음 배출을 줄이는 데 기여한다. 그러나 특정 조건에서는 연소 온도가 높아질 수 있어 NOx 배출이 증가할 수 있다.

다양한 연구에서 바이오디젤을 선박 연료로 사용할 때 기존의 해양 연료에 비해 유해 배출가스를 크게 줄일 수 있음을 입증하였다. 특히 바이오디젤 연소는 화석 디젤에 비해 CO_2 배출을 줄여준다. 이는 바이오디젤 원료가 재생 가능한 자원으로부터 얻어지기 때문에, 이들 자원이 성장하면서 CO_2를 흡수하여 탄소 순환을 완성하기 때문이다. 따라서 대기 중에 탄소 배출도, 저감도 하지 않는 탄소 중립적인 연료로 인식되고 있다.

바이오디젤이 NOx 배출에 미치는 영향은 다양하다. 일부 연구에서는 NOx 배출 감소를 보고했지만, 다른 연구에서는 연소 온도가 높아져 NOx 배출이 증가한다고 한다. 예를 들어, 저속 2행정 엔진에서 기존 디젤연료에 바이오디젤을 각각 7% 및 20% 혼합물을 사용했을 때 NOx 배출이 26-72% 감소했다고 보고했다. 또한, 소형 4행정 디젤 엔진에 순수 바이오디젤을 사용한 경우에도 NOx 배출이 감소한다는 결과가 나타났지만, 그러나 일부 다기통 선박용 디젤 엔진에서는 NOx 배출이 증가한다고 보고된 바 있다. 따라서 NOx 저감을 최적화하려면 연소 과정을 적절히 관리해야 한다.

또한, 바이오디젤은 일반적으로 미세먼지 배출을 크게 줄인다. 바이오디젤의 높은 산소 함량은 더 완전한 연소를 촉진하여 그을음 형성을 줄인다. 일부 연구에 따르면 선박에서 algae biodiesel을 사용했을 때 PM2.5가 25% 감소한다고 보고했다. 마찬가지로,

어유 바이오디젤을 중형 디젤 엔진에서 사용했을 때 총 PM 농도가 67%, 전체 PM 질량이 79% 감소했다고 밝혔다.

(3) Biodiesel 연료의 지속 가능성

배출가스 저감 외에도 바이오디젤은 선박 연료로서 몇 가지 운영상의 이점을 제공한다. 바이오디젤은 기존의 해양 디젤 엔진에서 거의 개조 없이 사용할 수 있다. 바이오디젤은 석유에서 유래된 연료와 혼합할 수 있어, 전통적인 해양 연료와 어떤 비율로도 혼합하여 사용할 수 있다.

이에 MAN, Wartsila, Yanmar, Caterpillar 등의 주요 엔진 제조업체는 5%에서 100%에 이르는 바이오디젤 혼합물 사용을 승인하였다. 바이오디젤은 우수한 윤활성을 가지고 있어 엔진 마모를 줄이고 엔진 수명을 연장하는 데 도움이 된다. 이는 엔진이 혹독한 조건에서 많이 사용되는 해양 환경에서 특히 유익하다. 바이오디젤의 도전 과제 중 하나는 낮은 산화 안정성과 저온 흐름 특성으로, 특히 바이오디젤은 낮은 온도에서 겔화되는 경향이 있어 연료 흐름과 엔진 성능에 문제가 발생할 수 있다.

또한, 바이오디젤의 물리적 특성은 원료와 생산 과정에 의해 영향을 받는다. 이러한 특성은 엔진 성능과 연료 안정성에 영향을 미치며, 적절하게 관리되어야 한다. 일반적으로 바이오디젤은 화석 디젤에 비해 휘발성이 낮고 점도가 높아 엔진 내에서의 분무 및 분무 특성에 영향을 미칠 수 있다.

그러나 바이오디젤 가공의 발전과 겨울용 바이오디젤 혼합물의 개발로 이러한 문제를 완화할 수 있다. 아울러, 바이오디젤 혼합물 또는 보조 연료로서 디젤, 메탄올 및 일부 저탄소 가스 연료 등을 사용하는 등 이중 연료 시스템을 사용하는 것은 유망한 방법이라 할 수 있다.

바이오디젤은 식물성 기름, 동물성 지방, 폐유 등의 다양한 재생 가능 자원에서 생산된다. 이러한 원료의 다양성은 농업 및 산업 부산물의 활용을 지원할 뿐만 아니라 바이오디젤 생산의 지속 가능성을 높인다. 특히 비식용 기름과 폐유의 사용은 식량 대 연료 논쟁을 해결하는 데 도움이 되며 바이오디젤 생산의 환경적 영향을 줄인다.

종합해보면, 바이오디젤은 해양 산업에서 기존 해양 연료를 대체할 수 있는 유망하고 지속 가능한 연료로서 선박으로부터 배출되는 오염물질의 배출을 줄일 수 있는 잠재력을 가지고 있다. 기존 엔진과의 호환성, 우수한 윤활성, 다양한 원료 활용 가능성은 바이오디젤의 매력을 더해준다. 낮은 산화 안정성, 저온 흐름 특성과 같은 도전 과제에도 불구하고, 바이오디젤 기술의 지속적인 발전은 그 성능과 적용 가능성을 개선하고 있다. 바이오디젤을 채택함으로써 해양 산업은 환경적 발자국을 줄이고 지속 가능성 목표를 달성하는 데 중요한 진전을 이룰 수 있을 것이다.

1.5.2 암모니아(Ammonia)

암모니아는 무탄소 연료로, 독립적으로 사용하거나 디젤, 수소, 메탄올과 혼합하여 연소 효율을 높일 수 있다. 부피당 에너지 밀도가 높아 저장 및 운반이 효율적이며, 주로 화석 연료로 생산되지만 재생 가능 에너지를 활용한 그린 암모니아 생산이 연구 중이다. 암모니아는 독성과 부식성 때문에 안전한 취급과 저장이 필요하다. 지속적인 연구가 암모니아를 안전하고 효율적인 선박 연료로 발전시키고 있다.

(1) 암모니아의 성분 특성 및 생산

암모니아(NH_3)는 디젤, 수소, 메탄올 등 다른 연료와 혼합하여 사용하거나 독립적인 연료로 사용할 수 있는 무탄소 연료이다. 암모니아의 화학적 구성은 암모니아가 연소 시 CO_2를 배출하지 않고 물과 질소만을 생성하므로, 환경 친화적인 대체 연료로서의 잠재력을 높인다.

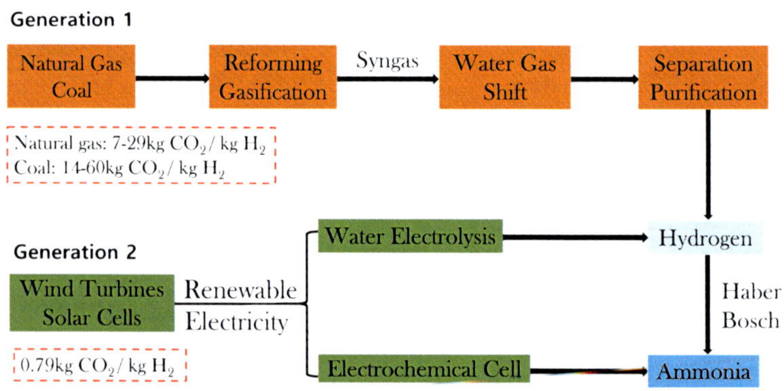

그림 1-24 Schematics of ammonia production in renewable approaches and traditional approaches.

하지만 암모니아는 높은 독성과 부식성으로 인해 중요한 안전 문제를 안고 있다. 암모니아는 무색이지만 자극적인 가스로, 흡입, 섭취 또는 피부 및 눈과의 접촉 시 인체에 유해하다. 호흡기 문제, 피부 화상 및 눈 손상을 초래할 수 있어 매우 자극적이다. 또한 암모니아는 여러 재료, 특히 금속과 유기 조직에 부식성이 있어 누출을 방지하고 안전한 작업을 보장하기 위해 신중한 취급과 전문적인 저장 솔루션이 필요하다. 아울러, 높은 독성 때문에 저장, 운송 및 사용 중 엄격한 안전 프로토콜이 필요하다.

암모니아는 일반적으로 하버-보슈(Haber-Bosch) 공정을 통해 생산된다. 이 공정은 철 기반 촉매를 사용하여 고온(300-500℃)과 고압(200-350 bar)에서 질소(N_2)와 수소(H_2)로부터 암모니아를 합성한다. 질소는 일반적으로 압력 변동 흡착(pressure swing absorption) 또는 멤브레인 여과 방법을 통해 공기에서 분리되며, 수소는 천연가스 개질, 석탄 가스화, 바이오매스 가스화 등 다양한 원천에서 얻을 수 있다. 수소의 생산 과정은 암모니아의 전과정 CO_2 배출에 직접적인 영향을 미치며, 예를 들어, 풍력이나 태양광 같은 재생 가능한 에너지원에서 생산된 수소는 거의 탄소가 없는 "그린 암모니아(green ammonia)"를 생성할 수 있다. 한편, 천연가스 개질에서 수소와 함께 생산된 CO_2를 CCS(carbon capture and storage)를 적용하여 블루 수소를 공급하는 것을 "블루 암모니아(blue ammonia)"라고 하며, 일반적으로 화석 연료에서 얻은 수소는 '그레이 암모니아'로 다량의 CO_2를 배출하게 된다.

(2) 암모니아의 선박 연료로서의 특징

암모니아는 수소에 비해 부피당 에너지 밀도가 높아 저장 및 운반이 더 효율적이다. 액체 상태로 -33℃에서 대기압 하에 저장하거나, 소규모로 LPG처럼 상온에서 약 8 bar의 압력 하에 저장할 수 있다. 이는 매우 낮은 온도나 매우 높은 압력에서 저장해야 하는 수소와 비교해 더 간단하고 비용이 적게 든다. 게다가 암모니아는 이미 비료로 널리 사용되고 있기 때문에 생산, 저장 및 운반을 위한 인프라가 잘 갖추어져 있다.

다만, 암모니아는 높은 자기발화 온도와 낮은 화염 속도를 가지며, 이는 내연기관에서 사용할 때 어려움을 초래할 수 있다. 이러한 문제를 해결하기 위해 암모니아는 종종 디젤, 수소, 메탄올 등의 다른 연료와 혼합하여 사용된다. 이러한 혼합 연료는 연소 효율성을 높이고 엔진 성능을 안정시킬 수 있다. 예를 들어, 암모니아를 디젤과 혼합하면 점화 및 화염 전파가 개선될 수 있다.

암모니아는 선박 연료로서 여러 이점을 제공하지만, 해결해야 할 과제도 많다. 이러한 과제에는 점화 특성 및 연소 효율성 향상, NOx 배출 감소 및 적절한 엔진 기술 개발이 포함된다. 현재 진행 중인 연구는 암모니아의 연소 특성을 향상시키고 다른 연료와 효과적으로 통합하는 데 중점을 두고 있다. 일부 연구에서 순수 암모니아를 내연기관에 사용한 바 있으나. 높은 자기발화 온도와 낮은 화염 속도로 인해 점화 플러그나 파일럿 연료가 필요하다는 것을 발견하였다.

그림 1-25는 암모니아 엔진과 이중 연료 공급 시스템의 주요 원리를 보여준다. 엔진이 이중 연료 모드에서 작동할 때, 암모니아는 연료 공급 시스템을 통해 엔진으로 공급된다. 연소 조건을 유지하기 위해 소량의 암모니아가 순환 시스템을 통해 연료 공급 시스템으로 재순환된다. 연료 밸브 트레인(Fuel Valve Train, FVT)은 암모니아 연료 공급 시스템을 엔진과 완전히 격리할 수 있으며, 엔진을 질소로 purging하여 엔진이 정지된 후의 안전성을 보장한다.

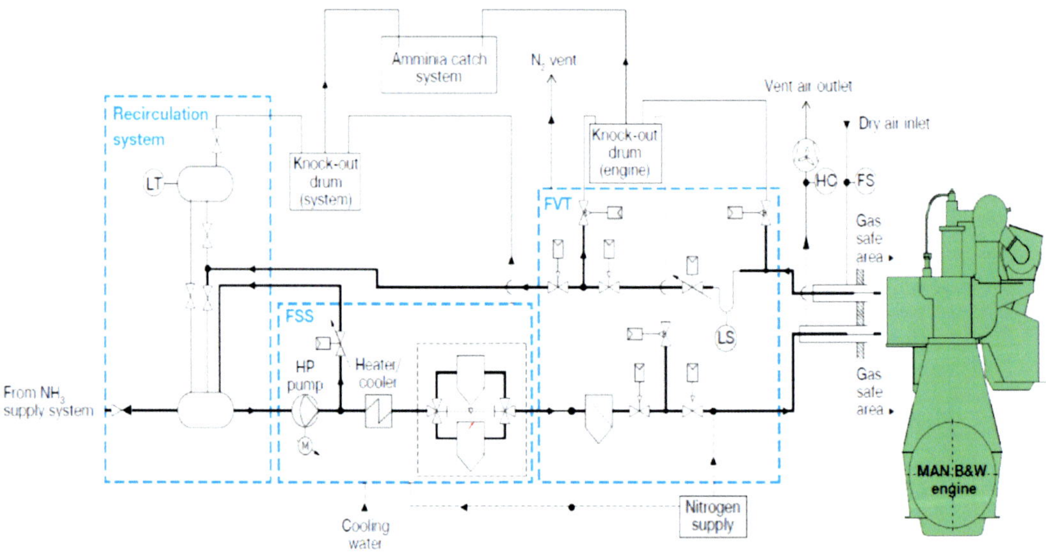

그림 1-25 The structure of the ammonia dual fuel ship (MAN energy solution, 2023).

(3) 암모니아 연료의 지속 가능성과 연구 동향

앞서 언급하였듯이, 오늘날 대부분의 암모니아 생산은 화석 연료, 특히 천연가스를 사용하여 하버-보슈(Haber-Bosch) 공정을 통해 이루어지며, 이 방법은 상당한 CO_2 배출을 초래한다. 암모니아를 선박 연료로서의 지속 가능성을 향상시키기 위해 그레이 암모니아에서 그린 암모니아 생산으로 전환하려는 노력이 진행 중이다. 하지만, 전기화학적 공정과 광합성 방법은 재생 가능 전기를 사용하여 암모니아를 생산하기 위한 연구가 진행 중이지만, 이 기술들은 아직 대규모로 경제성이 부족한 실정이다.

암모니아를 선박 연료로 사용하기 위해 암모니아의 연소 특성을 개선하기 위한 연구는 물론, 다른 중요한 연구 분야는 암모니아 연료 전지(FC), 특히 고체 산화물 연료 전지(Solid Oxide Fuel Cells, SOFC)와 알칼리 연료 전지의 개발이다. 이 연료 전지는 암모니아를 직접 사용하여 고온에서 암모니아를 수소와 질소로 분해하여 전기를 생성한다. 이 방법은 높은 효율성과 배출 감소를 제공하여 해양 응용에 유망한 경로가 된다.

암모니아의 독성과 부식성에 관련된 안전 문제도 연구되고 있다. 안전한 취급, 저장 및 운송 프로토콜은 암모니아 연료와 관련된 위험을 완화하기 위해 필수적이다. 금속 아민 염($Mg(NH_3)_6Cl_2$, $Ca(NH_3)_8Cl_8$) 및 탄산암모늄과 같은 고체 저장 형태의 혁신이 탐구되고 있으며, 이는 액체 암모니아의 위험을 줄이고 체적 밀도와 저장 질량을 개선할 수 있다. 추가적으로, 수소 운반체로서의 암모니아는 열원과 촉매의 도움으로 분해되어 수소와 질소를 생성할 수 있기에, 수소의 용도에 따라 질소와 잔류 암모니아를 제거하기 위한 수소 분리 및 정제 기술이 필요하다.

결론적으로, 암모니아는 탄소 없는 연료를 제공하여 해양 산업의 탈탄소화 목표와 일치하는 지속 가능한 해양 연료로서 큰 잠재력을 가지고 있다. 암모니아의 연소 특성, 안전 문제 및 생산 과정과 관련된 문제를 해결하는 것은 그 성공적인 채택을 위해 매우 중요하다. 지속적인 연구 개발 노력이 이러한 장애물을 극복하고 암모니아를 해양 운송을 위한 주류 연료로 만드는 데 필수적이다.

1.5.3 수소(Hydrogen)

수소(H_2)는 지구상에서 가장 단순하고 풍부한 원소로, 연소 시 물만을 생성하여 오염물질을 배출하지 않기 때문에 청정 연료로 간주된다. 수소는 천연가스 개질, 석탄 가스화, 전기분해 등 다양한 공정을 통해 생산되며, 그린 수소는 재생 가능한 에너지로부터 생산되어 탄소 발자국이 없다. 수소는 내연기관과 연료전지 시스템에서 사용할 수 있으며, 높은 효율성과 무탄소 특성을 제공한다. 그러나 높은 생산·운송 비용과 저장 문제는 해결해야 할 중요한 과제이다. 지속 가능한 수소 연료의 발전을 위해 연구와 인프라 투자가 필수적이다.

(1) 수소의 성분 특성 및 생산

수소(H_2)는 지구상에서 가장 단순하고 풍부한 원소로, 높은 에너지 대 중량 비율로 잘 알려져 있다. 수소는 무색, 무취, 고인화성 가스로 끓는점은 -252.87℃, 녹는점은 -259.14℃이다. 수소는 연소 시 물(H_2O)과 열만을 생성하고, CO_2, SOx 또는 PM 등을 배출하지 않기 때문에 청정 연료로 간주된다. 이러한 특성 덕분에 수소는 기존 화석 연료를 대체할 수 있는 청정 대체 연료로서의 잠재력을 지니고 있다.

수소는 보통 화합물 형태로 존재하여 이를 추출하는 데 에너지가 필요하다. 수소 생산의 원료는 천연가스, 석유, 석탄, 바이오매스 및 물이 포함된다. 그림 1-26은 다양한 수소 생산 공정을 나타내며, 각 공정이 적용될 수 있는 규모와 적합한 원료를 설명한다. 대규모 공정은 천연가스 개질, 석탄 가스화 및 전기분해를 포함하고, 중규모 공정은 바이오매스 가스화와 재생 에너지를 이용한 전기분해를 포함한다. 소규모 공정은 천연가스 개질, 양성자 교환 막을 이용한 전기분해 및 바이오매스 유래 액체 개질을 포함한다.

여기서, 천연가스 개질(natural gas reforming)을 통해 수소를 만드는 방법은 천연가스를 고온에서 증기와 반응시켜 수소와 CO를 생성(Steam Metahne Reforming, SMR 반응)한다. 이 방법은 현재 전 세계 수소 생산의 약 95%를 차지하는 주된 방법이지만, CO_2 배출이 많으며, "그레이 수소(grey hydrogen)"라고 불린다. 아울러, 석탄을 산소와 증기와 반응시켜 수소와 CO의 혼합물인 합성가스를 생성하는 석탄 가스화 방법(Coal Gasification) 또한 상당한 CO_2 배출을 유발(black·brown hydrogen)한다.

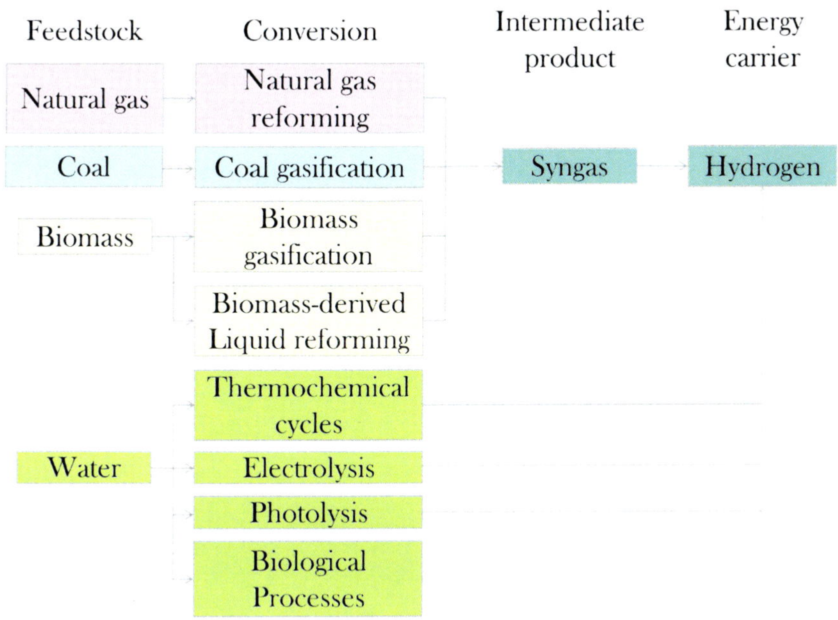

그림 1-26 Processes schematic for hydrogen production (Xing et al., 2021)

추가적으로, 전기분해 방법(Electrolysis)은 물을 전기를 사용해 수소와 산소로 분해한다. 전기가 재생 가능한 에너지원(풍력, 태양광, 수력)에서 나올 경우, 생성된 수소는 낮거나 제로 탄소 발자국을 가지기 때문에 "그린 수소(green hydrogen)"라고 불린다. 전기분해는 전 세계 수소 생산의 약 4%를 차지한다. 한편, 바이오매스 가스화(biomass gasification)는 유기물을 산소가 제한된 환경에서 가열하여 합성가스로 전환하고, 이 합성가스에서 수소를 추출한다.

마지막으로 광분해 및 광생물학적 공정(photolysis and photobiological processes) 기술은 물이나 생물체에 햇빛을 작용시켜 수소를 생산하는 방법으로, 아직 연구 및 개발 초기 단계에 있지만 장기적으로 탄소 중립 수소 생산의 잠재력을 지니고 있다.

(2) 수소 연료의 선박연료로서의 특징

수소의 운송 및 저장은 부피당 에너지 밀도에 크게 영향을 받는다. 낮은 부피당 에너지 밀도로 인해 더 많은 운송 및 저장 공간이 필요하다. 따라서 실용적인 적용을 위해서는 압축 수소 및 액화 수소(LH_2)가 필요하다. 하지만 압축 수소는 고압(250-700 bar)에서 저장할 수 있지만 저장 공간이 기존 해양 연료유에 비해 10-20배 더 많이 필요하며, 액화 수소는 4-5배 더 많은 저장 공간이 필요하나, 수소를 액체 상태로 저장하려면 극저온(-253℃)이 필요하다. 이는 운송 차량과 연료 탱크에 높은 압력과 초저온 저장 온도가 요구되어 운용 비용이 높아진다. 이로 인해 수소 연료의 경제적 경쟁력이 감소하게 된다.

수소는 내연기관 및 연료전지 시스템에서 사용할 수 있다. 수소의 무탄소 특성과 독특한 연소 특성 덕분에 내연기관에서 깨끗하고 효율적인 운영이 가능하다. 하지만 고온의 자기발화 온도(약 585℃) 때문에 순수 수소 연료는 불꽃 점화 기관(spark ignition engine)에서 가장 효과적으로 작동하며, 가솔린 엔진과 유사하게 기체 수소의 직접 분사(direct-injection of gaseous hydrogen) 또는 포트 연료 분사(port-fuel-injection)를 사용한다. 수소의 낮은 가연성 한계(flammability limit) 덕분에 희박 연소가 가능해 NOx 배출이 적고 저부하 조건에서도 안정적으로 작동한다. 그러나 낮은 점화 에너지와 넓은 가연성 한계로 인해 조기 점화와 노킹 같은 비정상적인 연소 가능성이 증가할 수 있다. 한편, 수소는 디젤이나 LNG와 같은 다른 연료와 혼합하여 이중 연료 엔진에서 사용할 수 있다. 이중 연료 운영은 효율성, 출력 및 배출 제어 측면에서 더 나은 성능을 제공하며, 현재 CMB의 여객선 Hydroville은 디젤과 수소를 사용하는 세계 최초의 해상 선박으로 알려져 있다.

한편, 수소 연료전지, 특히 PEMFC는 수소와 산소를 전기, 열 및 물로 변환하는 전기화학적 과정을 통해 작동한다. PEMFC는 효율이 높으며(50-60%) 오염물질 배출이 전혀 없지만 현재로서는 낮은 모듈당 출력으로 인해 보조 전력이나 소형 선박에 더 적합하다.

(3) 수소 연료의 지속 가능성과 연구 동향

수소는 잠재력이 큰 에너지 운반체지만, 높은 생산·운송 및 저장 비용과 같은 여러 도전 과제에 직면해 있다. 수소의 인프라, 생산 및 벙커링 측면에서 아직 개발이 미흡하며, 현재는 몇 가지 파일럿 프로젝트만 존재한다. 현재 약 95%의 수소가 천연가스 개질을 통해 생산되며, 이는 CO_2 배출이 많은 공정이다. 이러한 '그레이 수소'는 온실가스 배출에 기여하여 수소의 청정 연료로서의 환경적 이점을 상쇄시킨다. '블루 수소'는 이와 유사하게 생산되지만, CO_2 배출을 줄이기 위해 탄소 포집 및 저장(CCS)을 사용한다.

수소 연료의 지속 가능한 개발은 이러한 기술적, 경제적 장벽을 극복하는 데 달려 있다. 여기에는 그린 수소 생산의 확대, 저장 및 운송 기술의 개선, 해양 응용을 위한 특정 벙커링 인프라의 개발이 포함된다. 또한, 엄격한 법규, 정책 지원 및 상당한 인프라 투자가 해양 산업에서 수소 연료의 성장과 성공에 필수적이다.

현재 진행 중인 연구는 수소의 연소 특성을 개선하고, 연료 저장 및 운송 방법을 향상시키며, 수소를 다른 연료와 효과적으로 혼합하는 데 중점을 두고 있다. 예를 들어, 주요 엔진 제조업체인 Wärtsilä는 불꽃 점화 기관에서 엔진 개조 없이 수소와 LNG를 단일·이중 연료로 사용하여 최대 25%의 수소를 혼합하여 엔진 작동하는 실험을 수행한 바 있으며, 앞서 메탄올 (Methanol)의 선박 연료로서의 특징 부문에서도 언급하였듯이, HyMethShip 프로젝트는 메탄올을 사용하여 수소를 생성하고 저장하는 방법을 개발하여 수소 저장과 관련된 문제를 해결하려고 노력 중이다. 이러한 연구와 개발 노력은 수소 연료의 지속 가능성을 높이고 해양 운송에서의 사용을 확대하는 데 중요한 역할을 하고 있다.

도전 과제에도 불구하고, 수소는 지속 가능한 해양 연료로서 큰 잠재력을 가지고 있다. 온실가스 배출을 줄이고 해양 산업의 탈탄소화 목표를 달성하는 데 기여할 수 있는 가능성을 가지고 있다. 수소 생산, 저장 및 엔진 기술의 미래 발전과 함께, 지원 정책 및 인프라 투자가 수소의 주요 선박 연료로서의 역할을 진전시키는 데 필수적이다.

1.6 Electricity and Fuel cell

1.6.1 전기추진 선박

(1) 전기추진 선박의 개발 현황 및 특징

전기추진 선박은 해운 산업에서 중요한 환경 친화적 대안으로 부상하고 있다. 전기추진 선박은 전력 생성 방식에 따라 크게 발전기 구동 추진, 하이브리드 추진, 전적으로 전기에너지만을 사용하는 추진시스템 등 세 가지 주요 유형으로 분류될 수 있다.

발전기 구동(generator-driven electric propulsion system) 시스템은 디젤 발전기 또는 이중 연료 발전기를 사용하며, 기존 선박과 대형 LNG 운반선에 주로 적용된다. 이러한 시스템은 발전기, 위상 이동 변압기, 정류기, 인버터, 추진 모터와 같은 구성 요소로 이루어져 있다. 그러나 큰 부피와 무게로 인해 소형 선박에는 적합하지 않다. 하이브리드 전기 추진 시스템(Hybrid- electric propulsion system)은 발전기 엔진과 에너지 저장 시스템(energy storage system, ESS) 및 연료 전지를 결합한다. ESS는 주로 리튬 배터리를 사용하여 유휴 에너지를 저장하고 공급한다. 연료 전지는 수소, 천연가스, 메탄올과 같은 연료를 사용하여 화학 에너지를 전기 에너지로 변환한다. 마지막으로 전적으로 전기에너지만을 사용하여 선박을 추진하는 시스템(Full-electric propulsion system)은 ESS 또는 연료 전지를 유일한 전력원으로 사용한다. 이러한 시스템은 높은 전력 응답성, 낮은 소음, 낮은 진동, 무배출 등의 다양한 장점을 제공하며, 유럽의 여객선 및 화물선에 널리 사용되고 있다.

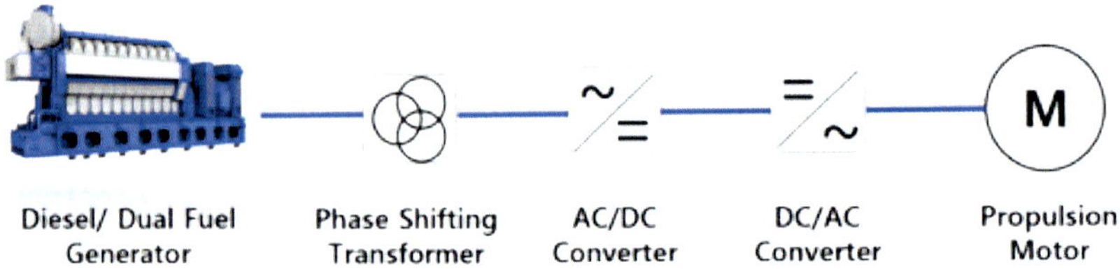

그림 1-27(a) Generator driven electric propulsion system.

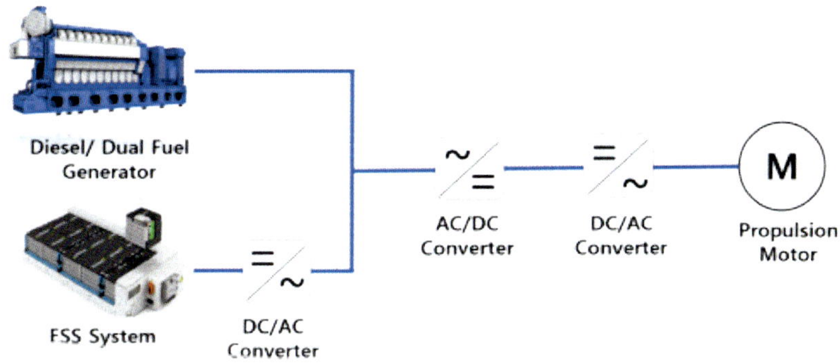

그림 1-27(b) Engine battery hybrid-electric propulsion system.

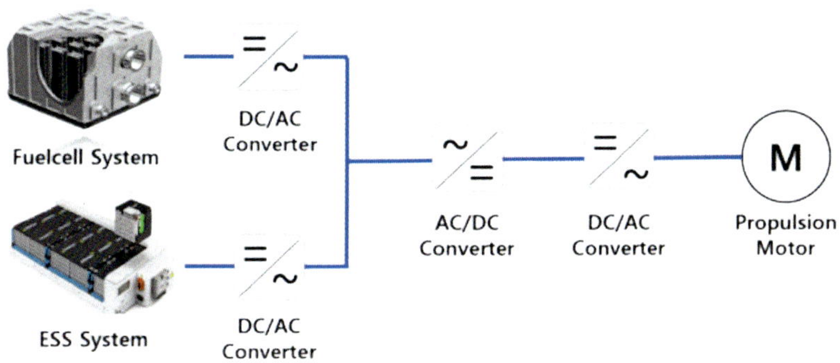

그림 1-27(c) Fuel cell & ESS full-electric propulsion system.

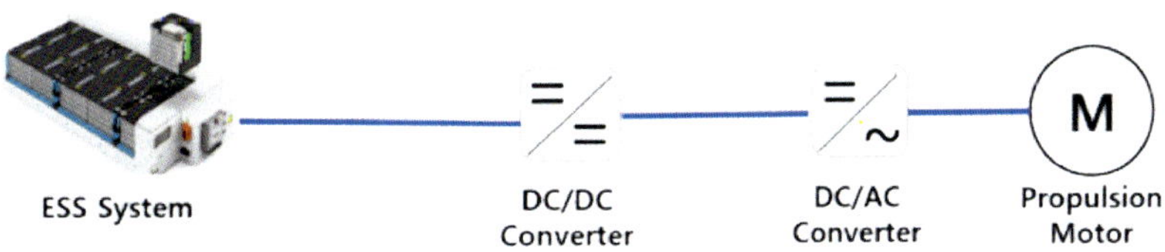

그림 1-27(d) ESS full-electric propulsion system.

참고로 국내의 경우 「환경친화적 선박의 개발 및 보급 촉진에 관한 법률」의 의거, 전기 공급원으로부터 충전 받은 전기에너지를 동력원(動力源)으로 사용하는 선박을 전기추진 선박이라 하며, 휘발유 · 경유 · 액화석유가스 · 천연가스 또는 LNG · CNG · 메탄올 · 수소 · 암모니아 등 환경친화적 연료와 전기에너지(전기 공급원으로부터 충전 받은 전기에너지를 포함한다)를 조합하여 동력원으로 사용하는 선박을 하이브리드 선박이라고 명시한다. 특히, 하이브리드 선박의 경우 「환경친화적 선박의 기준 및 인증에 관한 규칙」 등에 의거 하이브리드선박이 환경친화적 선박으로 인증받기 위해 휘발유, 경유, B-C유 등 화석연료의 최대 사용률을 70%를 초과할 수 없도록 제한하고 있다.

앞서 언급 하였듯이 하이브리드 시스템 또는 full-electric propulsion system을 갖춘 선박들은 보통 선상 또는 부두의 전력 시스템에 의해 충전되는 배터리와 같은 ESS를 필요로 한다. 이를 통해 재생 가능 에너지원에서 지역적으로 생성된 전기가 전력 용량을 증가시키지 않고도 부하 수요와 전력 공급 사이의 균형을 유지할 수 있다. 또한, 부두 전력망이 잉여 전력을 다른 용도로 공급할 수 있는 가능성을 제공한다. 따라서 배터리와 같은 ESS의 크기와 위치를 최적화하는 것이 효율적인 사용을 위한 도전 과제로 간주되며, 적절한 열 관리 전략과 함께 설치되어야 한다. 이러한 시스템은 선박이나 특정 변전소에 위치할 수 있어 지속적으로 필요한 전력을 공급할 수 있다.

그림 1-28과 같이 다양한 ESS의 선택 기준은 전력 밀도와 에너지 밀도 특성에 본질적으로 편향될 수 있다. 배터리는 높은 에너지 밀도를 가지지만 전력 밀도는 낮은 편이다. 반면, 슈퍼커패시터(supercapacitors)와 플라이휠(flywheel)은 높고 대칭적인 충전·방전 속도가 요구되는 고전력 응용에 적합하다. 리튬 이온 배터리는 전력 밀도가 우수하여 다양한 산업에서 널리 사용되며, 선박의 에너지 저장 시스템(ESS) 장치로 많이 사용된다.

따라서 전기추진 시스템의 핵심은 배터리와 같은 에너지 저장 시스템(ESS)이다. 이 시스템은 선박의 추진뿐만 아니라 레이더, 항법 시스템, 공조 장치와 같은 다양한 전기 장비에 전력을 공급한다. 배터리는 피크 전력 수요를 충족시키고, 필요 시 저장된 에너지를 공급하여 운영 효율성을 높인다. 특히, 부두에서 정박 중일 때 선내 발전기를 끄고 그리드에 연결되는 마이크로그리드(microgrid)로 전환할 수 있는 기능을 제공한다. 이는 에너지 관리와 효율성을 개선하는 데 중요한 역할을 한다. 그림 1-29는 이러한 full-electric propulsion system을 갖춘 선박의 선박 내 마이크로그리드 구성을 보여주며, 에너지 네트워크(blue lines and arrows)와 통신 네트워크의 상호 작용(red lines and arrows)을 설명한다.

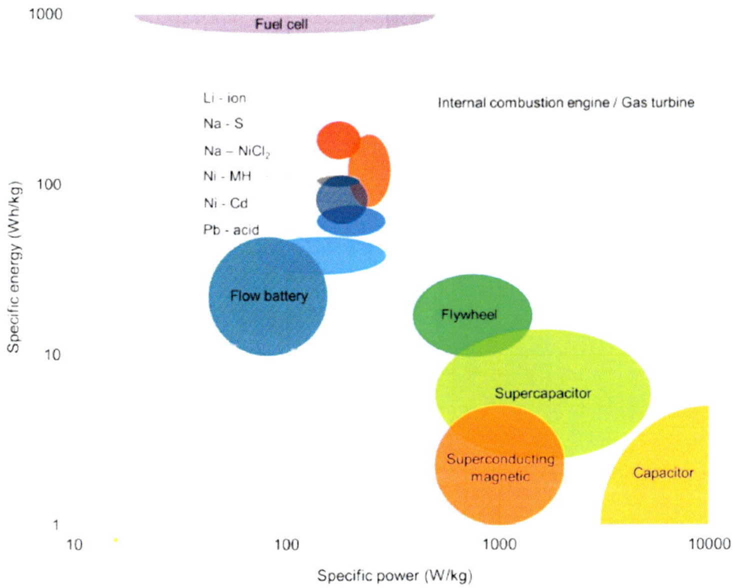

그림 1-28 Logarithmic comparison of power and energy density for energy storage media (Nuchturee et al., 2020).

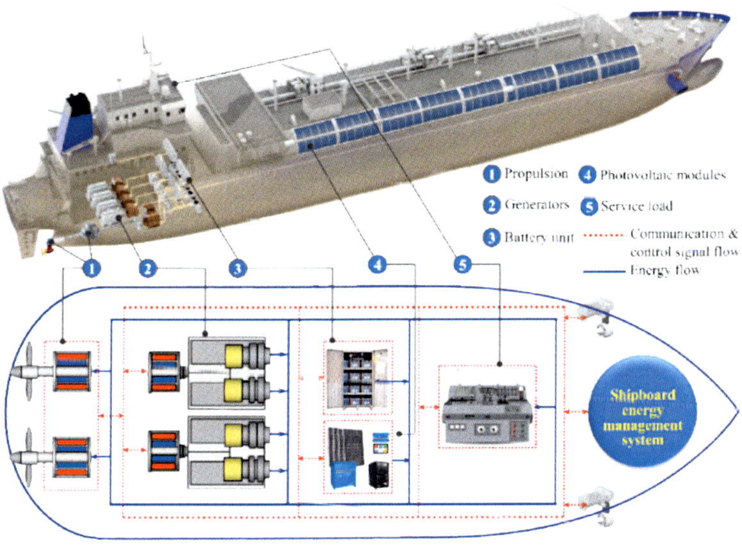

그림 1-29 Principle scheme of full-electric ships (Fang et al., 2019).

(2) 전기추진 선박의 지속 가능성

전기추진 선박은 소음과 진동이 적고, 에너지 손실이 감소하며, 연료 효율성이 향상되는 장점을 가진다. 또한, 재생 가능 에너지를 통합할 수 있는 잠재력을 가지고 있어 지속 가능한 해운 솔루션으로 주목받고 있다.

그러나 전기추진선박의 한계는 여러 측면에서 고려할 수 있다. 첫째, 배터리의 높은 비용과 제한된 수명은 상업적 활용에 있어 중요한 장애물이다. 배터리 시스템은 초기 설치 비용이 높고, 8-10년마다 교체가 필요하여 장기적인 유지 비용이 크다. 이러한 경제적 부담은 전기추진선박의 확산을 저해하는 요소로 작용한다. 또한, 배터리의 에너지 밀도가 기존 화석 연료에 비해 낮아 동일한 에너지를 저장하기 위해 더 큰 공간이 필요하다. 이는 특히 장거리 운항 선박에서 문제를 일으킬 수 있다.

둘째, 충전 인프라의 부족도 한계로 작용한다. 현재 대부분의 전기추진선박은 짧은 거리에서 운항하는 경우가 많아 부두에서의 충전이 용이하지만, 장거리 운항 시에는 충전소의 부족으로 인해 운항 계획이 제한될 수 있다. 또한, 충전 시간이 길어 항구에서의 체류 시간이 증가할 수 있으며, 이는 운영 효율성에 영향을 미친다.

이러한 한계를 보완하기 위해 하이브리드 시스템이 주목받고 있다. 하이브리드 추진 시스템은 디젤 엔진과 전기 모터를 결합하여 운영되며, 배터리는 보조 동력원으로 사용된다. 하이브리드 시스템은 디젤 엔진이 최적의 부하에서 작동하도록 하여 연료 효율성을 높이고, 배출가스를 줄일 수 있다. 배터리는 피크 전력 수요를 충족시키고, 엔진의 낮은 부하에서 작동할 때 효율성을 향상시키는 역할을 한다. 이러한 시스템은 기존의 단점들을 보완하면서 전기 추진의 이점을 활용할 수 있는 방법이다.

미래 전망을 보면, 기술 발전에 따라 배터리의 비용이 감소하고, 에너지 밀도가 향상되며, 충전 인프라도 확대될 것으로 예상된다. 이러한 변화는 전기추진선박의 상업적 활용을 더욱 촉진할 것이다. 또한, 재생 가능 에너지원에서 전력을 공급받는 전기추진선박은 온실가스 배출을 더욱 줄일 수 있는 잠재력을 가지고 있다. 이는 국제 해운업계의 지속 가능한 발전 목표에 부합하며, 전기추진선박은 해양 운송의 미래에 중요한 역할을 할 것으로 기대된다.

결론적으로, 전기추진선박은 현재 여러 한계를 가지고 있지만, 하이브리드 시스템과 기술 발전을 통해 이러한 문제를 극복할 수 있다. 지속 가능한 해운을 위한 전환 과정에서 전기추진선박은 중요한 대안으로 자리 잡을 것이다.

1.6.2 연료 전지(Fuel cell, FC)

(1) 연료 전지의 개발 현황 및 특징

연료 전지는 기존의 디젤 엔진이 화학 에너지를 열-기계적 과정을 통해 전기로 변환하는 것과 달리, 연료 전지는 이러한 과정을 거치지 않고 곧바로 화학 에너지에서 전기를 생성하여 CO_2, NOx, 그리고 PM 등의 배출을 크게 줄일 수 있다. 이러한 과정 덕분에 연료 전지는 50-80%에 이르는 높은 효율을 달성할 수 있으며, 이는 약 40%의 효율을 가지는 선박용 엔진보다 훨씬 효율이 높다.

연료 전지 시스템은 연료 공급 시스템(fuel supply system), 열 관리 시스템(thermal management system), DC/DC 컨버터(converter), 인버터(inverter) 및 배터리로 구성된 복잡한 구조를 가지고 있으며, 이는 그림 1-30에 나와 있다. 이러한 구성 요소들은 함께 작동하여 선박의 전력 장치에 에너지를 제공한다. 특히 그중, 열 관리 시스템은 연료 전지 스택의 상태를 모니터링하여 배터리 시스템의 정상 작동을 보장하는 데 중요하다. 컨버터와 인버터와 같은 보조 장비는 전력 격리, 전압-전류 변환 및 전력 분배 역할을 한다. 연료 전지는 높은 에너지를 생산하지만 저장할 수는 없기 때문에 일반적으로 에너지는 저장용 배터리에 수집된다.

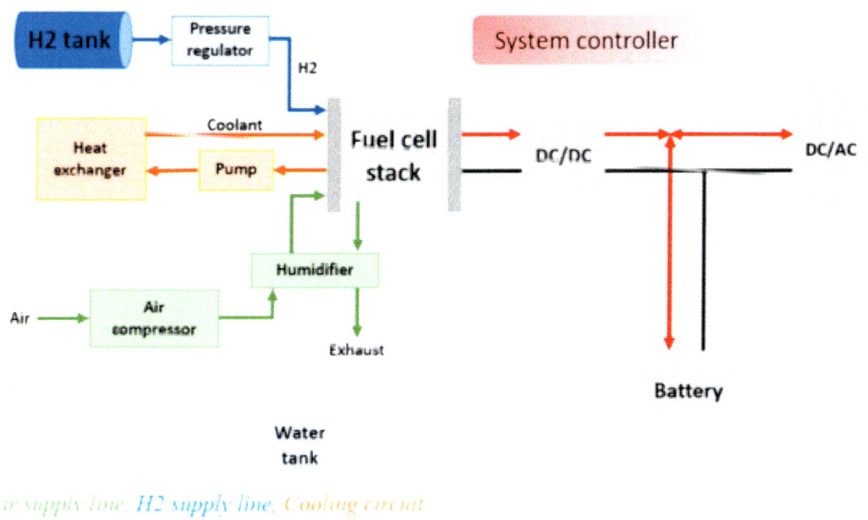

그림 1-30 Schematic of a typical hybrid fuel cell system (Vichard et al., 2021).

연료 전지는 전해질에 따라 알칼리 연료 전지(alkaline fuel cell, AFC), 인산 연료 전지(phosphoric acid fuel cell, PAFC), 용융 탄산염 연료 전지(molten carbonate fuel cell, MCFC), 고체 산화물 연료 전지(SOFC), 그리고 고분자 전해질 연료 전지(PEMFC)로 분류될 수 있다.

표 1-22는 이러한 연료 전지의 분류 및 선박에의 적용 가능성을 요약하고 있다. 그 중, PEMFC는 높은 전력 밀도와 낮은 오염 때문에 널리 사용된다.

표 1-22 Operating characteristics of fuel cells for ship applicationl (Hoang et al., 2022).

Types	Size	Cost	Lifetime	Working-Temperature Range (℃)	Electric Efficiency (%)	Power (kW)	Disadvantages
AFC[a)]	Small	Low	Medium	60–200	50–60	<500	CO_2 poisoning
DMFC[b)]	–	Medium	–	75–120	20–30	<5	Methanol crossover
HT-PEMFC[c)]	–	Medium	–	160–220	50–60	–	CO + S poisoning
PEMFC	–	Low	–	65–85	50–60	<120	–
MCFC[d)]	Large	High	Good	650–700	50–55	120–10,000	S poisoning; a long time for the start process
PAFC[e)]	–	Medium	–	140–200	40–55	100–400	CO + S poisoning
SOFC[f)]	Medium	High	Medium	500–1,000	50–60	<10,000	S poisoning; a long time for the start process

a) AFC: alkaline fuel cell, b) DMFC: Direct Methanol Fuel Cell, c) PEMFC: Polymer Electrolyte Membrane Fuel Cell, d) MCFC: Molten Carbonate Fuel Cell, e) PAFC: Phosphoric Acid Fuel Cell, f) SOFC: Solid Oxide Fuel Cell

연료 전지의 주요 특징 중 하나는 모듈화된 특성으로, 단일 셀의 성능이 대형 스택과 유사하여 연료 소비 증가 없이 전력 생성의 확장이 가능하다. 이러한 모듈성은 또한 전송 손실을 줄이고 중복성을 향상시킨다. 아울러 연료 전지는 부분 부하 운전에서도 효율적이어서 다양한 해상분야에 적용이 가능하다.

연료 전지는 여전히 대형 화물선에 채택되기에는 출력이 부족하지만, 소형 선박과 대형 선박의 보조 전력으로 점점 더 활용이 확대되고 있다. 해외에서는 METHAPU, ZemShip, FellowSHIP, E4Ships와 같은 프로젝트를 통해 해상에서 연료 전지의 실현 가능성을 입증했으며, ZemShip과 같은 여객선은 상업용 연료 전지 시스템을 성공적으로 사용하고 있다. 참고로, Viking Lady는 LNG를 연료로 하는 주기관에 보조 전력으로 연료 전지 기술을 처음으로 사용한 상업용 선박으로, CO_2 배출을 20% 줄인다고 보고된 바 있다.

(2) 연료 전지의 지속 가능성

연료 전지는 높은 효율성, 낮은 배출량 및 모듈화와 같은 많은 장점을 제공한다. 그러나 해양 산업에서 연료 전지의 잠재력을 완전히 실현하기 위해서는 몇 가지 한계와 도전 과제가 해결되어야 한다.

연료 전지의 주요 한계 중 하나는 높은 비용이다. 연료 전지의 생산 및 유지보수는 기존 디젤 엔진에 비해 상당히 비싸다. 이 높은 비용은 주로 연료 전지에 사용되는 고가의 재료와 제조 과정의 복잡성 때문이다. 결과적으로, 현재 연료 전지의 해운 산업에서의 광범위한 채택은 제한되어 있으며, 대부분의 응용은 소형 선박 또는 대형 선박의 보조 전원으로 제한되어 있다.

아울러, 수소 연료 전지의 경우 전기 화학적 변환 과정을 통해 전기를 생산할 때 CO_2 배출이 없지만, 수소 공급망의 배출을 고려해야 한다. 또한 항해 시간이 100시간 이상인 경우 수소 저장을 위한 전체 시스템 부피가 다른 대체 수송 연료에 비해 1.5~5배 더 클 수 있으며, 여전히 기존 연료보다 비싸지만, 전해조 기술의 발전으로 비용이 감소할 것으로 예상된다.

연료 전지를 선박에 적용하기 위한 규제도 보완할 필요가 있다. 선박에서 연료 전지를 안전하고 효율적으로 사용하기 위해서는 포괄적인 규정과 표준이 필요하다. 열 관리(thermal management), 열 폭주(thermal runaway), 수소 취급 안전 프로토콜과 같은 문제들은 명확히 정의되고 표준화되어야 한다. 이러한 규정이 완전히 마련되기 전까지는 연료 전지의 광범위한 채택은 제한될 것이다.

정리하자면, 연료 전지는 높은 비용, 인프라 문제, 규제 문제 및 열 관리 문제 등 여러 한계에도 불구하고, 해양 산업에서 지속 가능한 에너지 솔루션을 제공할 잠재력이 크다. 기술 및 인프라의 지속적인 발전과 지원적인 규제 프레임워크가 이러한 도전 과제를 극복하는 데 필수적이다. 해양 산업이 탈탄소화와 지속 가능성을 향해 나아감에 따라, 연료 전지는 미래의 해양 추진에서 중요한 역할을 할 것으로 예상되며, 더 깨끗하고 효율적인 해양 운송 시스템으로 이끌 것이다.

1.7 Others(Nuclear)

현대의 선박 추진 동력으로 원자력의 적용은 주로 전함과 다양한 종류의 해군 함정, 잠수함, 항공모함, 쇄빙선에 제한되어 왔다. 원자력 추진 선박의 초기 자본 지출과 높은 운영 및 유지보수 비용은 이러한 선박이 널리 상업적으로 활용되지 못하게 하는 주요 요인이다. 그러나 원자력 추진 화물선은 CO_2 배출과 대기오염 물질을 제거하여 환경에 미치는 영향을 혁신적으로 줄이기 때문에 해운업의 환경 발자국을 줄일 수 있는 매력적인 옵션이다.

현재 200개의 원자로가 약 160척의 선박, 주로 군함과 잠수함에서 운영 중이다. 원자력 추진 선박은 연료를 재충전하지 않고도 수년간 운항할 수 있으며, 거대한 연료 탱크가 필요 없어서 화물과 승객을 위한 공간을 더 많이 확보할 수 있다. 또한, 4세대 소형 모듈 원자로(smll modular reactors, SMR[5]))는 기존 원자로보다 더 안전하고 운영이 간편하다.

5) 보통 출력 300 MW까지를 소형, 300 MW~700 MW까지를 중형으로 분류한다. SMR은 발전용량이 300 MW급 정도인 소형 원자력발전소로, 치세대 원전으로 주목받고 있다. 대형 원전에 비해 건설 기간이 짧아 비용을 절감할 수 있고, 모든 장비가 원자로 안에 들어가 있어 상대적으로 안전한 것이 특징이다.

역사적으로 원자력 추진선의 개발은 1940년대 군사적 용도로 시작되었다. 미국, 러시아, 중국, 영국, 프랑스, 인도 등은 원자력을 해군 함대에 도입하였다. 상업 부문에서 원자력은 주로 쇄빙선에 사용되었다. 지금까지 4척의 원자력 추진 상업용 선박이 건조되었으며, 모두 정부 주도하에 개발되었다. 첫 번째 선박은 1950년대 후반에 건조된 미국의 NS 사바나호(NS Savannah)로, 1962년부터 1972년까지 운영되었다. 일본의 Mutsu호(1970)와 독일의 Otto Hahn호(1968)는 운용 도중 디젤 엔진으로 교체되었으며, 현재까지 운영 중인 유일한 원자력 추진 상업용 선박은 1988년에 인도된 러시아의 Sevmorput호이다. 러시아는 현재 7척의 원자력 추진 쇄빙선을 운영하고 있다.

그림 1-31 The Russian ship "Sevmorput"(Source: ALEXANDER PIRAGIS/ALAMY)

현재 상업용 원자력 추진 선박에 대한 연구는 제한적이지만, 여러 국가가 이 기술을 적극적으로 탐구하고 있다. 미국의 TerraPower, 영국의 Core Power, 한국의 삼성중공업 등은 상업용 원자력 추진 선박을 개발 중이다. 일본과 노르웨이 선급(Det Norske Veritas, DNV)은 핵융합 원자로를 장착한 20,000 TEU 초대형 컨테이너선의 개념 설계를 완료했고, 미국 에너지부는 미국 선급협회(American Bureau of Shipping, ABS)에 상업용 선박에 적합한 반응로를 식별하고 핵 추진 선박이 상업적 현실이 되기 전에 극복해야 할 과제를 연구하는 R&D를 의뢰했다. 이러한 노력은 해양 탈탄소화와 탄소중립적 해운을 달성하기 위한 광범위한 이니셔티브의 일환이다.

원자력 추진 선박의 운영은 여러 국제법과 규제로 관리된다. 주요 프레임워크에는 유엔 해양법 협약(1982 United Nations Convention on the Law of the Sea, UNCLOS), MARPOL, 원자력 선박 운영자의 책임을 다루는 1962년 브뤼셀 원자력 선박 협약(1962 Convention on the Liability of Operators of Nuclear Ships)이 포함된다. 또한, SOLAS와 1981년 원자력 선박 안전 코드(Code of Safety for Nuclear Merchant Ships)도 원자력 추진 선박의 안전 및 방사선 보호 조치를 규정한다. 이러한 규제에도 불구하고, 국제 원자력 기구(International Atomic Energy Agency, IAEA)와 IMO 간의 향상된 국제 협력이 필요하다.

원자력 추진 선박을 실현하기 위해 해결해야 할 여러 도전 과제가 있다. 첫째, 선박에 원자로를 탑재하는 것은 복잡한 문제를 야기할 수 있다. 기존 화물선에 사용된 압력 경수로의 기술적 문제를 피하더라도, 높은 운영 비용과 방사성 폐기물 처리 및 폐로와 관련된 문제가 발생할 수 있다. 또한, 핵 전력에 대한 대중의 인식 문제와 일부 항구에서 핵 추진 선박을 거부할 가능성도 있다.

둘째, 원자력 추진 선박은 국제 규제의 다양성 문제에 직면할 수 있다. 상업용 선박이 국제 국경을 넘나들 때마다 서로 다른 규제를 준수해야 할 필요가 있다. 예를 들어, 미국에서 승인된 원자로가 프랑스에서 자동으로 승인되지 않는 경우도 있다. 그러나 주요 7개국(G7)과 일부 EU 국가, 국제 에너지 기구(International Energy Agency, IEA)는 규제 조화를 위해 협력하고 있다.

셋째, 원자력 추진 기술에 대한 시장 형성과 규제 프레임워크를 구축하는 것도 중요하다. 기술이 준비되었을 때 이를 배포할 수 있는 시장과 생태계를 마련하는 것이 필요하다. 규제 기관과 협력하여 새로운 추진 방법에 대한 규칙을 제정하는 것도 필요하다.

이러한 도전 과제에도 불구하고 원자력 추진 선박은 해운업계의 탈탄소화 목표를 달성하는 데 중요한 역할을 할 수 있는 가능성을 가지고 있다. 기술의 발전과 함께 규제와 시장 환경이 마련된다면, 원자력 추진 상업용 선박은 해운업계에서 주요한 대안으로 자리 잡을 수 있을 것이다.

CHAPTER 2

CHAPTER 2

대기오염물질 배출량 산정 방법

2.1 배출량 산정 지침

국외의 경우 개별국가 및 국제기구 별로 고유의 배출량 산정 방법을 가지고 있으나, 기본적으로는 유사한 산정 체계를 가지고 있기 때문에 한 개 국가의 산정 방법을 정확히 이해하게 되면 응용 및 확장을 통해서 타 국가의 산정 방법도 쉽게 이해할 수 있다. 따라서 본 장에서는 미국의 배출량 산정 방법을 대표적으로 심도 있게 분석하고 다루도록 한다.

2.1.1 미국의 배출량 산정 지침의 개발 배경

미국 환경 보호국(U.S. Environmental Protection Agency, EPA)에서는 항만 당국 및 기타 항만 운영자, 주정부, 항만 사업자(터미널 운영자, 임차인, 해운회사 등), 지역사회 및 배출 인벤토리에 대한 이해 관계자를 돕기 위해 지역 내에서 발생하는 오염 물질의 모든 대기 배출량을 대기오염물질 배출 인벤토리화 하는 지침(Ports Emissions Inventory Guidance)을 개발하여 안내하고 있다.

항구는 미국 경제의 핵심이자 화물, 연료, 승객을 전 세계로 운송하는 관문 역할을 하기 때문이며, 항구를 기반으로 하는 화물 활동만 계산해도 미국 국내총생산(GDP)의 4분의 1 이상을 차지하고 3,100만 명에 달하는 미국인 고용을 지원하기 때문이다. 항만 이니셔티브의 일환으로 EPA는 현장의 일상적인 운영을 이해하고 관련 대기 오염 배출량을 추정하는 데 사용할 수 있는 자료를 조사하기 위해 항만과 긴밀히 협력하는 것이 중요함을 인식하고 있다. 여기에는 항난 이해관계자가 배출인별 배출 추세를 조사하고, 배출 감소를 위한 잠재적 기회를 식별하고, 배출 감소를 위한 향후 투자 또는 운영 변화의 우선순위를 정하는 데 도움이 되는 기술 자원을 제고하는 것이 포함된다.

EPA는 청정대기법 자문위원회(CAAAC, Clean Air Act Advisory Committee)의 모바일 소스 기술 검토 소위원회(MSTRS, Mobile Sources Technical Review Subcommittee) 산하에 항만 이니셔티브 작업반을 구성하여 항만 공동체를 위한 항만 환경 성능 및 대기질 개선을 위한 EPA 주도 자발적 이니셔티브의 개발 및 실행에 대해 조언하고 있다. CAAAC는 무엇보다도 EPA가 배출가스 인벤토리 지침을 개발하고 지침을 주기적으로 평가하며, 필요에 따라 지침을 업데이트할 것을 권고하고 있다. 또한 EPA는 항만 관련 운영의 정제된 인벤토리를 개발하기 위해 필요에 따라 항만 당국 및 기타 항만 운영자를 지원하고 장려하는 것을 권고하고 있다.

2.1.2 항만 관련 배출가스 인벤토리의 중요성

항만 관련 배출가스 인벤토리는 다양한 목적을 위해 개발될 수 있다. 규제 목적으로는 국가 이행 계획, 국가 환경 정책/법 분석, 운송 적합성 결정 또는 일반 적합성 평가 등을 위해 개발된 인벤토리가 포함될 수 있으며, 배출가스 인벤토리는 연구 목적으로도 개발될 수 있다.

항만 활동과 관련된 이동식 배출원에 기인한 상당량의 배출물은 디젤 엔진에서 발생한다. 디젤 엔진 배출가스, 입자상 물질, 질소 산화물, 벤젠 및 포름알데히드와 같은 공기 독성 물질의 배출은 어린이, 노인 실외 근로자 등의 조기 사망, 심장 및 폐질환에 대한 입원 증가 및 호흡기 증상 증가를 포함한 심각한 건강 문제에 영향을 끼친다. EPA는 디젤 엔진 배기가스를 인체 발암 가능성이 있는 물질로 분류했으며, 세계보건기구(WHO)에서도 디젤 엔진 배출물을 인체 발암 가능성이 있는 물질로 분류했다. 이산화탄소 및 블랙카본과 같은 디젤 배출물은 기후 변화의 원인이 되는 것으로도 수많은 연구 자료에서 보고되고 있다.

배출 인벤토리는 중앙 및 지방 정부, 항만 당국 및 항만 운영자, 지역 사회 및 기타 이해관계자가 배출물에 대한 영향을 줄이고 공중 보건 및 환경 보호를 강화하기 위해 사용할 수 있는 중요한 도구이다. 또한 배출의 정확한 현상을 측정하고 정보에 입각한 의사 결정을 가능하게 하는 기준이 되기도 한다. 해당 정보를 사용하여 항만은 출처별로 배출 동향을 조사하고 배출 감소를 위한 잠재적인 기회를 식별하며 배출을 줄이기 위한 미래 투자 또는 운영 변화의 우선순위를 지정할 수 있다.

2.1.3 가이드 라인의 구성

EPA의 가이드 라인에는 다음의 6개 부문에 대한 배출량 산정 방법을 제시하고 있다. 본 저서는 선박 배출량에 초점을 맞추고 있기 때문에 항만 하역기기, 육상 운송 장비, 철도에 해당하는 산정 방법론은 제외한다. 선박 중에서도 Harbour craft나 Recreational marine은 비중이 작을 뿐만 아니라 산정 방법 또한 가장 큰 배출 비중을 차지하는 대양항해 선박(Ocean-going vessels, OGV)과 대동소이하기 때문에 이번 절에서는 OGV의 배출량 산정 방법에 대해서만 구체적으로 살펴본다. 우선 6개 부분에 대한 간단한 정의는 다음과 같다.

(1) Ocean-going Vessels

OGV 부문은 서로 다른 항구 간에 화물 또는 사람을 운송하는 선박을 포함한다. 여기에서 'Ocean-going'은 설명적인 용어로 사용되며, 이들 선박 중 다수가 국제적으로 바다를 가로질러 항해하거나 해안 지역의 넓은 범위에서 운항하기 때문이다. 그러나 미국 지리적 특성상 이 부문에 오대호와 내륙의 강에 있는 여러 항구 간에 화물 또는 사람을 운송하는 선박도 포함하는 것을 기본으로 한다.

OGV에는 일반적으로 실린더당 배기량이 30리터 이상인 카테고리 3(C3) 추진 엔진이 탑재되어 있으며, 일부 OGV에는 더 작은 카테고리 1(C1) 또는 카테고리 2(C2) 엔진이 있다.

(2) Harbor Craft

이 부문에는 예인선, 작업선 등 OGV 부분에서 고려되지 않는 모든 상업용 해양 선박이 포함된다. OGV와 달리 항만 선박은 일반적으로 단일 항구나 지역 또는 그 근처에서 대부분의 운항 시간을 보내며 일반적으로 C1 또는 C2 엔진을 사용한다.

(3) Recreational Marine Vessels

레저용 해양 선박은 모터보트, 요트 및 기타 유형의 유람선과 같이 주로 레저를 위해 운항되는 소형 선박이다.

(4) Cargo Handling Equipment

CHE 부문에는 항구나 기타 터미널 주변, 해상 선박, 철도 차량 및 트럭 안팎에서 화물, 제품 및 공급품을 옮기는 데 사용되는 야드 트랙터 및 크레인과 같은 장비가 포함된다. CHE는 일반적으로 "비도로용 장비", 즉 도로에서 작동하지 않는 이동 장비로 분류된다.

(5) Onroad Vehicles

이 부문은 주로 대형 디젤 트럭으로 구성되지만 승용차, 소형 트럭, 버스도 포함된다.

(6) Rail

일반적으로 항구 관련 화물 작업을 지원하는 두 가지 유형의 기관차, 즉 전환 기관차(switcher locomotives)와 라인홀(linehaul locomotives) 기관차가 있다. "야드 엔진"이라고도 불리는 스위처는 주로 야드 내에서 사용되고 짧은 거리에서 화물을 이동시키거나 재배치하는데 사용되며, 라인홀 기관차는 철도망을 따라서 화물을 장거리 운송하는 기관차로 일반적으로 스위처보다 크기가 더 크다.

2.1.4 오염물질 목록의 종류

해당 지침에는 다음 오염물질의 목록을 작성하는 방법에 대한 구체적인 정보가 포함되어 있다.

(1) 기준 오염물질 및 전구체

- 질소산화물(NOx)
- 공기역학적 직경이 2.5미크론 이하인 입자상 물질 ($PM_{2.5}$)

- 공기역학적 직경이 10미크론 이하인 입자상 물질 (PM_{10})
- 이산화황 (SO_2)
- 휘발성 유기 화합물 (VOC)

(2) 기후 관련 오염물질

- 이산화탄소(CO_2)
- Methane (CH_4)
- Nitrous oxide (N_2O)
- Black carbon (BC)

2.1.5 해양 경계(Marine boundary)

해양 경계는 인벤토리의 목적과 범위에 따른 모든 항구 관련 활동이 그 안에서 발생하도록 설정되어야 한다. 배출 인벤토리의 해양 부분에 포함되는 지역은 일반적으로 다음과 같다.

- 항해(Transit) 구역: 선박이 일반적으로 정상적인 순항 속도로 이동하는 위치
- 속도 제한 구역(Restricted speed zones): 일반적으로 항구로 이어지는 수로 내에서 안전이나 기타 이유로 이동 속도가 제한되는 구역
- 조종(Maneuvering) 구역: 대형 선박이 일반적으로 예인선이나 기타 항구 선박의 도움을 받아 이동하는 항구 지역 내의 위치
- 정박(Hotelling) 구역: 선박이 화물이나 사람을 싣거나 내릴 수 있는 정박지, 계류장, 정박 구역
- 묘박(Anchorage) 구역: 선박이 정박하기 위해 묘박 대기하는 구역

2.1.6 일반 사항

지금까지 언급한 바와 같이 항만 관련 배출 인벤토리를 계획할 때 포함할 오염원, 오염물질, 포함할 지리적 영역, 인벤토리 기간을 고려하는 것이 중요하다. 인벤토리의 전반적인 목적은 세부사항의 범위와 수준을 결정하는 주요 요소가 된다.

배출 인벤토리는 이용 가능한 최신 지역 정보를 기반으로 개발되어야 하며, 지역의 정보를 사용하면 보다 정확하고 대표성 있는 인벤토리가 생성되어 이해관계자가 해당 정보에 입각한 결정을 내리는데 도움이 될 수 있다.

기본적으로 정량적 배출 인벤토리는 특정 지역에서 운영되는 선박, 차량 및 장비의 수와 적절한 배출 계수가 결합된 운항 활동에 대한 데이터를 사용하여 개발된다. 선박, 차량 및 장비 수 외에도 사용 데이터에는 모델 연도 또는 엔진 등급, 엔진 크기, 연료 유형 등의 기타 정보도 포함된다. 이 정보를 통해 선박, 차량 또는 장비 활동에 적절한 배출 계수를 적용할 수 있으며, 운항 활동 데이터는 활동 부문 및 유형에 따라 다양한 형태를 취할 수 있지만 일반적으로 사용 시간, 엔진 부하 또는 이동 마일에 대한 정보를 포함한다.

일반적으로 배출원과 그 활동에 대한 데이터가 좋을수록 목록이 더 정확해진다. 인벤토리 작성자는 자신의 소스를 고려하고 데이터 수집 시 소스를 가장 잘 할당하는 방법을 결정해야 한다. 또한 인벤토리 작성자는 항만 당국 자체, 항만 임차인, 터미널 운영자 또는 기타 기관과 같이 인벤토리 개발과 관련된 정보를 갖고 있을 수 있는 주체를 고려해야 하며, 인벤토리 개발 과정 초기에 이들을 포함시키는 것을 고려해야 한다. 정보를 공유하기 위해 이들 기관의 협력을 얻는 것은 인벤토리가 항만 관련 배출량을 정확하게 반영하도록 보장하는 데 도움이 될 것이다. 인벤토리가 좋을수록 배출량을 줄이고 더 깨끗한 환경을 만들 수 있는 기술이나 운영 관행에 대한 투자와 같은 향후 결정을 내리는 데 더 도움이 될 수 있다.

목록 개발에 사용된 방법과 관계없이 의사결정에 중요한 특정 요소가 있다.

① 가능한 한 최신 정보를 사용한다.

② 가능한 경우 지역 데이터를 사용해야 한다. 그러나 분석에 따라 국가 데이터, 기본 데이터 또는 기타 대체 데이티가 적절할 수도 있다.

③ 배출계수는 해당 선박, 차량, 장비 및 연료에 대한 최신 EPA 배출 모델 및 규정을 반영해야 한다.

④ 항만 당국, 기타 항만 운영자, 항만에서 사업을 하는 사람(예: 터미널 운영자, 임차인, 유익한 화물 소유자, 해운 및 철도 회사 등), 지자체 등 관련 당사자와의 협의를 통해 목록을 개발해야 한다. 지역 사회, 항만 기관 및 해당 EPA 지역 사무소는 핵심 자원이므로 인벤토리 계획 초기부터 협의해야 한다. 또한 일부 규제 목적을 위한 목록에는 EPA를 포함하는 특정 기관 간 협의 프로세스가 필요하다.

⑤ 인벤토리 결과와 개발 방법을 설명하는 문서는 민간에게 널리 공개되어야 한다.

2.2 Ocean-Going Vessels에 대한 배출량 산정 상세 방법

Ocean-Going Vessels(OGV) 소스 섹터는 다른 항구 간에 화물 및 사람을 운송하는 선박을 포함하는 것으로 정의된다. 'Ocean-Going Vessels' 선박 중 많은 수가 국제적으로 대양을 항해하거나 해안 지역에서 광범위하게 운영되지만, 이 섹터에는 호수와 강의 다른 항구 간에 화물 및 사람을 운송하는 선박도 포함한다. OGV에는 일반적으로 실린더당 배기량이 30리터 이상인 카테고리 3(C3) 추진 엔진이 사용되며, 일부 OGV에는 더 작은 카테고리 1(C1) 또는 카테고리 2(C2) 엔진이 적용된다. 표 2.1에는 OGV 섹터를 구성하는 다양한 선박 유형이 나열되어 있다. 이러한 선박 유형은 다양한 하위 유형으로 더 자세히 분류될 수 있다.

표 2.1 OGV Ship Types

Ship Type	Description
Bulk Carrier	Dry-cargo vessels that carry loose cargo (e.g., grain, ore)
Chemical Tanker	Liquid-cargo vessels that transport chemicals in bulk
Container Ship	Dry-cargo vessels that carry containerized cargo
Cruise	Passenger vessels used for commercial pleasure voyages
Ferry/Passenger(C3)*	Passenger vessels used for transport
Ferry/Roll-on/Passenger(C3)	Passenger vessels used for transporting people and their vehicles
Fishing(C3)	C3 vessels used in commercial fishing operations
General Cargo	Dry-cargo vessels that are not specialized for a particular type of cargo
Liquified Gas Tanker	Cargo vessels specifically designed to transport liquified gas at high pressure and/or low temperature
Miscellaneous(C3)	C3 vessels not otherwise designated in this table
Offshore Support/Drillship	Vessels that support offshore oil and gas platforms or perform exploratory offshore drilling
Oil Tanker	Liquid-cargo vessels that transport petroleum products in bulk
Other Service	Vessels that perform support services(e.g., oil spill cleanup)
Other Tanker	Liquid-cargo vessels that transport cargo not otherwise designated in this list
Refrigerated (Reefer)	Vessels that carry refrigerated cargo
Roll-on/Roll-off (RORO)	vessels that handle cargo that is rolled on and off the ship, such as trucks and construction equipment
Vehicle Carrier	Dry-cargo vessels that transport vehicles
Yacht (C2/C3)**	Private passenger vessels

* C3 in ship type designates that emissions from vessels of the specified ship type should be estimated according to the methodologies presented in this section if they have C3 propulsion engine(s). If they have C1 or C2 propulsion engine(s), their emissions should be estimated according to the methodologies presented in Section 4.

**Emissions from yachts should be quantified using the methodologies presented in this section if they have C2 or C3 propulsion engines. If they have C1 or gasoline engines, their emissions should be quantified as described in Section 5. See Table 2.2 for how to distinguish between the different categories of marine engines.

OGV는 일반적으로 아래의 세 가지 유형의 배출원을 가지고 있다.

- 선박 이동에 필요한 동력을 공급하는 추진 엔진(주기관이라고도 함)
- 비추진(예: 전기) 부하에 전력을 공급하는 보조 엔진
- 연료와 물을 가열하는 보일러

2.2.1 배출량 추정 개요

각 배출원 유형의 OGV 기준 연도 배출량은 식 (2.1)을 사용하여 각 선박에 대해 추정할 수 있다.

$$E = P \times A \times EF \times LLAF \qquad \text{식 (2.1)}$$

where E = per vessel emissions (g)
P = engine operating power (kw)
A = engine operating activity(h)
EF = emission factor (g/kwh)
$LLAF$ = low load adjustment factor, a unitless factor that reflects increasing propulsion emissions during low load operations (always 1 for auxiliary engines and boilers)

위의 각 매개변수는 특정 배출원(추진엔진, 보조엔진, 보일러)을 모델링하므로 각 선박 또는 선박 집단에 따라 변경된다. 따라서 선박 특성과 활동을 정확하게 고려하여 출력과 시간이 올바르게 계산되고 올바른 배출 계수, 보조 부하 및 저부하 조정 계수가 이 활동에 적용되는지 확인하는 것이 중요하다.

기준연도 배출가스 인벤토리의 OGV 배출량을 추정하기 위해 사용할 수 있는 방법은 데이터 및 자원 가용성에 따라 달라진다. 해당 지침에서 설명하는 두 가지 방법은 자동 식별 시스템 (AIS) 기반 접근법과 선박 이동 기록에 근거한 방법이다.

① AIS 기반 접근 방식을 사용하면 각 AIS 기록에 대해 배출량이 계산된다. 배출 계수(EF)는 엔진 유형, 연료 및 기타 특성에 따라 할당된다. 출력(P), 활동도(A), 저부하 조정 계수(LLAF)는 AIS 데이터에서 파생된다.

② 선박 이동 기록 접근법은 AIS 기반 접근법과 동일한 선박 특성 및 배출 인자를 사용하는 것에 의존하지만, P, A, LLAF는 AIS 기록이 아닌 각 선박 이동시의 작동 모드에 의해 도출된다.

AIS 접근 방식은 매우 상세한 OGV 인벤토리를 만들어낼 수 있으며, 이는 미세한 수준의 시간적 또는 공간적 해상도(예: 대기질 분석, 다양한 유형의 활동 검토, 배출 감소 전략 분석 등)가 필요한 인벤토리에 적합할 수 있다. 하지만 이러한 접근 방식은 많은 데이터가 집적되어야 하므로 인벤토리 목적이 미세한 수준의 세부 정보를 필요로 하지 않는 경우 선박 이동 기록 기반 방식을 사용할 수 있다.

2.2.2 선박 특성(Vessel Characteristics)

(1) 선박 식별

모든 선박에는 활동 데이터를 선박 특성 데이터와 일치시키는 데 사용할 수 있는 고유 식별자가 있다. OGV 기록을 다른 데이터 세트와 일치시키는 데 유용한 다음과 같은 선박 식별자가 있다.

- 국제해사기구(IMO) 번호
- 해양 이동 서비스 식별(MMSI)

IMO 번호는 일반적으로 선박 식별에 가장 적합한 필드이며, 이 번호는 IMO 결의안에 따라 각 선박에 고유하게 할당되고 선박의 수명 기간 동안 변경되지 않는다. IMO 번호가 없는 경우, 각 AIS 송신기에 고유하게 할당되는 MMSI를 사용하여 선박 기록을 일치시킬 수도 있으나 MMSI는 선박의 수명 기간 동안 변경될 수 있으므로 사용에 주의해야 한다. IMO 번호나 MMSI가 없는 경우, 선박 이름과 호출 부호를 사용하여 지역 항만의 기록을 지역 선박 조사 데이터와 일치시킬 수 있으나 선박 이름과 호출 부호는 고유 식별자가 아니므로, 이를 국가 또는 글로벌 선박 특성 데이터 세트와 일치시키는 것은 권장되지 않는다.

(2) 엔진 특성

각 배출원의 배출 계수는 엔진 카테고리와 유형에 따라 달라지며, 다음 데이터 필드를 사용하여 선박의 추진 엔진의 특성을 결정할 수 있다.

- 엔진 카테고리(C1, C2, 또는 C3)
- 엔진 보어(각 엔진 실린더의 직경)
- 엔진 스트로크(각 엔진 실린더의 스트로크 길이)
- 엔진 유형(일반적으로 저속 또는 중속 디젤 등)
- 엔진 속도(분당 회전수 [rpm])
- 용골 설치 연도(엔진 등급 결정에 사용)

1) 엔진 카테고리

선박 특성 데이터에 엔진 카테고리 필드가 없는 경우, 엔진 보어와 스트로크가 밀리미터로 측정된다고 가정하여 식 (2.2)를 사용해 실린더 배기량을 리터 단위로 계산하여 결정할 수 있다.

$$\text{Cylinder Displacement} = \frac{\pi}{4} \times Bore^2 \times Stroke \times 10^{-6} \qquad \text{식 (2.2)}$$

실린더 당 배기량이 30리터 이상인 추진 엔진은 C3 엔진이다. 다른 엔진의 경우, 실린더 배기량과 엔진 등급을 통해 엔진 카테고리를 결정하는 데 표 2.2를 사용할 수 있다. 실린더 당 배기량이 30리터 미만이고 엔진 등급이 알려지지 않은 경우, 별노 부록에 제시된 정보를 사용하여 엔진 등급을 결정할 수 있습니다. 배기량을 계산하는 데 사용되는 필드가 모두 없는 경우, 부록에 제시된 기본값을 기반으로 엔진 카테고리를 지정할 수 있다.

표 2.2. Classifying Marine Propulsion Engines

Engine Category	Engine Tier	Per-cylinder Displacement
1	Uncontrolled, 1, 2	displacement < 5L
	3, 4	displacement < 7L
2	Uncontrolled, 1, 2	5L ≤ displacement < 30L
	3, 4	7L ≤ displacement < 30L
3	All	displacement ≥ 30L

2) 엔진 유형

OGV의 배출 계수는 엔진 카테고리뿐만 아니라 엔진 유형에 따라 달라진다. C3 선박에서 볼 수 있는 여러 추진 엔진 유형은 다음과 같다.

- Slow-speed diesel (SSD)
- Medium-speed diesel (MSD)
- High-speed diesel (HSD)
- Gas turbine (GT)
- Steam turbine (ST)
- Electric drive MSD or GT (identified as MSD-ED or GT-ED)
- Liquified natural gas (LNG)

엔진 유형 필드가 없는 경우 선박 특성 데이터의 추진 방법, 엔진 속도, 엔진 스트로크 타입 필드를 기반으로 식별할 수 있다. 추진 유형 필드는 엔진이 디젤인지, GT, ST, MSD-ED인지, GT-ED인지를 나타내는 경우가 많다. 엔진이 디젤이지만 SSD, MSD, HSD 인지 알 수 없는 경우 표 2.3을 사용하여 엔진 속도, 스트로크 타입을 기반으로 엔진 유형을 할당할 수 있다.

표 2.3. Marine Diesel Engine Speed Designations

Diesel Engine Type	Typical Engine Speed Range	Engine Stroke Type
SSD	〈 500 rpm	2
MSD	500-1,400 rpm	4
HSD	〉1,400 rpm	4

SSD와 MSD 디젤 엔진 사이에 명확한 rpm 구분은 없지만 EPA는 엔진 속도가 500 rpm 미만이면 엔진 유형 정보가 누락된 C3 선박을 SSD 범주에 할당하고 그렇지 않으면 MSD를 지정한다. 추진 엔진 유형을 결정하는 데 사용되는 모든 필드가 누락된 경우 C3 선박은 SSD 추진 엔진을 가지고 있는 것으로 가정하고, 보조 엔진 유형에 대한 데이터가 누락된 선박의 경우 모든 보조 엔진을 MSD로 가정하는 방법을 선택하고 있다. C1/C2 추진 엔진의 경우 배출 계수 할당에 엔진 속도가 필요하지 않다.

3) 선박 유형과 하위 유형

선박 유형 및 하위 유형 정보는 유사한 선박을 그룹화하여 선박 특성 데이터의 공백을 메우고 작동 모드별로 보조 엔진 및 보일러 부하를 할당하는 데 사용된다. 다음 선박 특성 필드를 사용하여 선박 유형 및 하위 유형을 결정할 수 있다.

- Ship type
- Gross tonnage
- Deadweight tonnage (DWT)
- Twenty-foot equivalent units (TEUs)

선박 유형 필드는 선박의 주요 목적을 나타내며, 이는 선박의 활동을 특성화하고 배출량을 추정하는 데 중요한 역할을 한다. 선박 유형 필드는 선박의 크기, 설계, 기능에 따라 다양한 하위 유형으로 세분화될 수 있다. 선박 유형은 일반적으로 표 2.4에 나열된 범주로 분류될 수 있다.

표 2.4. Ship Subtype Mapping Based on Ship Type and Size

Ship Type	Size	Units	Subtype
Bulk Carrier	0-9,999	DWT	Small
	10,000-34,999		Handysize
	35,000-59,999		Handymax
	60,000-99,999		Panamax
	100,000-199,999		Capesize
	≥ 200,000		Capesize Largest
Chemical Tanker	0-4,999	DWT	Smallest
	5,000-9,999		Small
	10,000-19,999		Handysize
	≥20,000		Handymax
Container Ship	0-999	TEU	1,000 TEU
	1,000-1,999		2,000 TEU
	2,000-2,999		3,000 TEU
	3,000-4,999		5,000 TEU
	5,000-7,999		8,000 TEU
	8,000-11,999		12,000 TEU
	12,000-14,499		14,500 TEU
	≥14,500		Largest
Cruise	0-1,999	Gross Tonnage	2,000 Ton
	2,000-9,999		10,000 Ton
	10,000-59,999		60,000 Ton
	60,000-99,999		100,000 Ton
	≥100,000		Largest
Ferry/Passenger (C3)	0-1,999	Gross Tonnage	2,000 Ton
	≥2,000		Largest
Ferry/Roll-on/Passenger (C3)	0-1,999	Gross Tonnage	2,000 Ton
	≥2,000		Largest
Fishing(C3)	All	N/A	All C3 Fishing
General Cargo	0-4,999	DWT	5,000DWT
	5,000-9,999		10,000DWT
	≥10,000		Largest

Liquified Gas Tanker	0-49,999	DWT	50,000DWT
	50,000-99,999		100,000DWT
	100,000-199,999		200,000DWT
	≥200,000		Largest
Miscellaneous (C3)	All	N/A	All C3 Miscellaneous
Offshore Support/Drillship	All	N/A	All Offshore Support/Drillship
Oil Tanker	0-4,999	DWT	Smallest
	5,000-9,999		Small
	10,000-19,999		Handysize
	20,000-59,999		Handymax
	60,000-79,999		Panamax
	80,000-119,999		Aframax
	120,000-199,999		Suezmax
	≥200,000		VLCC
Other Service	All	N/A	All Other Service
Other Tanker	All	N/A	All Other Tanker
Reefer	All	N/A	All Reefer
RORO	0-4,999	Gross Tonnage	5,000 Ton
	≥5,000		Largest
Vehicle Carrier	0-3,999	Vehicles	4,000 Vehicles
	≥4,000		Largest
Yacht	All	N/A	C2/C3 Yacht

4) 엔진 출력

엔진 출력은 다양한 종류의 운항 패턴에 따라 달라지며, 그 계산은 활동 데이터에 따라 달라진다. 추진기관 출력을 계산하기 위해서는 다음의 신박 특성이 필요하다.

- 설치된 총 추진력, 선박의 최대연속정격출력(kW)이라고도 함
- 서비스 속도 또는 최대속도(kn)
- 선박의 summer loadline이라고 하는 maximum draft

추진기관 부하는 본 저서에서 제공하는 식들을 이용할 때 선박 최대속도와 다른 매개변수들로부터 계산된다. 그러나 선박 특성 데이터로부터 선박 서비스 속도(일명 cruise speed)만을 알 수 있다면 서비스 속도를 0.94로 나누어 최대 속도를 추정할 수 있다.

2.2.3 선박 활동 데이터 소스

미국 항구에서 선박 활동을 추정하기 위해 사용할 수 있는 다양한 데이터 소스가 있다. 이러한 데이터 소스는 일반적으로 IMO 번호와 같은 선박 식별자를 포함하고, 섹션 2.2.2에서 설명한 대로 선박 활동 데이터를 선박 특성 데이터와 일치시키는 데 사용할 수 있다. 이러한 데이터는 올바른 배출 계수를 할당하고 엔진 부하를 적절하게 추정하는 데 매우 중요하게 사용된다.

(1) 자동 식별 시스템 (AIS)

AIS 장비는 항해를 돕고 충돌을 피하기 위해 선박에서 사용되며, 메시지를 수발신한다. 이 메시지에는 동적 운영 데이터가 포함되며, 위치, 방위, 속도 등이 자동으로 업데이트된다.

AIS 데이터에는 선박 운영자가 수동으로 입력할 수 있는 IMO 번호, MMSI, draft 등의 정적 필드도 포함되어 있다.

대양 항해 선박(OGV)은 국제 해상 인명 안전 협약을 준수하기 위해 AIS를 사용한다. 이 협약은 모든 여객선과 국제 여행에 관여하는 총 톤수 300톤 이상의 선박에 AIS를 장착하도록 요구기 때문에 AIS 분석은 항구에서 모든 OGV 활동을 포착하는데 사용할 수 있다.

대부분의 C3 선박에 대한 메시지는 항해 중에 보통 2초에서 10초 간격으로 기록된다. 따라서 적절한 집계, 데이터 정리 기법, 품질 관리 검사를 통해 AIS는 선박 활동을 추정하는 데 매우 유용하고 상세한 데이터 소스가 될 수 있다. AIS 속도 및 위치 데이터를 사용하여 시간-모드(예: 호텔링에 소요된 시간)와 추진 엔진 부하를 추정하는 방법은 이후에 다루도록 한다.

AIS 메시지는 미국 해안경비대(USCG)와 상업 벤더에 의해 다양한 목적으로 기록된다. 미국 연방, 주, 지방, 부족 정부 기관은 USCG Navigation Center에 데이터 히스토리를 요청할 수 있다. 데이터 소스에 따라 개별 AIS 기록은 수집된 원시 비율(예: 2초에서 10초 간격)로 제공되거나 더 긴 간격(예: 5분 간격)으로 평균화된 기록이 제공될 수 있다. 데이터 간격이 짧을수록 더 높은 해상도와 더 정확한 운항 모드 결정을 제공하지만, 데이터 세트의 크기와 복잡성이 증가하기 때문에, 배출 인벤토리의 목적에 따라 AIS 기록 집계 수준이 결정되어야 한다. 예를 들어, 공기질 분석을 지원하는 상세 인벤토리는 연긴 항구 전체 인벤토리보다 짧은 AIS 시간 간격이 유리할 수 있다.

(2) 설문 조사 데이터

항만 파일럿과의 인터뷰 또는 지리적 도메인 내에서 운영되는 선박의 설문 조사는 배출량을 추정하는 데 유용한 데이터를 제공할 수 있다. 예를 들어, 항만 파일럿과의 인터뷰는 평균 선박 속도에 대한 품질 관리 점검을 제공할 수 있으며, 선박 설문 조사는 보조 엔진 및 보일러 부하에 대한 정보를 제공할 수 있다.

선박 유형, 크기 및 운항 모드별로 보조 엔진 및 보일러 부하에 대한 데이터를 직접 수집할 자원이 없는 경우, 대체 데이터 소스가 필요하다. 최근에 유사한 항구에서 인벤토리를 수행하고 이러한 종류의 데이터를 수집한 경우, 이를 차용하여 대신 사용할 수 있다. 또는, 섹션 2.2.5에서 논의되는 기본값을 사용할 수도 있다. 그러나 이러한 데이터는 현지 운영 조건을 반영하지 않을 수 있으며, 이는 보조 엔진 및 보일러 부하 추산에 영향을 미칠 수 있다.

2.2.4 배출 계수

배출 계수는 엔진 카테고리(C1, C2 또는 C3), 그룹(추진, 보조 또는 보일러), 연료 유형, 건조 연도 및 엔진 유형(SSD, MSD, GT, ST, LNG 또는 보일러)에 따라 달라진다. 2015년 이후의 활동에 대한 인벤토리의 경우, 북미 배출 통제 구역(ECA) 내에서 운영되는 모든 디젤 C3 해양 선박은 연료 황 규제를 준수하기 위해 MGO 또는 MDO를 사용한다고 가정할 수 있다. 특정 선박이 잔사유(RM) 또는 배기가스 스크러버가 장착된 중유(HFO)를 사용하고 있음을 나타내지 않는 한 그러하다.

C3 추진 엔진을 갖춘 선박의 배출 계수는 아래에 나타나 있다. 이 표에는 C3 추진 엔진뿐만 아니라 C3 선박에서 운영되는 소형 보조 엔진 및 보일러의 배출 계수가 포함되어 있다. 이 배출 계수는 모든 C3 선박에 적용되며, 이들이 OGV로 간주되는지 항구 선박으로 간주되는지에 관계없이 적용된다. C1 또는 C2 추진 엔진을 갖춘 OGV의 경우, 적절한 추진 및 보조 엔진 배출 계수를 위해 Harbour craft 데이터를 참조할 필요가 있다.

(1) 질소 산화물(NOx)

NOx 배출 계수는 엔진 그룹, 연료 유형, 엔진 Tier(용골 설치 연도로 결정), 엔진 유형에 따라 달라진다. C3 추진 엔진이 탑재된 선박에 대한 배출 계수는 표 2.5와 같다.

표 2.5. Category 3 Vessel NOx Emission Factors (g/kWh)

Engine Group	Fuel Type	Keel-laid year (NOx Tier, if applicable)	Engine Type	NOx Emission Factor(g/kWh)	Source
Propulsion	MGO/MDO	Any	ST	2.0	24
			GT	5.7	24
		1999 and earlier*	SSD	17.0	24
			MSD	13.2	24
		2000-2010 (Tier Ⅰ)	SSD	16.0	25
			MSD	12.2	25
Propulsion		2011-2015 (Tier Ⅱ)	SSD	14.4	25
			MSD	10.5	25
		2016 and later (Tier Ⅲ)**	SSD	3.4	25
			MSD	2.6	25
	RM/HFO	Any	ST	2.1	24
			GT	6.1	24
		1999 and earlier*	SSD	18.1	24
			MSD	14.0	24
		2000-2010 (Tier Ⅰ)	SSD	17.0	26
			MSD	13.0	26
		2011-2015 (Tier Ⅱ)	SSD	15.3	26
			MSD	11.2	26
		2016 and later (Tier Ⅲ)**	SSD	3.6	25
			MSD	2.8	25
	LNG	Any	LNG	1.3	27
Auxiliary	MGO/MDO	1999 and earlier	MSD	13.8	25

			HSD	10.9	25
		2000-2010 (Tier Ⅰ)	MSD	12.2	25
			HSD	9.8	25
		2011-2015 (Tier Ⅱ)	MSD	10.5	25
			HSD	7.7	25
		2016 and later (Tier Ⅲ)	MSD	2.6	25
			HSD	2.0	25
	RM/HFO	1999 and earlier	MSD	14.7	19
			HSD	11.6	19
		2000-2010 (Tier Ⅰ)	MSD	13.0	19
			HSD	10.4	19
		2011-2015 (Tier Ⅱ)	MSD	11.2	19
			HSD	8.2	19
		2016 and later (Tier Ⅲ)	MSD	2.8	25
			HSD	2.1	25
	LNG	Any	LNG	1.3	27
Boiler	MGO/MDO	Any	Boiler	2.0	24
	RM/HFO			2.1	24

Tier3 기술이 적용된 선박이 25% 미만의 부하에서 운항 중인 경우, 배기 온도가 너무 낮아 배출 저감 기술이 제대로 작동하지 않을 가능성이 높다. 따라서 25% 부하 이하에서 작동하는 Tier3 추진 엔진의 경우, Tier2 배출 계수를 할당한다.

(2) Brake Specific Fuel Consumption(BSFC)

BSFC 비율은 엔진 출력 범위에 따라 달라지며, 입자상 물질, 이산화탄소, 아산화질소, 및 이산화황은 이러한 값을 기반으로 계산된다. C1 및 C2 엔진에 대한 BSFC 비율은 별도의 표에 제시되어 있다.

표 2.6. Category 3 Vessel BSFC Rates (g/kWh)

Engine Group	Fuel Type	Engine Type	BSFC (g/kWh)	Source
Propulsion	MGO/MDO	SSD	185	29
		MSD	205	29
		ST	300	29
		GT	300	29
	RM/HFO	SSD	195	29
		MSD	215	29
		ST	305	29
		GT	305	29
	LNG	LNG	166	30
Auxiliary	MGO/MDO	MSD	217	29
		HSD	217	29
	RM/HFO	MSD	227	29
		HSD	227	29
	LNG	LNG	166	30
Boiler	MGO/MDO	Boiler	300	29
	RM/HFO		305	29

표 2.7. Category 1 and 2 BSFC rates (g/kWh)

Power Range	BSFC (g/kWh)
kW 〈 37	248
kW ≥ 37	213

(3) 입자상 물질(PM), 디젤 입자상 물질(DPM), 및 블랙 카본(BC)

PM_{10} C3 배출 계수는 SSD, MSD 추진엔진과 보조 엔진 및 보일러에 대해 다음의 식 (2.3)에 따라 계산된다.

$$EF_{PM10} = PM_{base} + (S_{act} \times BSFC \times FSC \times MWR) \qquad 식\ (2.3)$$

where EF_{PM10} =PM_{10}emission factor adjusted for fuel sulfur (g/kWh)

PM_{base} =Base emission factor assuming zero fuel sulfuf

=0.1545 g/kWh for distillate fuel (MGO and MDO)

=0.5761 g/kWh for residual fuel (RM and HFO)

S_{act} =actual fuel sulfur level (weight ratio)

=0.001 for most vessel activity within the ECA in 2015 and beyond

=0.027 for all vessel activity outside the ECA before 2020

$BSFC$ =brake specific fuel consumption (g/kWh) as calculated according to Section 2.4.1

FSC =fraction of sulfur in fuel that is converted to direct sulfate PM[20]

=0.02247

MWR =molecular weight ration of sulfate PM to sulfur

=224/32 = 7

ECA에서 사용되는 연료는 최대 황 함량이 0.1%이어야 하고, 2015년 이전의 인벤토리를 계산할 경우 실제 연료의 황 수준을 위 식에 사용해야 한다.

ST, GT, LNG 엔진은 위 식을 사용하지 않고, 아래 표 2.8의 배출 계수를 활용한다.

표 2.8. PM_{10} Emission Factors (g/kWh) for ST, GT, and LNG Engines on OGV

Fuel Type	Engine Type	PM_{10} Emission Factor (g/kWh)	Source
MGO/MDO	ST	0.16	29
	GT	0.01	29
RM/HFO	ST	0.93	29
	GT	0.06	29
LNG	LNG	0.03	27

모든 C3 엔진에 대하여 PM2.5의 배출 계수는 PM_{10} 배출 계수의 92%로 계산하고, BC 배출 계수는 C3 엔진에 대하여 $PM_{2.5}$ 배출 계수의 3%로 계산한다.

(4) 휘발성 유기 화합물(VOC), 일산화탄소(CO), 및 메탄(CH_4)

C3 추진 엔진이 적용된 선박의 탄화수소(HC) 및 CO 배출 계수는 엔진 그룹 및 유형에 따라 달라지며 이들 계수는 아래의 표와 같다. VOC 및 CH_4 배출 계수는 아래에 설명된 것과 같이 HC 배출 계수로부터 유도될 수 있다.

VOC의 배출 계수는 HC 배출 계수의 1.053배로 계산되어야 하고, CH_4 배출 계수는 HC 배출 계수의 2%로 계산되어야 한다.

표 2.9. Category 3 Vessel HC and CO Emission Factors (g/kWh)

Engine Group	Engine Type	HC Emission Factor (g/kWh)	CO Emission Factor (g/kWh)	Source
Propulsion	SSD	0.6	1.4	20
	MSD	0.5	1.1	20
	ST	0.1	0.2	20
	GT	0.1	0.2	20
	LNG	0.0	1.3	27
Auxiliary	MSD	0.4	1.1	25
	HSD	0.4	0.9	25
	LNG	0.0	1.3	27
Boiler	Boiler	0.1	0.2	25

(5) 아산화질소(N_2O)

C3 추진 엔진을 탑재된 선박의 N_2O 배출 계수 역시 엔진 그룹 및 유형에 따라 달라지며 이들 계수는 다음 표와 같다.

LNG 엔진의 N_2O 배출량에 대한 더 나은 데이터가 없기 때문에, 이 배출 계수는 MDO 연료를 사용하는 SSD 엔진의 경우(0.029 g/kWh)와 동일하다고 가정할 수 있다.

표 2.10. Category 3 Vessel N_2O Emission Factors (g/kWh)

Engine Group	Fuel Type	Engine Type	N_2O Emission Factor (g/kWh)	Source
Propulsion	MGO/MDO	SSD	0.029	25
		MSD	0.029	25
		ST	0.075	25
		GT	0.075	25
	RM/HFO	SSD	0.031	29
		MSD	0.031	29
		ST	0.080	29
		GT	0.080	29
Auxiliary	MGO/MDO	MSD	0.029	25
		HSD	0.029	25
	RM/HFO	MSD	0.031	29
		HSD	0.031	29
Boiler	MGO/MDO	Boiler	0.075	25
	RM/HFO		0.080	29

(6) 이산화탄소(CO_2)

CO_2 배출 계수는 BSFC 비율과 연료 유형에 따라 달라지며, 식 (2.4)에 따라 C3 추진 엔진의 배출 계수를 계산할 수 있다.

$$EF_{CO_2} = BSFC \times CCF \quad \text{식 (2.4)}$$

where EF_{CO_2} = CO_2 emission factor (g/kWh)

$BSFC$ = brake specific fuel consumption (g/kWh) as calculated according to Section 2.4.1

CCF = carbon content factor,[19] which varies by fuel type (g CO_2/g fuel)

= 3.206 for MGO/MDO

= 3.114 for RM/HFO

= 2.75 for LNG

(7) 이산화황(SO_2)

SO_2 배출 계수는 아래 식 (2.5)으로 계산된다.

$$EF_{SO2} = BSFC \times S_{act} \times FSC \times MWR \qquad \text{식 (2.5)}$$

where EF_{SO2} = SO_2 emission factor (g/kWh)

$BSFC$ = brake specific fuel consumption (g/kWh) as calculated according to Section 2.4.1

S_{act} = actual fuel sulfur level (weight ratio)

= 0.001 for most vessel activity within the ECA in 2015 and beyond

= 0.027 for all vessel activity outside the ECA before 2020

= 0.005 for all vessel activity outside the ECA in 2020 and beyond

FSC = fraction of sulfur in fuel that is converted to SO_2[20]

= 0.97753

MWR = molecular weight ratio of SO_2 to sulfur

= 64/32 = 2

일반적으로 연료의 황이 SO_2로 변환되는 비율을 정확히 알기 위해서는 실험을 통해 연소 과정에서 황의 변환 효율을 측정해야하며, SFC 0.97753이라는 값은 이러한 실험 데이터를 통해 얻어진 값이다.

2.2.5 운항 모드별 보조 엔진 및 보일러 부하

보조 엔진은 선박에서 사용되는 전력을 생산하는데 사용되며, 보일러는 다양한 목적을 위해 열과 증기를 생산한다. 추진용 엔진 부하와 달리, 보조 엔진 및 보일러의 운전 패턴은 선박 활동 데이터 세트로부터 얻을 수 없다.

설문 조사, 인터뷰 또는 기타 데이터 수집 방법을 통해 지리적 구역 내에서 운영되는 선박에서 직접 보조 엔진 및 보일러 부하(kW)를 수집할 수 있다. 유사한 항구에서 최근 인벤토리 작성을 위해 이러한 종류의 데이터를 수집한 경우, 이를 대신 사용할 수 있다. 또는, IMO GHG study에서 제공하는 보조 엔진 및 보일러 부하를 사용할 수도 있으며, 이는 운항 모드별로 제시되어 있다. 보조 엔진 및 보일러 사용량은 일반적으로 운영 모드에 따라 달라지며, 운영 모드는 아래와 같이 설명된다.

(1) 항해(Transit)

항해 모드는 지리적 도메인 내에서 이동하지만 방파제 또는 제한 속도 구역 외부를 의미한다. 이 운영 모드에서 보조 엔진 사용량은 일반적으로 낮으며, 대부분의 선박 유형에서는 보일러가 작동하지 않는다.

(2) 조종(Maneuvering)

조종 모드는 방파제와 부두/선착장/도크 또는 정박 구역 사이를 이동하는 모드다. 이 구간에서는 선박이 예인선의 도움을 받거나 스러스터의 사용이 많을 수 있으며, 주 엔진의 출력이 감소함에 따라 보일러도 운전시간이 증가한다.

(3) 제한 속도 구역(Restricted Speed Zone)

제한 속도 구역 모드는 일반적으로 항해와 조종 사이의 속도로 이동하는 구간이다. 일부 제한 속도 구역은 속도 제한이 강제되는 반면, 다른 구역은 자율적으로 운영된다. 모든 항구가 이 구역을 가지고 있는 것은 아니며(항구 내 유일한 속도 제한 구역이 조종 구역에 있는 경우, 제한 속도 구역 모드가 아닌 조종 모드), 이 모드에서는 보조 엔진 및 보일러의 사용량이 일반적인 항해 모드와 유사하다.

(4) 호텔링(Hotelling)

호텔링 모드는 부두/선착장/도크에 정박한 경우이며, 호텔링 중에는 선박이 보조 엔진 및 보일러를 사용하거나, 경우에 따라 육상 전력을 사용(cold ironing)한다. 육상 전력을 사용하지 않는 경우 보조 엔진 및 보일러 사용량이 많을 것이며, 특히 본선 장비를 사용하여 하역하는 경우 하역 작업 동안 보조 엔진 및 보일러 사용량이 매우 클 수 있으므로, 가능하다면 현지 데이터를 수집할 때 이 차이를 구분하는 것이 효과적이다.

(5) 묘박(Anchorage)

많은 항구에는 지정된 묘박 구역이 있으며, 묘박 중에는 보조 엔진 및 보일러가 사용되고, 추진 엔진은 사용되지 않는다. 이 모드에서 보조 엔진 및 보일러 사용량은 선박 유형 및 크기에 따라 달라진다.

2.2.6 저부하 조정 계수

섹션 2.2.4에서 제시된 추진 엔진 배출 계수는 선박의 추진 부하가 총 설치 추진 출력의 20% 이상일 때를 가정한다. 이 임계값 아래에서는 엔진 부하가 감소함에 따라 단위 에너지당 배출량이 증가하는 경향이 있다. 이는 디젤 엔진이 저부하에서 효율이 낮아지고 BSFC가 증가하기 때문이다. 이를 고려하기 위해, 추진 엔진이 20% 미만의 부하에서 작동할 때는 저부하 조정 계수(LLAF)를 식 (2.1)에 적용해야 한다. 아래의 표 2.11은 추진 엔진 부하 및 오염물질별 LLAF를 나타낸다.

표 2.11. C3 Propulsion Engine Low Load Adjustment Factors (unitless)

Propulsion Engine Load Factor	NO_x	HC	CO	PM	CO_2*	SO_2(0.1% fuel sulfur content)
≤ 2%	4.63	21.18	9.68	7.29	3.28	9.54
3%	2.92	11.68	6.46	4.33	2.44	6.38
4%	2.21	7.71	4.86	3.09	2.01	4.79
5%	1.83	5.61	3.89	2.44	1.76	3.85
6%	1.60	4.35	3.25	2.04	1.59	3.21
7%	1.45	3.52	2.79	1.79	1.47	2.76
8%	1.35	2.95	2.45	1.61	1.38	2.42
9%	1.27	2.52	2.18	1.48	1.31	2.16
10%	1.22	2.20	1.96	1.38	1.25	1.95
11%	1.17	1.96	1.79	1.30	1.21	1.78
12%	1.14	1.76	1.64	1.24	1.17	1.63
13%	1.11	1.60	1.52	1.19	1.14	1.51
14%	1.08	1.47	1.41	1.15	1.11	1.41
15%	1.06	1.36	1.32	1.11	1.08	1.32

16%	1.05	1.26	1.24	1.08	1.06	1.24
17%	1.03	1.18	1.17	1.06	1.04	1.17
18%	1.02	1.11	1.11	1.04	1.03	1.11
19%	1.01	1.05	1.05	1.02	1.01	1.05
≥ 20%	1.00	1.00	1.00	1.00	1.00	1.00

*Note that there in no LLAF for fuel consumption. It is expected that BSFC increases at low loads, but because BSFC is used in the emission factor equations for different pollutants, LLAF should not be applied to the BSFC rates. Instead, LLAF should be applied separately for each pollutant using Equation 2.1.

PM의 LLAF는 PM_{10}, $PM_{2.5}$, DPM_{10}, $DPM_{2.5}$ 및 BC 배출에 적용된다. NOx 조정은 N_2O 배출에도 적용되며, HC 조정은 VOC 및 CH_4 배출에도 적용된다. SO_2 LLAF는 연료 황 함량에 따라 달라지며, 황 함량이 0.1%가 아닌 연료를 사용하는 경우, EPA 가이드라인의 부록에서 제공하는 별도의 공식을 사용하여 SO_2 LLAF를 계산해야 한다.

전기 추진 선박의 추진 엔진(MSD-ED 또는 GT-ED)은 일반적으로 필요할 때 전력을 줄이기 위해 하나 이상의 엔진을 차단하고 나머지 엔진을 더 효율적으로 작동시키기 때문에 저부하 조정 계수가 필요하지 않으며, 보일러에는 LLAF가 적용되지 않는다.

엔진별 부하 조정 계수가 알려진 경우, 이 표에 제시된 저부하 조정 계수 대신 사용할 수 있다. 예를 들어, 2004년 이후에 제조된 슬라이드 밸브가 있는 MAN 2행정 엔진에 대한 부하 조정 계수가 있다. 이러한 종류의 엔진을 가진 선박이 지리적 도메인 내에서 운영되고 있는 경우, 해당 선박은 저부하 조정 계수 대신 해당 부하 조정 계수를 사용해야 한다.

2.2.7 AIS 인벤토리 계산

AIS 활동 데이터를 사용하여 해당 연도의 상세한 배출 인벤토리를 계산할 수 있다. 일반적으로 AIS 인벤토리 계산은 단계를 통해 수행된다.

- 각 AIS 기록을 선박 특성 데이터와 연결
- AIS 데이터 정리
- AIS 활동의 시간적 공백 채우기
- 추진 엔진 운항 출력 및 부하 계수 계산
- 운항 모드 할당
- 추진 엔진 배출량 계산
- 보조 엔진 및 보일러 배출량 계산
- 배출량 집계
- 품질 관리 검사 수행

다음의 항에서는 위의 각 단계를 자세히 설명하고자 한다.

(1) 각 AIS 기록을 선박 특성 데이터와 연결

각 AIS 기록에는 선박 식별 필드가 포함되어 있으며, 이는 배출량을 계산할 뿐만 아니라 데이터 정리 및 품질 관리 단계에서도 중요한 자료가 된다. 섹션 2.2.2에서는 선박 식별자를 사용하여 엔진 및 선박 특성을 결정하고 누락된 선박 특성 데이터를 채우는 방법을 설명하였다.

(2) AIS 데이터 정리

AIS 데이터에는 오류나 불필요한 데이터가 포함되어 있을 수 있으므로 배출량을 계산하기 전에 이를 식별하고 수정해야 한다. 다음은 모든 AIS 데이터 정리 절차를 포괄하지는 않지만, 일반적으로 수행되는 정리 단계이다.

- 지리적 경계 내에서 운영되는 OGV로 식별되지 않은 선박 기록 제거
- 인벤토리의 지리적 경계 외부에 있는 좌표 기록 제거
- 중복 기록 제거(동일한 타임스탬프와 선박 식별자가 있는 기록)
- 속도 이슈 검토
  - 선박의 최대 속도의 1.5배를 초과하는 속도를 가진 기록은 대신 최대 속도를 사용
  - 5분 이하의 간격에서 이전 기록과 비교하여 최대 속도의 10%를 초과하여 변동하는 경우의 기록 제거
  - 10분 이하의 간격에서 이전 기록과 비교하여 최대 속도의 20%를 초과하여 변동하는 경우의 기록 제거

(3) AIS 활동의 시간적 공백 채우기

AIS 기록 사이의 시간적 공백은 여러 가지 이유로 발생할 수 있다.

- 선박이 지리적 도메인을 벗어남
- 선박의 AIS 송신기 고장
- 위에서 설명한 정리 과정으로 인한 기록 제거

선박이 지리적 도메인을 떠난 경우의 공백은 마지막 기록 전의 일정한 속도와 방향을 가정하여 선박 활동을 외삽하여 식별할 수 있다. 외삽된 위치가 지리적 도메인 외부에 있는 경우, 공백을 채우지 않고 배출량을 계산하지 않아야 한다. 그러나 다른 이유로 발생한 공백은 AIS 기록의 위치, 속도, 흘수 데이터를 보간하여 채워야 한다. (예. AIS 데이터를 5분 간격으로 집계한 경우 5분 간격으로 데이터를 보간하여 채워야 함)

(4) 추진 엔진 운항 출력 및 부하 계수 계산

추진 엔진 운항 출력과 부하 계수는 각 AIS 기록마다 계산해야 합니다. 선박의 출력을 추정하는 방법 중 하나는 프로펠러 법칙이며, 출력을 계산하기에 용이하지만 선박의 흘수나 선체 저항 등의 특성을 고려하지 못하는 한계가 있다.

아래에 보여지는 식 (2.6)과 같이 프로펠러 법칙을 사용하여 각 AIS 기록에 해당하는 엔진 출력을 산출할 수 있다.

$$P_p = P_{ref} \times (\frac{V}{V_{ref}})^3 \times (\frac{D}{D_{ref}})^{\frac{2}{3}} \times SM \qquad \text{식 (2.6)}$$

where P_p = propulsion engine operating power (kW)

P_{ref} = vessel's total installed propulsion power (kW)

V = AIS-reported speed before the record interval (kn)

V_{ref} = vessel's maximum speed (kn)

D = AIS-reported draft before the record interval (m)

D_{ref} = vessel's maximum draft (m)

SM = sea margin, which accounts for average weather conditions, assumed to be 1.10 for coastal operations and 1.15 at-sea operations (unitless)

(5) 운항 모드 할당

추진 엔진 사용 여부와 보조 엔진 및 보일러 배출량 계산을 위해서는 각 AIS 기록마다 선박의 운항 모드를 결정해야 한다. 운항 모드를 결정하는 일반적인 고려 사항은 표 2.12과 같다.

표 2.12. Considerations for Determining Operating Mode

Operating Mode	Geospatial Consideration	General Speed Considerations	General Propulsion Engine Load Factor Consideration
Transit	Outside the breakwater or restricted speed zone	〉1 kn	〉20%
Maneuvering	Between the breakwater and pier/wharf/dock or anchorage zone	〉1 kn	≤ 20%

Restricted Speed Zone	Varies by port	Varies by port	Varies by port
Hotelling	At a pier/wharf/dock	≤ 1 kn	N/A
Anchorage	In an anchorage zone	≤ 3 kn	N/A

(6) 추진 엔진 배출량 계산

각 AIS 기록 간의 시간 간격 동안 각 선박의 추진 엔진 배출량은 다음 식 (2.7)을 사용하여 계산할 수 있다.

$$E_p = P_p \times A \times EF \times LLAF \qquad \text{식 (2.7)}$$

where E_p = propulsion engine emissions for each AIS record (g)
P_p = propulsion engine operating power for each AIS record (kW) from Equation 2.6
A = time interval between consecutive AIS records (h)
EF = emission factor (g/kWh)
$LLAF$ = low load adjustment factor determined for each AIS record (unitless)

추진 엔진 배출 계수는 섹션 2.2.4에서 설명한 대로 각 선박의 엔신 특성과 실제 연료 황 수준에 따라 할당된다. 개별 AIS 기록의 부하 계수가 20% 미만인 경우, 섹션 2.2.6에 설명된 대로 저부하 조정 계수를 적용해야 하고, 배출량은 항해, 조종, 제한 속도 구역 운항 모드에 있는 AIS 기록에 대해서만 계산해야 한다(호텔링 또는 묘박 중인 경우 추진 엔진은 사용되지 않는 것으로 가정).

(7) 보조 엔진 및 보일러 배출량 계산

보조 엔진 및 보일러 배출 계수는 섹션 2.2.4에 설명된 대로 지리적 도메인 내에서 사용되는 실제 황 함량에 따라 각 선박에 할당해야 한다. 그런 다음, 운영 모드별로 보조 엔진 및 보일러 부하를 추정해야 한다(섹션 2.2.5 참조). 이 정보를 바탕으로 보조 엔진의 배출량은 각 선박의 연속적인 AIS 기록 간의 시간 간격 동안 식 (2.8)을 사용하여 계산해야 한다.

$$E_a = P_a \times A \times EF \qquad \text{식 (2.8)}$$

where E_a = auxiliary engine emissions for each AIS record (g)
P_a = auxiliary engine operating power for each AIS record based on operating mode (kW)
A = time interval between consecutive AIS records (h)
EF = emission factor (g/kWh)

보일러의 배출량은 각 선박의 연속적인 AIS 기록 간의 시간 간격 동안 식 (2.9)을 사용하여 계산해야 한다.

$$E_b = P_b \times A \times EF \qquad \text{식 (2.9)}$$

where E_b = boiler emissions for each AIS record (g)
P_b = boiler load for each AIS record based on operating mode (kW)
A = time interval between consecutive AIS records (h)
EF = emission factor (g/kWh)

(8) 배출량 집계

연속적인 AIS 기록 간의 시간 간격 동인 총 배출량은 식 (2.10)를 사용하여 계산해야 한다.

$$E = E_p + E_a + E_b \qquad \text{식 (2.10)}$$

where E = total emissions for each AIS record (g)

E_p = propulsion engine emissions for each AIS record (g) from Equation 2.7

E_a = auxiliary engine emissions for each AIS record (g) from Equation 2.8

E_b = boiler emissions for each AIS record (g) from Equation 2.9

(9) 품질 관리 검사 수행

품질 관리는 배출 인벤토리의 정확성과 신뢰성을 보장하기 위해 중요하다. 품질 관리 검사는 데이터 입력, 계산 방법, 배출 계수 할당, 시간 및 지리적 범위 등의 요소를 포함해야 하며, 일반적인 품질 관리 절차에는 다음이 포함된다.

- 데이터 입력의 정확성 확인
- 계산 방법의 일관성 검토
- 배출 계수의 적절한 할당 확인
- 시간 및 지리적 범위의 정확성 평가

품질 관리 절차는 인벤토리 작성 과정의 모든 단계에서 수행되어야 하며, 이를 통해 최종 배출 인벤토리의 신뢰성을 높일 수 있다.

2.2.8 대체 인벤토리 계산

AIS 데이터나 이를 처리할 자원이 없는 경우, 대체 방법을 사용하여 기본 연도의 배출 인벤토리를 계산할 수 있다. 이 방법은 위에서 설명한 선박 특성과 배출 계수를 사용하는 반면, 선박 활동도와 추진 출력을 산출하는 방식은 달라진다. 일반적으로 배출 계산은 선박 항차 수준에서 다음 단계를 통해 수행된다.

- 각 선박 입출항 기록을 선박 특성 데이터와 연결
- 운항 모드별 활동도 계산
- 추진 엔진 운항 출력 및 배출량 계산
- 보조 엔진 및 보일러 배출량 계산
- 배출량 집계
- 품질 관리 검사 수행

각 단계에 대한 자세한 설명은 아래와 같다.

(1) 각 선박 입출항 기록을 선박 특성 데이터와 연결

대체 방법에서는 선박 활동의 주요 데이터 소스로 지역 로그(지역 항만 당국, marine exchange, 무역 위원회 또는 기타 지역 조직에서 제공하는 선박 입출항 기록)를 사용한다. 이러한 소스는 일반적으로 활동 기록을 선박 특성 데이터와 연결하는 데 사용할 수 있는 선박 식별 데이터를 포함한다. 섹션 2.2.2에서는 선박 식별자를 사용하여 엔진 및 선박 특성을 특정하고 누락된 선박 특성 데이터를 채우는 방법을 설명했다. 지역 로그를 사용하는 경우, 선박 입출항이 중복 계산되지 않도록 데이터를 적절히 결합해야 하며, 예를 들어 개별 선박 호출이 여러 데이터 세트에 나타나는 경우, 이 선박 호출과 관련된 배출량은 한 번만 계산될 수 있도록 한다.

(2) 운항 모드별 활동도 계산

선박 입출항 기록의 각 선박에 대해 엔진 작동 시간을 다양한 운항 모드별로 추정해야 한다. 이 정보의 가장 좋은 소스는 일반적으로 AIS 데이터이지만, 파일럿과의 인터뷰 또는 관심 지역 내에서 운영되는 선박의 설문 조사에서 얻은 정보도 이러한 추정에 유용할 수 있다.

해상 교통 상황, 날씨, 선박 일정, 조류 상태 등의 여러 변수는 하나 이상의 운항 모드 시간 계산에 영향을 미치게 된다. 예를 들어보자.

- 교통 혼잡 상황은 수로에서의 이동을 더 느리게 만들고, 부두/선착장/도크에 접안하는 데 시간이 더 오래 걸려 조종 모드에서 더 많은 시간이 소요된다.
- 강풍을 동반한 악천후는 시정을 나쁘게 하고 선박의 속도를 크게 떨어뜨릴 수 있어서, 혼잡한 상황과 마찬가지로 운항 모드에서 더 많은 시간을 할애하게 한다.
- 강 또는 협수로에서는 이동 방향에 따라 이동 시간 및 추진 엔진 부하에도 영향을 미친다.
- 선박이 스케쥴보다 앞서 있으면 연료를 절약하고 스케줄에 더 가깝게 도착하기 위해 저속 운항을 할 수도 있고, 반대의 경우 최대 속도로 이동을 할 것이다.

선박 유형별 운항시간 평균을 계산할 때, 평균이 연간 활동도를 대표하기 위해서는 이러한 유형의 문제에 대한 효과를 감안해야 한다. 선박 유형에 따라 달라지는 운항 모드별 운항시간을 추정할 수 있는 일반적인 방법에 대한 정보는 아래와 같다.

1) 항해

각 입출항에 대해 항해 모드는 두 번 (관심 지역에 들어와서 방파제 또는 속도 제한 구역에 접근 시, 방파제 또는 제한 속도 구역을 벗어날 시) 있다고 가정할 수 있으며, 지역 데이터 소스를 사용해서 해당 구간에서의 선속을 확인할 수 있다. 만약 이러한 데이터를 사용할 수 없는 경우, EPA가 2017 국가 AIS 데이터에서 도출한 평균 항해 속도를 대신 사용할 수 있다. 아래 표는 선박의 최대 속도로 정규화한 가장 일반적인 항해 속도를 보여준다.

이 속도로 이동하는 일반적인 거리는 관심 지역 내에 있지만 방파제 또는 제한 속도 구역 밖에 있는 선박 항로에서 구할 수 있다. 따라서 선박 입출항 당 항해 모드로 작동하는 시간은 이동 거리를 선박 속도로 나누어 계산할 수 있다.

표 2.13. Mode of National Transit Speed Rations by Ship Type

Ship Type	Mode of Transit Speed Rations
Bulk Carrier	0.76
Chemical Tanker	0.81
Container Ship	0.74
Cruise	0.75
Ferry/Passenger (C3)	0.93
Ferry/Roll-on/Passenger (C3)	0.93
Fishing (C3)	0.74
General Cargo	0.68
Liquified Gas Tanker	0.81
Miscellaneous (C3)	0.74
Offshore Support/Drillship	0.82
Oil Tanker	0.83
Other tanker	0.78
Reefer	0.80
RORO	0.73
Yacht (C2/C3)	0.57

2) 제한 속도 구역

항만에 제한 속도 구역이 있는 경우, 입항과 출항 시에 두 번의 해당 운항 모드가 있다고 가정할 수 있다. 운항자가 이 구역의 평균 선박 속도를 보고할 수 있지만, 데이터의 부족으로 구역 내에서 허용되는 최대 속도로 이동한다고 보수적으로 가정한다. 일반적인 선박 경로의 거리를 가정한 속도로 나누어 이 구역에서의 운항 시간을 계산할 수 있다.

3) 조종

각 기항에 대해 각 선박은 최소한 두 번 조종 운항 모드(입출항)에 있다고 가정할 수 있다.

평균 조종 속도는 방향과 선박 유형에 따라 달라지며(일반적으로 선박이 정박할 필요가 없기 때문에 출항 속도가 더 빠름), 도착 터미널에 대한 위치와 접근 방식, 선박의 회전 요건 등에 따라 달라질 수 있다. 이와 같이 조종 속도는 추정값의 차이로 인해 운항자와의 대화를 기반으로 추정해야 한다. 이 작동 모드에서 이동하는 일반적인 거리는 방파제에서 각 부두/안벽까지의 평균 거리로 추정할 수 있다. 이 과정을 통해 운항 모드의 시간은 이동 거리를 선박 속도로 나누어 계산할 수 있다. 현지 로그에 선박에서 항내 선석 간 이동(shift)이 있을 경우에는 추가적인 조종 시간을 가산해야 한다.

4) 정박

정박 모드의 시간은 일반적으로 로컬 로그에서 계산된다. 선박이 정박지에 들어가고 나갈 때 로그의 타임스탬프를 확인할 수 있다. 정박 시간 산정은 육상 전력을 사용하는 선박과 그렇지 않은 선박을 구분하여 계산해야 한다.

5) 묘박

묘박은 정박 모드와 별도로 고려돼야 하며, 로컬 로그에서 데이터를 추출할 수 없는 경우 운항자 인터뷰 등을 통해 데이터를 확인해야 한다.

(3) 추진 엔진 운항 출력 및 배출량 계산

먼저, 섹션 2.2.4에서 설명한 바와 같이 추진 엔진 배출 계수는 엔진 특성과 실제 사용되는 연료의 유황 수준에 따라 각 선박에 할당돼야 한나. 그 다음 엔진의 출력은 각 선박의 항해, 제한 속도, 조종의 운항 모드별로 계산하고, 마지막으로 필요한 경우 저부하 조정 계수를 적용하는 방법으로 계산한다.

1) 추진 엔진 운항 출력

선박의 추진 엔진 출력을 추정하기 위해 다양한 방법을 사용할 수 있는데, 그 중 한 가지는 추진 엔진 부하가 속도의 세제곱에 비례한다고 추정하는 프로펠러 법칙이다. 이는 선박 추진력에 큰 영향을 미칠 수 있는 선박 흘수나 선체 저항을 고려하지는 않지만, 선박 특성에 거의 의존하지 않고 쉽게 계산할 수 있는 방법이다. 프로펠러 법칙을 이용하여 아래 식 (2.11)과 같이 항해, 저속 운항 구역, 조종 모드별로 선박의 출력을 추정할 수 있다.

$$P_{p,i} = P_{ref} \times \left(\frac{V_i}{V_{ref}}\right)^3 \times SM \qquad \text{식 (2.11)}$$

where $P_{p,i}$ = propulsion engine operating power for operating mode i (kW)

P_{ref} = vessel's total installed propulsion power (kW)

V_i = average speed in operating mode i (kn)

V_{ref} = vessel's maximum speed (kn)

SM = sea margin, which accounts for average weather conditions, assumed to be 1.10 for coastal operations and 1.15 for at-sea operations (unitless)

V_i 또는 V_{ref} 중 하나를 알 수 없는 경우 표 2.13에 제시된 항해 속도 비율을 식 (2.11)의 V_i/V_{ref} 항 대신 사용할 수 있다. 선박의 흘수를 알 경우, EPA에서는 섹션 2.2.7에 설명된 대로 애드미럴티 공식을 사용할 것을 권장한다. 어떤 방법을 사용하여 출력을 계산하든 결과의 최대치는 선박의 설치된 총 추진 출력으로 설정해야 한다.

2) 부하 계수 계산 및 저부하 조정 계수 결정

저부하 조정 계수를 적용할 필요가 있는지 판단하기 위해서는 아래 식 (2.12)과 같이 각 운항 모드에서 엔진 부하 계수를 계산해야 한다.

$$LF_i = \frac{P_{p,i}}{P_{ref}} \qquad \text{식 (2.12)}$$

where LF_i = propulsion engine load factor for operating mode i (unitless)

$P_{p,i}$ = propulsion engine operating power for operating mode i (kW)

P_{ref} = vessel's total installed operating power (kW)

부하 계수가 20% 미만인 경우에는 섹션 2.2.6에 설명된 바와 같이 저부하 조정 계수를 적용해야 한다.

3) 추진 엔진 배출량 계산

배출가스량은 아래 식 (2.13)를 이용하여 각 선박 기항 및 해당 운항 모드별로 계산된다.

$$E_{p,i} = P_{p,i} \times A_i \times EF \times LLAF_i \qquad \text{식 (2.13)}$$

where $E_{p,i}$ = propulsion engine emissions for operating mode i (g)

$P_{p,i}$ = propulsion engine operating power for operating mode i (kW)

A_i= time spent in operating mode i (h)

EF = emission factor (g/kWh)

$LLAF$ = low load adjustment factor for operating mode i (unitless)

(4) 보조 엔진 및 보일러 배출량 계산

보조 엔진 및 보일러의 배출 계수는 기관 특성과 실제 사용되는 연료의 황함유량을 기반으로 각 선박에 할당되어야 한다. 그런 다음 보조 엔진 및 보일러의 부하는 섹션 2.2.5에 기술된 바와 같이 각 운항 모드별로 추정되어야 한다.

보조 엔진의 배출은 아래 식 (2.14)을 사용하여 각 선박 기항 및 운항 모드별로 계산되어야 한다.

$$E_{a,i} = P_{a,i} \times A_i \times EF \qquad \text{식 (2.14)}$$

where $E_{a,i}$ = auxiliary emissions for operating mode i (g)

$P_{a,i}$ = auxiliary engine operating power for operating mode i (kW)

A_i = time spent in operating mode i (h)

EF = emission factor (g/kWh)

보일러의 배출은 아래 식 (2.15)을 사용하여 각 선박 기항 및 운항 모드별로 계산되어야 한다.

$$E_{b,i} = P_{b,i} \times A_i \times EF \qquad \text{식 (2.15)}$$

where $E_{b,i}$ = boiler emissions for operating mode i (g)
$P_{b,i}$ = boiler load for operating mode i (kW)
A_i = time spent in operating mode i (h)
EF = emission factor (g/kWh)

(5) 배출량 집계

각 선박의 총 배출량은 아래 식 (2.16)을 사용하여 운항 모드에 따라 계산돼야 한다.

$$E_i = E_{p,i} + E_{a,i} + E_{b,i} \qquad \text{식 (2.16)}$$

where E_i = total emissions by vessel for operating mode i (g)
$E_{p,i}$= propulsion engine emissions for operating mode i (g)
$E_{a,i}$= auxiliary engine emissions for operating mode i (g)
$E_{b,i}$= boiler emissions for operating mode i (g)

그런 다음 각 선박의 총 배출량의 인벤토리의 목적에 가장 유용한 수준(공간적 고려 유무, 시간적 고려 유무)으로 집계할 수 있다.

(6) 품질 관리 검사 수행

품질 관리 검사를 수행하고 이를 인벤토리의 추가 서류에 포함시키는 것은 인벤토리의 결과를 뒷받침하고 이해 관계자가 결과를 이해하는 데 도움이 되며, 서로 다른 인벤토리 간의 비교를 용이하게 할 수 있다. 아래와 같은 다양한 검사는 인벤토리에 대한 선박 활동과 배출량에 대한 일관된 관점을 제공해야 한다. 여러 점검에서 나타나는 이상 징후는 입력 데이터 또는 방법론 구현에 문제가 있음을 시사할 수 있다.

- 운항 모드별 선박 속도 및 운항 시간 : 선박이 합리적인 범위 내에서 운항하고 예상되는 운항 패턴을 사용하여 모델링되었는지 점검이 가능
- 선박 수 및 항차 수 : 인벤토리에 기여하는 선박 활동 규모를 추정하고 다른 인벤토리와 교차 비교를 할 수 있음
- 설치된 출력 : 주어진 선박 유형이 인벤토리에 미칠 상대적인 영향을 추정하는데 도움이 됨. 예를 들어 컨테이너선은 상대적으로 큰 엔진을 가지고 있는 경향이 있으므로 그 활동도가 상대적으로 더 많은 배출량 발생시킴
- 총 에너지 소비량 : 인벤토리에 기여하는 선박 활동 규모를 추정하고 다른 인벤토리와 교차 비교를 할 수 있음
- 정박 시간의 이상치 : 비정상적으로 긴 호텔링 시간을 가진 선박을 확인하는 것은 유용한 방법임. 평균을 계산할 때 전체 시간 동안 보조 엔진을 가동하지 않을 수 있는 안벽에서의 선박을 나타낼 수 있기 때문에 이를 포함하는 것이 적절하지 않을 수 있음

2.2.9 미래 배출 인벤토리 예측

미래의 OGV 배출량은 지금까지 설명한 바에 따라 산정된 기준 연도의 인벤토리에서 예측돼야 한다. 일반적인 예측 프로세스는 다음과 같다.

① 활동도 증가율은 미래 활동을 추정하기 위해 기준 연도 활동에 적용

② 선박의 용골 설치 연도를 조정하여 더 새롭고 친환경적인 엔진으로의 선단 전환을 반영하고 배출 계수를 재할당

③ 예상 배출량은 추정된 미래의 활동도를 기반으로 계산

④ 예상 배출량은 인벤토리의 목적에 따라 기준 연도 인벤토리와 동일한 수준의 세부 정보로 집계됨

CHAPTER 3

CHAPTER 3

전주기 평가론

3.1 전주기 평가론(Life Cycle Assessment, LCA) 소개

기술의 발전은 공산품의 대량 생산과 소비를 할 수 있게 하였지만, 기후변화와 오존층 파괴 등과 같은 환경에 부정적인 영향을 미친다는 인식이 있다. 이런 이유로 현대 사회는 '지속 가능한 소비와 생산'이라는 새로운 패러다임을 중요한 목표로 한다.

과거에는 제품 설계 및 생산에 있어서 기능, 품질, 비용, 안전성 등에 중점을 두고 환경적 측면은 무시되었다. 또한, 환경적 측면이 고려되더라도 설계 및 생산의 일부 공정에 대해서만 고려되었다. 이는 제품 설계 및 생산 과정에서 발생하는 환경적 문제에 대한 사후 처리 문제를 유발하였다. 사후 처리에 대한 규제도 주로 제조 과정에서 발생하는 배출량을 줄이는 것에 초점이 맞춰져 있었다. 이는 제조 과정이 아닌 다른 과정에서 발생하는 부정적인 영향이 간과되었다는 점에서 환경적 문제를 완전히 해결할 수 없는 문제가 있다. 즉 규제를 통한 환경적 문제의 해결은 제품 설계 및 생산에 대한 전 과정의 환경 영향을 고려하지 않으면 안 된다.

최근에는 이러한 문제의 심각성을 깨닫고 많은 분야에서 제품 설계 및 생산의 전 과정에 대한 환경 영향을 고려하기 시작했다. 이를 위해 제품 설계 및 생산의 전체 수명주기 동안 발생하는 다양한 환경 문제를 식별하고, 식별된 환경 문제들과 전체 수명주기의 각 단계와의 연관성을 파악하는 것이 중요하다. 제품 생산을 위해 필요한 재료, 부품, 에너지를 통해 발생하는 오염물질과 전체 수명주기의 각 단계와의 연관성을 파악하기 위한 분석 도구가 필요하다. 이러한 다양한 측면을 분석할 수 있으며, 정량적 환경 영향 결과를 통한 과학적 비교가 가능하도록 하는 연구 방법이 전주기 평가론(Life Cycle Assessment, LCA)이다.

LCA는 환경 시스템의 원자재를 처음 수집하는 시점부터 모든 잔류물이 다시 환경 시스템으로 반환되는 시점까지 제품 또는 서비스와 관련한 활동과 관련된 환경 영향을 평가하는 것으로, 종종 "요람에서 무덤까지(cradle to grave)"라는 개념으로 설명되기도 한다. LCA는 주로 환경적 측면에서만 제품 또는 서비스를 평가하는 도구이기 때문에 설계 및 개발 단계에서 LCA를 적용할 때는 주의가 필요하다. 이유는 이 단계에서는 단순히 환경적 측면은 물론 경제적, 사회적, 기술적인 다양한 측면도 함께 고려되어야 하기 때문이다.

LCA의 가장 유망한 응용 분야는 기업 및 규제 기관에서 기업 경영 및 규제 정책 수립을 위한 사용이다. 조사 중인 특정 활동의 "Upstream" 및 "Downstream" 모두에서 환경 영향에 관한 정보를 개발하고 사용함으로써 기업 경영 및 규제 기관의 정책 수립 모두에서 의사 결정을 기반으로 하는 새로운 패러다임(지속 가능한 소비와 생산)이 창출될 수 있다.

3.1.1 전주기 평가론(LCA)의 역사

LCA는 1960년대 환경오염과 천연자원 고갈이 문제로 대두되기 시작하면서 등장했다. 1969년에는 재활용이 더욱 강조되면서 코카콜라는 회사에서 사용하는 다양한 종류의 포장재를 조사하고, 환경 훼손이 적고 천연자원 소비 측면에서 더 나은 성능을 발휘하는 유형을 확인하기 위해 Midwest Research Institute(MRI)를 고용했다. 이 분석을 Resource and Environmental Profile Analysis(REPA)라고 한다. 1970년대에는 별다른 발전이 없었고, 이후 1980년대와 1990년대에는 LCA에 대한 방법론적 발전과 과학계의 글로벌 연합 및 조정이 증가했다.

LCA를 사용하는 동안 관찰된 다양한 범위의 연구와 결과는 표준 방법론의 요구 사항과 LCA 연구를 출판하기 전에 성과를 안내하기 위한 엄격한 원칙의 공식화를 강조했다. 그래서 LCA 용어와 원칙을 체계화하고 표준화하기 위해 Society for Environmental Toxicology and Chemistry(SETAC)가 창설되었다. 1990년대에는 고체형 폐기물 발생에 대한 LCA에 초점이 맞춰졌는데, 이는 특히 매립 처리가 주된 폐기물 관리 접근방식이었던 미국에서 심각한 문제였다. 1993년 International Organization of Standardization (ISO)는 LCA에 대한 국제 표준을 마련하기 위해 공식 표준화 프로세스를 시작했다. 그 결과 지침(Guidelines)과 구조(Framework)를 다루는 ISO 14040, 목표(Goal) 및 범위(Scope) 정의를 다루는 ISO 14041, 전 과정 영향 평가(Life Cycle Impact Assessment, LCIA)를 다루는 ISO 14042 및 전 과정 해석(Interpretation)을 다루는 ISO 14043 등 네 가지 표준이 공식화되었다. 2006년 개정 과정에서 ISO 14041, 14042, 14043은 ISO 14044로 대체되었다. 국제 표준을 넘어서, European Commission은 2000년대 중반에 수명주기 목록(Life Cycle Inventory, LCI) 데이터가 포함된 데이터베이스와 일련의 기술 프로토콜로 구성된 International Reference Life Cycle Data System(ILCD)에 대한 핸드북을 개발했다. LCA의 역사를 연대순으로 표 3-1에 제시하였다.

표 3-1 LCA 역사

사건	연도	참고문헌
화학물질 및 제품 제조에 필요한 에너지를 찾기 위해 첫 번째 수명주기 평가가 수행	1963	World Energy Conference
코카콜라는 음료 포장의 영향을 비교하기 위해 LCA를 수행	1969	
환경적으로 확장된 입출력 분석을 위한 방법론적 기반을 구축	1970	Leontief (1970)
"Resource and Environmental Profile Analysis of Nine Beverage Container Alternatives" LCA 연구가 처음으로 대중에 공개	1974	EPA
상용 LCA 소프트웨어 GaBi의 첫 번째 버전이 개발 출시	1989	
SimaPro의 기본 버전과 기타 상용 LCA 소프트웨어가 출시	1990	
"Life Cycle Assessment" 연구명이 발표	1990	SETAC
최초 환경 테마 기반 영향 평가 방법론인 "CML92"가 개발	1992	Heijungs et al. (1992)
LCA 프레임워크, 용어 및 방법론을 담은 "SETAC Code of Practice"가 출판	1993	SETAC
LCA 연구 전문 학술지 "International Journal of Life Cycle Assessment" 창간	1996	
LCA 원칙 및 프레이워크에 대한 국제 표준 개발	1997	ISO 14040
LCA 목표 및 범위정의에 대한 국제 표준 개발	1998	ISO 14041
피해 기반 방식의 "Eco-indicator 99" 등장	1999	
LCA 영향평가에 대한 국제 표준 개발	2000	ISO 14042
LCA 해석에 대한 국제 표준 개발	2000	ISO 14043
"UNEP/SETAC Life-Cycle Initiative" 시작	2002	
LCA 인벤토리 데이터베이스인 "Ecoinvent (Ver. 1.01)" 출시	2003	
ISO 14040과 14044를 통한 LCA의 일반적인 방법론적 프레임워크와 지침 수립	2006	ISO 14044
"Framework of Life Cycle Sustainability Analysis(LCSA)" 출시	2008	
핸드북 "International Life Cycle Data System" 출시	2010	European Commission

3.1.2 제품의 환경적 측면을 평가하기 위한 분석 도구

제품의 환경적인 측면을 분석하는 도구에는 LCA, 단순화된 LCA(Simplified LCA), 체크리스트, MET(Material, Energy, and Toxic emissions) 매트릭스, 환경 벤치마킹 등이 있다. 이러한 분석 도구를 사용하는 방법에는 정량적 정보를 이용한 접근방식과 정성적 정보를 이용한 접근방식이 있다. 이들은 각각 숫자 데이터와 서술적 데이터를 통해 환경 영향을 평가한다.

정량적 정보를 이용한 제품의 환경적 측면 분석은 일반적으로 숫자와 데이터로 표현되는 정보를 이용하고, 이러한 숫자와 데이터는 측정할 수 있고 객관적인 방법을 통해 환경적 영향을 평가한다. 이 방법의 예로는 온실가스 배출량, 에너지 소비량, 물 사용량 등과 같은 것들이 있으며, 이는 환경 영향의 정확한 수치와 비교 가능한 데이터를 제공한다. 정량적 정보를 이용한 환경적 측면 분석 방법은 평가 결과가 숫자로 표현되기 때문에 객관적 비교가 가능하고, 평가를 위해 구체적인 데이터를 제공하여 정확한 분석이 가능하며, 평가를 위한 여러 제품 간의 환경적 영향을 쉽게 비교할 수 있는 장점이 있다. 반면, 평가를 위한 자료수집과 분석이 복잡하고 비용이 많이 드는 복잡성과 평가를 위한 자료수집과 복잡한 분석을 위한 숙련된 기술이 필요한 부분은 단점으로 평가되고 있다.

정성적 정보를 이용한 제품의 환경적 측면 분석은 일반적으로 서술적이고 주관적인 데이터를 통해 제품의 환경적 영향을 평가한다. 이는 평가를 위해 미리 설정된 매개변수를 기반으로 결과를 산출한다. 이 방법의 예로는 생산 과정의 환경 친화성, 폐기물 관리, 사회적 영향, 규제 준수 등과 같은 것들이 있으며, 이는 환경 영향에 대한 질적 평가, 경험, 의견 등을 제공하다. 정성적 정보를 이용한 환경적 측면 분석 방법은 평가를 위한 분석이 간단하고 빠르고, 평가에 다양한 환경적 측면을 평가할 수 있으며, 숫자 데이터로는 이해하기 어려운 맥락과 배경 정보 등을 제공할 수 있는 장점이 있다. 반면, 미리 설정된 매개변수를 기반으로 결과를 산출함에 따라 신뢰성이 낮은 점과 평가 결과에 평가자의 주관이 개입되어 객관성이 부족하다는 단점이 있다.

본서는 정량적 정보를 이용한 제품의 환경적 측면을 분석하는 도구인 LCA에 대한 내용을 다룬다.

3.1.3 전주기 평가론(Life Cycle Assessment, LCA)

LCA는 제품의 수명주기 각 단계와 관련된 다양한 잠재적 환경 영향을 식별, 측정 및 특성화하는 기술 또는 특정 제품의 수명주기와 관련된 프로세스의 결과인 환경 영향을 분석하는 데 사용되는 기술로 설명된다. LCA의 환경 영향 분석은 정량적으로 이루어지며, 제품의 환경 부하와 이러한 부하가 환경에 미치는 잠재적 영향을 분석하는 체계적 도구이다.

LCA는 그 종류에 따라 Attributional LCA, Consequential LCA, Social LCA 세 가지로 분류할 수 있다. Attributional LCA는 특정 시점에서의 환경 영향을 측정하고 분석하는 데 중점을 두며, 다른 시점이나 상황은 고려하지 않는다. 특정 시점에 초점을 맞추기 때문에, 시간적이나 지리적인 변화에 따른 영향을 고려하지 않는다. 이 방법은 뒤에 설명할 Consequential LCA와 함께 활용하면 더 종합적인 시각에서 환경 영향 평가를 수행할 수 있다. 이 방법은 시스템 경계 설정, 입력 데이터 수집, 환경 영향 평가, 결과 해석 그리고 제품 비교 및 향후 개선 방향 도출의 절차를 거친다. 다음은 Attributional LCA의 예를 보여준다.

예) Attributional LCA의 예(전기 자동차의 생산과 사용단계)

① 원자재 획득 : 전기 자동차 배터리에 사용되는 리튬과 니켈 채굴에 따른 영향을 평가할 수 있다.

② 제조 단계 : 금속가공, 부품 조립과 같은 전기 자동차의 제조 과정에서 발생하는 에너지 소비, 온실가스 배출, 물 사용량 등에 따른 영향을 평가할 수 있다.

③ 운전 단계 : 전기 자동차 사용에 필요한 전력의 생산방식(화석연료, 원자력, 재생 에너지 등)에 따른 온실가스 배출 영향을 평가할 수 있다.

④ 폐기 단계 : 전기 자동차의 폐차 및 재활용 과정에서의 에너지 소모와 재생 물질의 회수에 따른 영향을 평가할 수 있다.

Consequential LCA는 해당 제품 또는 서비스의 수요 증가, 감소 또는 변경이 시스템 전체에 미치는 간접적인 영향을 고려하므로, 상호작용과 파급 효과를 분석할 수 있다. 이 방법은 특정 제품이나 서비스의 생애 주기 평가를 넘어, 시스템 전체의 변화에 대한 평가를 수행하기 때문에 미래에 대한 예측과 가정이 필요하다. 특히, 환경 및 경제

정책, 기술 변화 등이 미치는 영향을 이해하고자 할 때 유용하다. 이 방법은 시스템 경계 설정, 책임 경계 설정, 시장 및 경제 변화 고려, 간접 영향 평가, 사회적, 경제적 효과 고려의 절차를 거친다. 다음은 Consequential LCA의 예를 보여준다.

예) Consequential LCA의 예(전기 자동차의 도입)

① 기존 자동차와 전기 자동차 비교 : 전기 자동차 생산과 사용에 대한 영향뿐만 아니라, 전기 자동차 도입이 기존 자동차 생산과 사용에 미치는 간접적인 영향을 평가할 수 있다.

② 에너지 변경 : 전기 자동차 도입은 전력 수요를 증가시킬 수 있으며, 이에 따른 전력 공급의 변화가 미치는 간접적인 영향을 평가할 수 있다.

③ 자동차 제조 및 배터리 생산 : 전기 자동차 도입이 자동차 및 배터리 제조에 미치는 영향으로 전기 자동차 수요에 따른 생산 시스템이 변화하면서 발생하는 간접적인 영향을 평가할 수 있다.

④ 인프라 구축과 변경 : 전기 자동차 도입은 충전 인프라 구축에 영향을 미치며, 이를 통한 건설 및 에너지 소모 등의 간접적인 영향을 평가할 수 있다.

마지막으로 Social LCA는 제품 또는 서비스의 생애 주기 동안 사회적 영향을 종합적으로 평가하는 방법이다. 이 방법은 환경 영향과 함께 제품 또는 서비스가 사회에 미치는 영향을 평가하고자 하는 목적을 가지며, 주로 사회적인 측면, 즉 노동, 건강, 교육, 고용, 빈곤, 안전 등과 관련된 다양한 영향을 고려한다. 최근에는 기업의 지속가능성과 사회적 책임을 강조하는 현대적인 관점에서 중요한 도구로 활용되고 있다. 이 방법은 문제 정의 생애주기 단계 설정, 사회적 영향 식별, 영향 평가, 모니터링 및 개선, 평가 결과 보고의 절차를 거친다. 다음은 Social LCA의 예를 보여준다.

예) Social LCA의 예(전기 자동차의 도입)

① 일자리 창출 및 소득 분배 : 전기차 산업의 성장은 새로운 일자리를 창출하고, 지역사회에 경제적으로 긍정적인 영향을 미치는지 확인할 수 있고, 발생한 일자리는 어떻게 분배되는지 평가하여 사회적 고용의 공정성을 평가할 수 있다.

② 사회적 소득 격차 및 접근성 : 전기 자동차 도입은 전통적인 자동차와의 가격 차이 및 접근성 측면에서 사회적 소득 격차에 어떤 영향을 미치는지 분석할 수 있으며, 도심 지역이나 저소득층에 전기차 충전 인프라 부족으로 인한 불평등을 평가할 수 있다.

③ 자원 이용과 공헌 : 전기 자동차 생산 및 배터리 제조에 필요한 원자재 및 자원의 채굴은 사회적 영향을 미칠 수 있기 때문에 이를 평가하여 지역 사회와 자원을 지속 가능하게 활용하는 방법에 대한 중요한 도구로 활용될 수 있다.

④ 생활 질 및 안전 : 전기차 보급이 대기오염 감소로 이어질 경우, 지역 사회의 건강 및 생활 질 향상이 기대되지만, 배터리 재활용이나 처분에 따른 환경오염 문제가 지역 사회 안전에 미치는 영향을 평가할 수 있다.

⑤ 교통 체증 및 도시 계획 : 전기 자동차 보급은 도시 교통 체증에 영향을 미치기 때문에 도시 계획 및 교통 인프라에 대한 적절한 조치가 필요하며, 따라서 이에 따른 도시의 편의성 및 사회적 상호작용에 미치는 영향을 평가할 수 있다.

LCA의 연구 대상은 제품과 서비스를 모두 포함하며, 영어로 집필된 LCA 관련 책이나 논문에서는 일반적으로 "Products"라고 표현한다. LCA에서 환경에 영향은 대기, 수질, 토지로 배출되는 물질과 자원 소비를 포함하여 평가하며, LCA에서 환경 영향 정도는 "Environmental Load"라고 표현한다. 또한, 생태계, 인간 등 보호해야 할 영역에 대한 부정적인 영향을 LCA에서는 "Environmental Impact"라고 표현한다.

LCA는 "Goal and Scope Definition", "Life Cycle Inventory Analysis", "Life Cycle Impact Assessment", "Interpretation"의 총 4 단계로 구성된다 (ISO 14040, 1997). 각 단계는 제품의 환경적 측면을 체계적으로 분석하기 위해 필요하다.

LCA의 첫 번째 단계에는 LCA의 목표(Goal)와 범위(Scope)를 명확히 해야 한다. 우선 LCA 목표 정의에는 어떤 제품에 대하여 어떤 이유로 LCA를 수행하는지에 대한 내용이 담겨야 한다. 또한 LCA 범위 정의에서는 LCA를 수행하기 위한 범위를 명확하게 설정해야 하는데, 이는 목표 정의보다 더 복잡하므로 각별한 주의가 필요하다. 또한, LCA 수행에 필요한 경계(Boundary), 기능 단위(Functional Unit), 데이터 매개변수, 데이터 품질 목표, 영향 평가 방법 등이 포함되어야 한다.

LCA를 수행함에 있어서 범위 설정 종류에는 Cradle to Grave, Cradle to Gate, Cradle to Cradle, Gate to Gate, Well to Wheel(Wake), Ecology Based 등이 있다.

우선 Cradle to Grave는 “태초부터 무덤까지”를 의미하며, 제품이나 서비스의 환경 영향을 해당 제품 또는 서비스의 생애 주기 전반을 포함하여 평가하는 방법이다. 이 방법은 제품이 생산 단계의 원자재 채굴부터 사용, 유지보수, 폐기까지의 모든 단계에서 발생하는 영향을 종합적으로 분석한다. 전체 생애 주기를 고려함으로써 보다 종합적이고 광범위한 환경 영향을 평가하는 데 활용된다. 다음은 Cradle to Grave 범위를 사용한 LCA 연구의 예를 보여준다.

예) Cradle to Grave의 예(스마트폰의 환경적 영향 평가)

① 원자재 획득(Cradle) : 금속, 플라스틱 등의 원자재 획득 단계에서 얼마나 환경에 영향을 미치는지 평가한다.

② 생산(Manufacturing) : 스마트폰 제조 과정에서 에너지 소비, 배출 등이 얼마나 환경에 영향을 미치는지 평가한다.

③ 유통(Distribution) : 완성된 스마트폰의 유통 및 운송 과정에서 발생하는 영향을 평가하며, 운송에 따른 이동 거리와 이에 따른 온실가스 배출 등을 평가한다.

④ 사용(Use) : 스마트폰의 전력 소비, 배터리 교체 등을 고려한 에너지 소비 및 환경적 영향을 평가한다.

⑤ 폐기(End of Life - Grave) : 스마트폰의 폐기 단계에서 재활용, 소각, 매립 등의 처리방식에 따른 환경 영향을 평가한다.

두 번째 범위 설정 방법은 Cradle to Gate로, 이 방법은 생산 전 단계인 Cradle부터 제품이 제조되는 Gate까지의 주요 환경적 영향을 평가하는 것에 중점을 둔다. 생산 초기 단계에서의 영향을 중점적으로 고려하며, 제품 디자인 및 생산 과정의 최적화를 통해 환경 성능을 향상시키는데 활용된다. 다음은 Cradle to Gate 범위를 사용한 LCA 연구의 예를 보여준다.

예) Cradle to Gate의 예(플라스틱 병의 생산 과정)

① 원자재 획득(Cradle) : 플라스틱병의 제조를 위해 필요한 원료, 즉 석유나 천연가스 등의 원자재 획득 단계에서의 환경적 영향을 평가한다.

② 생산(Manufacturing - Gate) : 원자재의 가공, 성형, 열처리, 색상 추가 등이 포함되는 플라스틱병의 제조 과정에서의 환경적 영향을 평가한다.

Cradle to Cradle 방법은 제품 또는 서비스의 생애 주기를 종합적으로 고려하여, 자원의 지속적인 활용을 강조하는 환경 평가 방법이다. 이 방법은 제품이 끝나는 시점에서 자원을 회수하고 재사용하는 방식을 강조하며, 기존의 생태학적인 해결책을 넘어 순환경제 및 지속 가능한 디자인 측면에서 제품 생애 주기를 새롭게 고려하는 접근방식이다. 따라서 제품 수명 연장을 위한 디자인과 소재 선택을 통한 환경적 영향 최소화는 물론 재활용과 재사용을 통한 사회적 가치를 강조한다. 다음은 Cradle to Cradle 범위를 사용한 LCA 연구의 예를 보여준다.

예) Cradle to Cradle의 예(재사용 가능한 패션 제품)

① 디자인(Cradle) : 제품 디자인 초기에 재사용 가능한 소재를 선택, 분해 가능한 부품 등을 고려하여 초기부터 친환경적이고 지속 가능한 제품을 설계한다.

② 생산(Manufacturing) : 제품이 생산되는 단계에서 재사용 가능한 소재로부터의 환경적 영향과 친환경적인 제조 프로세스를 고려하여 Cradle to Cradle 원칙을 준수하기 위해 노력한다.

③ 사용 및 유지보수(Use & Maintenance) : 소비자가 제품을 사용하면서 환경적 영향을 최소화하기 위해 유지보수 및 정기적인 수리를 촉진하는 디자인을 갖추고, 필요시 부품 교체가 용인하는 제품을 제공한다.

④ 재활용 또는 분해(Cradle) : 제품 수명이 끝나면 재활용이나 분해 가능한 소재를 활용하여 새로운 제품이나 소재로 재활용될 수 있도록 설계한다.

Gate to Gate 방법은 제품 또는 서비스의 특정 생산 단계에서부터 또 다른 특정 생산 단계까지의 생애 주기를 평가하는 방법이다. 주로 단인 제조 단계에 초점을 맞추며, 생산 과정 일부분에 중점을 둠으로써 특정 단계에서 발생하는 환경적 영향을 평가하는 데 사용된다. 따라서 이 방법은 특정 생산 단계에서의 환경적 영향을 자세히 분석하고, 해당 단계에서의 개선 기회를 파악하는 데 유용한 도구로 활용된다. 다음은 Gate to Gate 범위를 사용한 LCA 연구의 예를 보여준다.

예) Gate to Gate의 예(태양광 전지 제조)

① 원자재 획득(Cradle – Gate) : 태양 전지 제조에 사용되는 실리콘 원자재를 채굴하고 추출하는 단계의 환경 영향을 측정한다.

② 생산(Manufacturing) : 고순도 실리콘을 사용하여 태양 전지 패널을 제조하는 단계(원자재 정제, 실리콘 태블릿 제조, 실리콘 웨이퍼 생산 등)의 환경 영향을 측정한다.

③ 에너지 소비(Energy Use) : 전지 제조 및 생산 과정에서 필요한 에너지 소비(전력 및 열에너지 등)에 대한 환경 영향을 측정한다.

④ 폐기(End of Life – Gate) : 전지 생산 후 사용된 자원의 폐기, 그리고 폐기물 처리 및 재활용에 따른 환경적 영향을 평가한다.

지금까지 설명한 네 가지 범위를 그림으로 표현하면 다음과 같다.

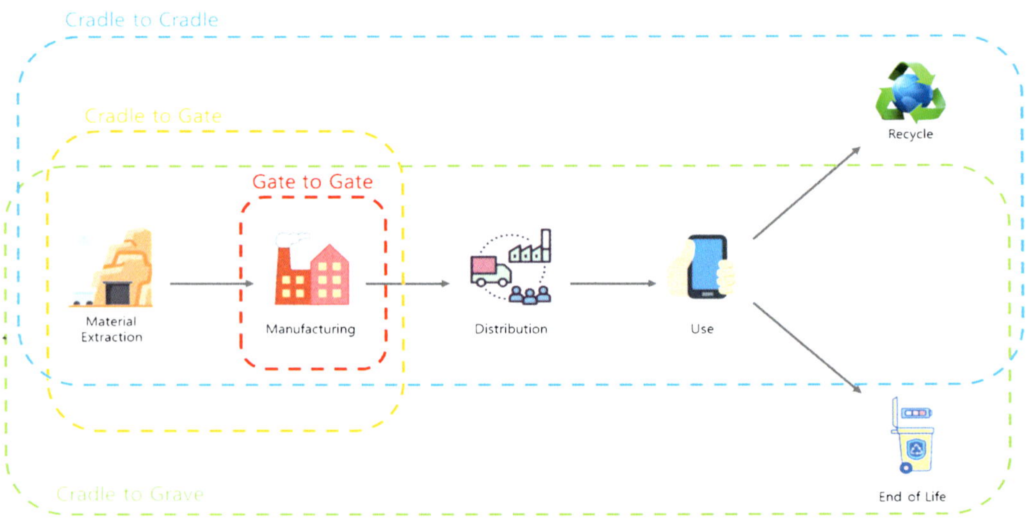

그림 3-1 LCA 범위 종류

Well to Wheel(Wake)는 차량 및 교통수단의 생애 주기 동안 발생하는 환경적 영향을 평가하는 방법이다. 해운 분야의 선박의 경우 Well to Wake를 범위로 설정한다. 이 방법은 생산 및 사용 과정에서 발생하는 영향뿐만 아니라 연료 생산, 운송, 유지보수, 폐기와 같은 모든 단계에서의 환경적 영향을 고려한다. 따라서, 이 방법은 차량 및 교통수단의 지속 가능성 평가에 중점을 두며, 전체 생애 주기 관점에서 환경 영향을 평가한다. 다음은 Well to Wheel(Wake) 범위를 사용한 LCA 연구의 예를 보여준다.

예) Well to Wheel(Wake)의 예(선박 연료 사용)

① 원자재 생산(Well) : 유정에서 원유를 추출하는 단계에서의 환경 영향을 평가한다.

② 운송(Transportation) : 원유 생산지에서 원유 정제를 위한 시설까지 운송 단계에서의 환경 영향을 평가한다.

③ 정제(Refinery) : 원유 정제 과정에서의 환경 영향을 평가한다.

④ 분배(Distribution) : 정제된 연료를 소비지(탱크)까지 분배하는 과정에서의 환경 영향을 평가한다.

⑤ 사용(Use – Wake) : 선박 탱크에 저장된 연료를 사용하는 과정에서의 환경 영향을 평가한다.

LCA에 사용되는 Well to Wake 범위를 그림으로 표현하면 다음과 같다.

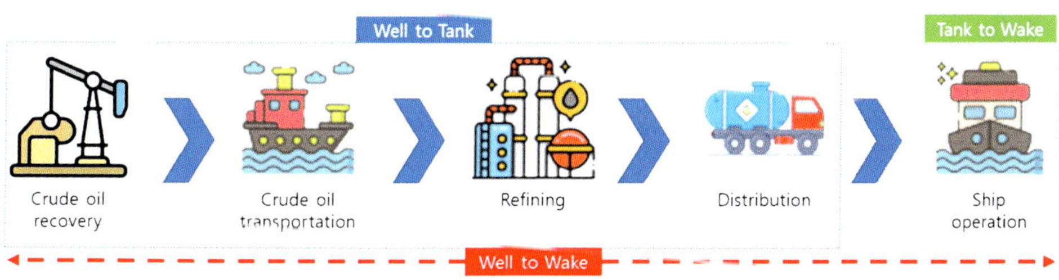

그림 3-2 LCA 범위 (Well to Wake)

마지막으로 Ecology Based는 제품이나 서비스의 생애 주기 동안 자연 생태계에 미치는 영향을 중심으로 평가하며, 이를 통해 지속 가능한 제품 및 프로세스 디자인을 지원한다. 이 방법은 전통적인 LCA 방법론을 확장하여 자연 생태계에 미치는 영향을 보다 심층적으로 이해하고 평가하는 데 기여하며, 이를 통해 더 종합적이고 지속 가능한 제품과 서비스를 개발하는 데 기여한다. 또한, 생태계 중심적 접근을 통해 생태학적 특성을 고려하고 서비스와 생태계의 상호 작용을 파악함과 생태계 다양성의 변화 및 보존에 미치는 영향을 평가하여 지속 가능한 생산과 소비의 방향을 제시한다. 다음은 Ecology Based 범위를 사용한 LCA 연구의 예를 보여준다.

예) Ecology Based의 예(종이컵 생애 주기 평가)

① 자원 획득 단계(Cradle) : 종이컵 제조를 위한 목재 자원의 채취 및 가공에서 생태계에 미치는 환경 영향을 평가한다.

② 생산(Manufacturing) : 종이컵 생산 시 발생하는 에너지 소비, 화학적 처리 및 배출 등의 활동이 생태계에 미치는 영향을 평가한다.

③ 사용(Use) : 종이컵 사용으로 인한 자원 소비 및 폐기물 발생 등이 생태계에 미치는 영향을 평가한다.

④ 폐기(End of Life - Disposal) : 사용한 종이컵의 폐기 처리 과정(재활용, 매립, 소각 등)에 따른 생태계에 미치는 영향을 평가한다.

LCA의 제품 전 과정 결과는 시스템의 각 단위 공정에서 투입 및 산출된 부분적 기여의 합산으로 얻어진다. 따라서, LCA의 첫 번째 단계는 제품 시스템 경계가 설정되면 각 단위 공정에 투입되는 자재 및 에너지 그리고 각 단위 공정에서 얻어지는 산출물(제품, 부산물, 배출량 등)을 수집하여 단위 공정의 기여를 기능 단위로 통일하는 것이 중요하다. 따라서, LCA의 두 번째 단계에서는 각 단위 공정에 Input 또는 Output으로 분류할 수 있는 다양한 자재, 에너지 및 산출물 등을 목록화하는 작업이 진행된다. 이를 통해 제품의 수명주기 동안 발생하는 정량적 환경 부하 정보를 식별하고 흐름을 목록화할 수 있으며, 이를 LCI(Life Cycle Inventory)라고 한다.

LCA의 세 번째 단계인 LCIA(Life Cycle Impact Assessment)에서는 제품 시스템의 환경 부하로 인한 환경 영향을 평가하여 제품에 대한 환경 영향 정보를 제공한다. 이 단계에서는 제품 시스템의 환경 부하로 인한 환경 영향을 같은 환경 영향으로 분류하는 분류화(Classification)가 수행된다. 또한, 이 단계에서 평가하는 환경 영향은 특성화(Characterization)라는 환경 영향을 정량화하는 과정이 포함되는데, 이 과정은 영향 범주를 선택한 다음 등가 접근법(Equivalent Approach)을 사용하는 특징이 있다. 그리고 이 과정에서는 표준화(Normalization)과 가중치(Weighting)라는 추가 처리 방법을 수행할 수도 있다.

LCA의 마지막 단계인 해석(Interpretation)은 환경적으로 중요한 문제를 식별하고, 결과의 완전성(Completeness), 민감도(Sensitivity) 및 일관성(Consistency) 등을 평가한다. 또한, 결론(Conclusion)과 함께 권고사항(Recommendations)이나 보고(Reporting)도 이 단계의 일부로 수행되어야 한다. 또한, 해석 단계를 도출된 결론들은 다양한 응용 분야에 활용되며, 여기에는 전략 기획, 공공 정책 수립, 마케팅 등이 있다. 그림 3-3은 LCA 수행에 필요한 4 단계 간의 관계와 LCA 결과를 활용한 다양한 응용 분야를 나타내고 있다.

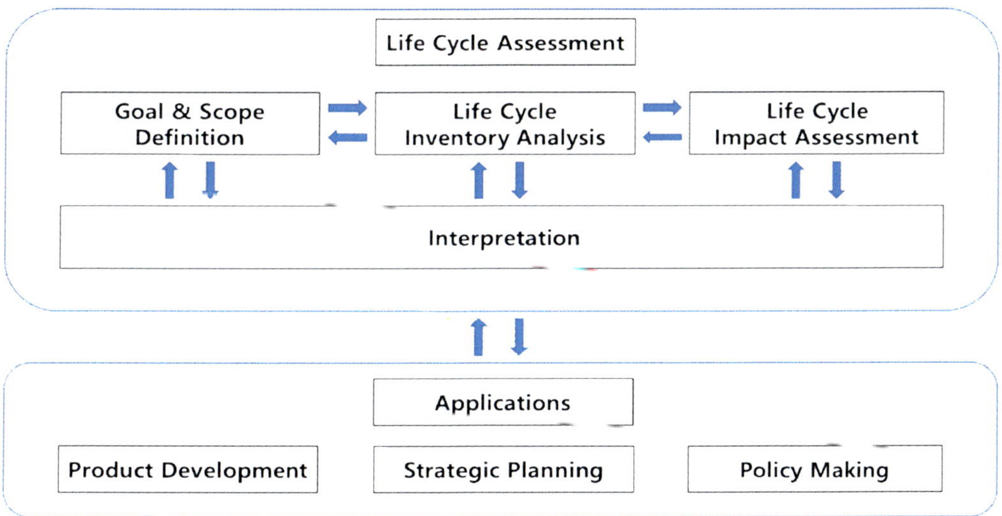

그림 3-3 LCA 각 단계간의 관계와 LCA 응용 분야

3.1.4 LCA의 장점과 단점

LCA는 제품의 환경 영향을 종합적으로 이해하고 개선하는 데 매우 유용한 도구이지만, 이를 효과적으로 활용하기 위해서는 충분한 데이터와 자원이 필요하다. 이처럼 LCA는 장점뿐만 아니라 단점도 존재한다. 여기서는 LCA의 장점과 단점을 알아보고자 한다.

LCA는 원자재 채취, 생산, 사용, 폐기까지 모든 단계를 포함하는 제품의 전체 수명주기 동안 환경에 미치는 영향을 평가한다. 이러한 평가 방법을 이용하는 LCA의 장점은 다음과 같다.

① 종합적인 환경 영향 평가 : 제품의 전체 수명주기를 고려하여 환경에 미치는 다양한 환경적 영향을 정량적인 수치로 종합적으로 평가한다. 이는 특정 단계에서 발생하는 문제를 넘어 전체적인 환경 영향을 이해하는 데 도움이 된다.

② 의사 결정 지원 : 비슷한 용도의 제품이나 서비스 간에 지속 가능성을 비교 평가할 수 있다. 이는 정책 입안자, 기업 경영진 등이 환경친화적인 결정을 내리는 데 유용한 정보를 제공하며, 지속가능성을 높이는 전략 수립에 기여할 수 있다.

③ 환경 영향 식별 : 수명주기 각 단계에서 발생하는 환경 영향을 식별하고, 핵심 환경 영향을 파악하여 개선의 우선순위를 정할 수 있다. 이는 제품 설계, 제조 공정 등에서 환경 영향을 줄일 수 있는 개선 기회를 제공하며, 제품의 생애 주기 동안 환경 효율성을 높일 수 있다.

④ 투명성 및 신뢰성 : 표준화된 방법론과 데이터 사용으로 평가 결과의 투명성과 신뢰성을 높일 수 있다. 특히 기업의 지속가능성에 대한 책임감을 나타내기 때문에, 소비자와 이해관계자에게 높은 기업 이미지를 제공함과 더불어 이해관계자 간의 신뢰를 구축하는데 기여한다.

⑤ 규제 및 인증 대응 : 환경 성능에 대한 투명성을 제공하며, 개선을 위한 정보를 제공한다. 이를 통해 환경 규제 준수 및 환경 인증 획득에 필요한 데이터와 분석을 제공한다.

LCA는 이와 같은 장점과 더불어 다음과 같은 단점도 존재한다.

① 데이터 요구량 : 정확한 평가를 위해 많은 양의 데이터가 필요하며, 이러한 데이터를 수집하고 관리하는 데 시간이 오래 걸린다. 따라서, 빠른 의사결정이 필요한 상황에서는 적절하지 않을 수 있다.

② 복잡성 : 평가 과정이 매우 복잡하고, 다양한 변수와 가정을 포함하므로 이를 이해하고 적용하는 데 어려움이 있을 수 있다. 특히 큰 규모의 제품 또는 복잡한 프로세스의 평가를 위해 상당히 많은 시간과 비용이 발생할 수 있다.

③ 비용 : 데이터 수집, 분석 및 평가 과정에 큰 비용이 소요될 수 있다. 특히 중소기업이나 자원이 제한된 조직에는 부담이 될 수 있다.

④ 데이터 불확실성 : LCA에 사용된 여러 가정과 불확실하고 신뢰성이 낮은 데이터의 사용은 평가 결과에 영향을 미칠 수 있다. 이는 결과의 정확성 및 신뢰성에 영향을 줄 수 있다.

⑤ 전문가 필요성 : LCA는 전문가의 도움이 필요한 분야로, 일반 기업이나 소비자가 쉽게 사용하기 어렵다.

LCA를 효과적으로 활용하기 위해서는 충분한 데이터와 자원이 필요하며, 평가 과정의 복잡성을 잘 관리하는 것과 함께 그 결과를 신중하게 해석하고 적용하는 것이 중요하다.

3.1.5 LCA의 기대효과

LCA가 전체 수명주기 동안 제품 또는 서비스의 환경적 영향에 대한 종합적이고 과학적인 평가를 제공하며, 개선 기회를 식별하고 부정적인 영향을 최소화하여 정보에 입각한 의사 결정을 지원한다. 또한, LCA는 의사 결정을 위한 과학적 근거를 제공하고 지속가능한 개발을 촉진하며, 환경 문제에 대한 인식을 높이는 효과도 있다. 이를 통해 다양한 사회적, 경제적 영향이 발생할 수 있다. 여기서는 LCA를 통한 다양한 기대효과에 대해 알아보고자 한다.

(1) 제품 디자인 개선

LCA는 다양한 재료, 제조 공정 및 운송 방법이 환경에 미치는 영향을 평가하여 제품 설계를 개선할 기회를 식별하는 데 도움을 줄 수 있다. Dell의 컴퓨터 모니터 디자인 개선이 그 예이다. Dell은 2007년 LCA를 이용하여 자사 컴퓨터 모니터의 환경적 영향을 평가한 결과 제조 및 폐기 단계가 환경에 미치는 영향이 크다는 사실을 발견하였다. 이 결과를 이용하여 모니터 디자인을 개선하였으며, 여기에는 더 많은 재활용 재료 사용, 모니터 크기 및 무게 감소, 특정 독성 물질 제거와 같은 개선책이 포함되었다. 이렇게 제작된 새로운 디자인의 모니터는 환경에 미치는 영향을 27% 줄였으며, 배송 및 폐기와 관련된 비용도 줄일 수 있었다.

(2) 정책 개발

LCA는 지속 가능한 개발을 촉진하는 정책 및 규정을 개발하기 위한 과학적 기반을 제공할 수 있다. EU의 Renewable Energy Directive(RED) 지침이 그 예이다. EU는 LCA를 이용하여 기존 화석연료와 비교하여 다양한 유형의 바이오 연료가 환경에 미치는 영향을 평가하였다. 이 연구 결과를 기반으로 바이오 연료의 사용이 부정적인 환경적 또는 사회적 영향을 초래하지 않으면서 상당한 온실가스 배출 감소로 이어질 수 있도록 하는 목적을 가지고 RED를 개발하였다. LCA 결과를 기반으로 개발된 RED는 현재 바이오 연료가 EU 시장에서 사용되기 위해 충족해야 하는 지속가능성 기준을 설정하고, 이 정보를 제공하고 있다.

(3) 공급망 관리

LCA는 공급망이 환경에 미치는 영향을 이해하고 개선할 수 있는 기회를 식별하도록 도움을 줄 수 있다. 스위스 초콜릿 제조업체인 Lindt & Sprungli의 Farmers' Dialog 프로그램이 그 예이다. Lindt & Sprungli는 LCA를 이용하여 기존 공급망의 문제점을 파악하였다. 이를 통해 코코아 수확량을 늘리고 환경에 미치는 영향을 줄이며, 코코아 농부의 생계를 개선하기 위한 계획을 담은 Farmers' Dialog 프로그램을 개발하였다. 이 프로그램에는 지속 가능한 농업 방식에 대한 교육을 농부들에게 제공과 토양 비옥도를 개선하고 살충제 사용을 줄이기 위한 농부들과의 협력방안은 물론 이 프로그램을 채택하는 농부들에게는 금전적을 인센티브를 제공하는 내용들이 포함되어 있다.

(4) 환경 영향 정보 전달

LCA는 제품이 환경에 미치는 영향을 소비자와 이해관계자에게 전달하는데 활용될 수 있다. 북유럽에서 사용하는 Nordic Swan Ecolabel이 그 예이다. Nordic Swan Ecolabel은 LCA를 이용하여 제품의 환경 영향 평가를 마친 제품에 부착되며, 이를 통해 소비자에게 온실가스 배출, 자원 고갈, 화학물질 사용과 같은 제품의 환경 영향에 대한 정보를 제공하고 있다. 이런 정보는 소비자가 환경에 미치는 영향이 적은 제품을 선택할 수 있는 정보로 활용되고 있다. 또한, 정부 기관에서 제품을 구매하기 위해 특정 환경 기분을 충족하도록 요구하는 공공 조달 프로그램에도 채택되었다.

3.1.6 단순 LCA(Simplified LCA)

일반적인 LCA는 너무 많은 시간과 비용이 소요되는 단점이 있다. 단순 LCA (Simplified LCA)의 목적은 일반적인 LCA의 이런 단점을 보완하는 데 있다. Simplified LCA는 일반적인 LCA의 개념과는 모순되는 것으로 해석될 수 있는 두 가지 요소가 포함되어 있다. 하나는 전체 수명주기 동안 제품이 환경에 미치는 영향을 정확하게 평가한다는 것이고, 다른 하나는 평가에 소요되는 비용과 시간을 최소화하는 것이다.

Simplified LCA의 핵심은 목표 및 범위 정의 단계에 있다. 즉, LCA 연구 목표와 관련된 시스템 경계의 복잡성을 줄여 LCA를 단순화하는 것이다. 단순화는 자료수집에 필요한 노력을 줄이는 것으로 정량적인 접근방식과 정성적인 접근방식이 있다. 정량적 접근방식의 예는 유사한 데이터 사용, 특정 수명주기 단계 생략, 특정 목록 매개변수 제외 등이 있으며, 정성적 접근방식은 특정 유형의 환경 영향이나 문제에만 초점을 맞추는 등의 방법이 있다.

지금까지 LCA의 역사, 다양한 환경적 측면을 분석하는 도구, LCA의 기본 개념, 구성, 장점과 단점 그리고 활용 방법, Simplified LCA 등에 대하여 설명하였다. 본 교재는 ISO 14040에서 “제품의 환경 평가 도구”로 정의되며, 그림 3-3에 제시한 4개의 개별 단계로 구성되는 LCA를 해운 분야의 환경 영향 평가를 위해 어떻게 활용할 수 있는지에 대한 내용을 주로 다룰 것이다. 다음 장부터는 LCA의 4 단계에 대하여 구체적으로 설명은 물론, LCA를 해운 분야에 적용한 과거의 논문 등을 이용하여 실질적인 측면에 초점을 맞추었다. 따라서 각 장에서는 해운 분야에 LCA를 적용하면서 사용되었던 정보와 예시를 사례로 제시하였다.

3.2 목표와 범위 정의(Goal and Scope Definition)

LCA 수행을 위한 첫 번째 단계는 환경 영향 평가를 위한 목표와 범위를 정의하는 것이다. 우선, LCA 목표는 환경적 영향을 종합적으로 평가하여 제품, 서비스, 공정 등의 생애 주기 동안 발생하는 영향을 이해하고, 비교하고, 개선하기 위해 설정한다. 따라서 일반적으로 "수행하고자 하는 LCA의 이유 또는 목적이 무엇인가?" 또는 "수행하고자 하는 LCA 결과의 적용분야 또는 대상이 무엇인가?"라는 질문에 대한 명확한 답변이 포함되어 정의하여야 한다. LCA 범위는 분석할 시스템의 경계를 명확히 하고, 분석할 수명 주기 단계와 그 영향을 결정하는 과정이다. 따라서, 제품 시스템과 그 기능, 제품 시스템의 경계, 데이터 카테고리 등을 포함하여 명확하게 설명해야 한다. LCA 목표와 범위 정의는 분석의 정확성과 일관성을 보장하는 핵심 요소로서, 정확한 목표와 철저한 범위 정의 없이는 정확한 결과 도출이 어렵기 때문에 이 단계는 LCA 전체 단계에서 가장 중요한 단계라고 할 수 있다.

3.2.1 제품 시스템과 기능(Production System and Function)

LCA 연구 범위에서 제품 시스템과 그 기능에는 다음과 같은 내용이 포함되어야 한다.

① 제품(Product) : LCA 연구를 위해 선택한 제품을 식별한다.

② 제품 시스템(Product system) : LCA 연구를 위해 선택된 제품의 upstream과 downstream은 물론, 제품의 부품과 재료의 제조, 유통, 사용 및 폐기가 포함된다. 그리고, 제품 시스템의 각 요소에 사용되는 모든 운송 및 에너지가 포함되어야 한다.

③ 기능(Function) : 제품의 의도된 용도와 제공하는 기능을 정의한다.

④ 기능 단위(Functional unit) : 정의한 기능을 정량화 할 수 있는 척도로 제품 시스템의 기능적 출력을 나타낸다. 이는 입력 및 출력과 관련되어 참조를 제공하여야 한다.

⑤ 참고 흐름(Reference flow) : 기능을 수행하는데 필요한 제품의 양

다음은 소형 선박 선체 재료인 GFRP(Glass Fiber Reinforced Plastic)와 알루미늄을 이용한 건조과정을 이용하여 위에 제시한 내용의 이해를 돕기 위한 예이다.

- 제품 : 소형 선박 선체 재료 (GFRP와 알루미늄)
- 제품 시스템 : 소형 선박 건조를 위한 선체 재료인 GFRP와 알루미늄의 생산 과정
- 기능 : GFRP와 알루미늄을 소형 선박 건조에 사용
- 기능 단위 : kg
- 참고 흐름 : GFRP(10,600 kg), 알루미늄(13,100 kg)

3.2.2 시스템 경계(System Boundary)

시스템 경계는 제품 시스템의 각 프로세스 중에서 LCA 수행에 포함할 프로세스를 정의하는 단계이다. 시스템 경계에는 제품 시스템의 모든 프로세스를 포함하는 것이 이상적이나, 이는 데이터 및 비용 제약의 문제를 고려하면 가능성과 실용성이 떨어진다. 또한, 시스템 경계를 명확하게 수립하게 되면, 수행하는 LCA를 적용하고자 하는 측면과 관계없는 프로세스를 수행하지 않아도 되는 등의 장점도 있다. 따라서 중요도가 적은 프로세스는 수행할 제품 시스템에서 제외될 수 있으며, 이 경우 "The decision rule for mass contribution"이 적용되는데, 이것은 다중 기준 결정 문제에서 각 대안이나 옵션이 특정 기준에 얼마나 중요한지를 평가하고 순위를 매기는 규칙이다. 이 규칙은 일반적으로 기준 설정, 평가 척도 설정, 질량 기여 평가, 결과 해석의 단계를 포함한다. LCA에서는 이 규칙이 제품 시스템의 전체 환경 부하에 그 기여가 매우 적은 프로세스를 제외하는 방법으로 활용된다. LCA에서 이 규칙은 "제품의 단위 공정의 질량 또는 에너지 비율이 일정 비율(X %) 미만이면 단위 공정에서 제외"하는 등과 같은 방법으로 사용될 수 있다. 다만, 단위 공정이 독성 화학물질과 같이 환경적으로 중요한 것으로 간주되면 해당 공정은 제품 시스템에 포함되어야 한다.

이 규칙을 쉽게 적용하기 위해서는 먼저 모든 제품의 단위 공정에서의 구성 요소를 질량이나 에너지 단위로 내림차순으로 정리한다. 내림차순 정리된 전체 합을 100%로 하고, 제외하고자 하는 일정 비율(X %)을 설정 후 조건에 해당하는 단위 공정을 제거한다. 마지막으로 제거된 단위 공정을 제외한 나머지 단위 공정의 합을 다시 100%로 설정하

고, 각 단위 공정의 비율을 다시 계산한다. 다음은 해운 분야에 사용되는 연료유의 수명 주기 동안 온실가스 배출량 산정을 위한 LCA 단계 중, 연료 수입 단계에 이 규칙을 적용한 예이다.

예)"2018년 대한민국 원유 수입량 산정"

1) 수입 비율에 따른 내림차순 정리

국가	수입량 (천 배럴)	수입 비율 (%)
사우디아라비아	323,174	28.95
쿠웨이트	162,005	14.51
이라크	138,131	12.37
아랍에미리트	72,030	6.45
카타르	65,980	5.91
미국	60,942	5.46
이란	58,202	5.21
카자흐스탄	55,434	4.97
러시아	39,323	3.52
멕시코	31,966	2.86
영국	31,360	2.81
알제리	15,738	1.41
호주	11,092	0.99
나이지리아	8,973	0.80
가봉	7,250	0.65
인도네시아	7,008	0.63
노르웨이	5,101	0.46
리비아	3,920	0.35
브루나이	3,213	0.29
적도기니	2,889	0.26
말레이시아	2,803	0.25
베트남	1,636	0.15
오만	1,471	0.13
캐나다	1,193	0.11
필리핀	988	0.09
콜롬비아	992	0.09
파푸아뉴기니	650	0.06
수단	571	0.05
뉴질랜드	421	0.04
태국	262	0.02

2) 제외하고자 하는 비율(1%) 미만의 국가들 제외 후 재조정 결과

국가	수입량 (천 배럴)	수입 비율 (%)
사우디아라비아	323,174	30.6
쿠웨이트	162,005	15.4
이라크	138,131	13.1
아랍에미리트	72,030	6.8
카타르	65,980	6.3
미국	60,942	5.8
이란	58,202	5.5
카자흐스탄	55,434	5.3
러시아	39,323	3.7
멕시코	31,966	3.0
영국	31,360	3.0
알제리	15,738	1.5

3.2.3 데이터 범주(Data Category)

LCA는 제품 시스템 단위 프로세스의 입력 및 출력 데이터로 구성된다. 입력 데이터 범주(Input Data Category)는 단위 프로세스에 사용되는 원재료 및 보조 재료와 에너지가 포함되며, 출력 데이터 범주(Output Data Category)는 제품, 부산물, 부가물 및 공정에서 대기, 수질 및 토지로의 배출물이 포함된다. 프로세스의 성격에 따라 실제 입력 및 출력 데이터는 일반 데이터 범주의 일부만 포함될 수 있다.

데이터 범주는 데이터의 크기를 실제로 측정하는 매개변수의 모음이다. 예를 들어, 선박 연료 사용에 따른 배기 배출물이라는 범주에는 일산화탄소(CO), 이산화탄소(CO_2), 질소산화물(NO_X), 황산화물(SO_X) 등의 매개변수가 포함된다. LCA는 매개변수(parameter) 데이터 수집을 통한 "Life Cycle Inventory Analysis"로 이해할 수 있으므로, 이 매개변수들을 종종 "Inventory parameter"라고 한다.

LCA의 전체 범주를 프로세스 트리를 이용해 그리면 단위 프로세서의 입력 및 출력을 쉽게 구분할 수 있다. 따라서 목록(Inventory) 데이터 수집을 위한 데이터 카테고리와 해당 매개변수를 선택하는 것이 필요하다. 다음 예는 "선박 연료유 사용에 따른 배기 배출물"이라는 목록 데이터를 수집하기 위한 데이터 카테고리와 해당 매개변수를 보여준다.

예) "연료유 사용에 따른 배기 배출물 영향력 지수(Impact Factor)

Type of pollutant	Symbol	GWP (kg CO_2 eq)	AP (kg SO_2 eq)	EP (kg PO_4 eq)	POCP (kg C_2H_4 eq)
Carbon dioxide	CO_2	1.0	X	X	X
Carbon monoxide	CO	0.027	X	X	0.027
Nitrous Oxide	N_2O	265.0	X	0.27	X
Ethene	C_2H_4	X	X	X	1.0
Methane	CH_4	25.0	X	X	0.006
Nitrogen Oxides	NO_X	X	0.5	0.13	0.028
Phosphate	PO_4	X	X	1.0	X
Sulfur dioxide	SO_2	X	1.2	X	0.048

- GWP (Global Warming Potential) : 온실가스가 지구 온난화에 미치는 영향을 측정하는 데 사용되는 지표
- AP (Acidification Potential) : 산성 물질 배출에 따른 산성화를 나타내는 지표
- EP (Eutrophication Potential) : 대기 중 질소와 인 화합물의 영향인 부영양화를 나타내는 지표
- POCP (Photochemical Ozone Creation Potential) : 대기 오존 생성 가능성인 광화학적 오존 생성화를 나타내는 지표

3.2.4 목표와 범위 정의 예(Example of the Goal and Scope Definition)

소형 선박 GFRP 선체 재질에 대한 LCA 연구는 소형 선박의 선체 재질로 많이 사용되는 GFRP의 생산 과정에서의 온실가스 배출에 따른 환경적 측면을 확인하고 다른 대체 선체 재질(알루미늄)과 온실가스의 환경 영향을 비교하기 위해 수행되었다. LCA 연구를 통해 작성된 보고서는 친환경 소형 선박을 보급하려는 정책 입안자에게 온실가스 배출에 따른 환경 영향이 적은 선체 재질에 대한 정책 입안 홍보를 위한 정보를 제공하기 위한 목적으로 이용될 수 있다.

(1) 목표

소형 선박 GFRP 선체 재질에 대한 LCA 연구의 목표는 앞에서 설명한 "수행 하고자 하는 LCA의 이유 또는 목적이 무엇인가?" 또는 "수행하고자 하는 LCA 결과의 적용분야 또는 대상이 무엇인가?"라는 질문에 대한 명확한 답변이 포함되어 정의하여야 한다. 따라서 예에서는 다음과 같이 세분된 질문에 답을 하는 것으로 명확한 답변이 포함되도록 정의할 수 있다.

1) LCA 연구를 왜 하는가? (LCA 연구를 수행하는 목적은 무엇인가?)

- 소형 선박용 GFRP 선체 재질의 수명주기 동안 온실가스 배출에 따른 환경 영향을 파악하기 위해
- 다른 선체 재질(알루미늄)과의 수명주기 동안 온실가스 배출에 따른 환경 영향을 비교하기 위해

2) 잠재적 청중은 누구인가?

- 친환경 소형 선박 보급을 위한 정책 입안자
- 강화되는 환경 정책 대응을 위한 친환경 소형 선박 구매자

3) LCA 결과의 적용은 무엇인가?

- 환경 정책 입안자를 통해 환경 영향이 적은 선체 재질에 대한 정책 입안과 홍보 자료로 활용될 수 있음
- 강화되는 환경 정책 변화 대응을 위한 친환경 소형 선박 구매자를 위한 판매자의 판촉물로 활용될 수 있음

(2) 범위

소형 선박 GFRP 선체 재질에 대한 LCA 연구의 범위는 분석할 시스템의 경계를 명확히 하고, 분석할 수명주기 단계와 그 영향을 결정해야 한다. 이를 위해서 제품 시스템과 그 기능, 제품 시스템의 경계 그리고 기능 단위 및 기준 흐름 등을 포함하여 명확하게 설명해야 한다. 따라서, 포함되어야 할 세부 사항들을 개별적으로 확인함으로써 범위를 명확하게 설정하는 방법을 예를 통해 설명하고자 한다.

1) 제품(Product)

소형 선박용 GFRP 선체 재료

2) 제품 시스템(Product System)

소형 선박의 건조에 필요한 GFRP 선체 재료의 생산 단계가 제품의 시스템으로 구성되며, 여기에는 GFRP 선체 재료를 구성하는 다양한 재료의 생산 단계가 포함되었다. GFRP 선체 재료를 구성하는 다양한 재료의 정보는 아래 표에 제시하였다.

3) 기능(Function)

GFRP 재료의 기능은 소형 선박의 선체 재료이다.

4) 기능 단위(Functional Unit)

소형 선박용 GFRP 선체 재질의 수명주기 동안 온실가스 배출에 따른 환경 영향 파악과 다른 선체 재질(알루미늄)과의 수명주기 동안 온실가스 배출에 따른 환경 영향 비교를 위해 온실가스가 지구 온난화에 미치는 영향을 측정하는데 사용되는 지표인 GWP를 기능 단위로 사용할 수 있다.

5) 기준 흐름(Reference Flow)

연구 대상 선박에 대하여 소형 선박용 GFRP 선체 재료를 사용하는 것을 가정할 경우, 연구 대상 선박 건조에 필요한 GFRP 선체 재료의 무게인 10,600 kg이 기준 흐름이 된다.

6) 시스템 경계(System Boundary)

시스템 경계는 LCA 연구에 해당하는 모든 프로세스가 포함되는 것이 바람직하지만, 개별 프로세스에 해당하는 정보 수집의 어려움과 같은 문제로 인해 단순화하는 예도 있다. GFRP 선체 재료의 경우 생산 후 실제 선체로 제작되기까지 운송 등과 같은 개별 프로세스가 있다. 하지만, 이런 개별 프로세스의 정보 수집이 어려우므로, 본 예에서는 선박용 GFRP 선체 재료를 구성하는 각 재료의 생산 단계를 시스템 경계로 한정하였다.

표 3-2은 GFRP 선체 재료를 구성하는 각 재료, 재료의 무게 비율 그리고 각 재료의 생산 단계에서 발생하는 단위 무게 당 온실가스 배출량 정보를 담고 있다. 표 3-3는 GFRP를 이용한 LCA 수행에 적용된 연구 대상 선박의 재원과 각 재료에 따른 건조 중량(Dry Weight) 정보를 보여준다.

표 3-2 GFRP 구성물질 정보

Components		Weight ratio (%)	GWP emission factor (kg CO_2eq/kg)
GFRP Component	Glass fiber	59.8	2.63
	Epoxy resin	32.7	6.72
Rubber pad		1.3	3.18
Structural adhesive		0.2	15.20
Resin		0.4	6.72
Paint		5.6	3.56

표 3-3 연구 대상 선박 재원 및 선체 재료에 따른 건조 중량 정보

Item	Data	Item	Data
LOA (m)	19.90	Draft (m)	0.73
Breadth (m)	5.60	Gross tonnage (ton)	36.0
Depth (m)	2.55	Speed (knot)	14.0
Dry weight of GFRP (kg)	10,600	Dry weight of Aluminum (kg)	13,100

3.3 수명주기 목록 분석(Life Cycle Inventory Analysis, LCI Analysis)

LCI 분석은 LCA의 중요한 단계 중 하나로, 제품이나 서비스와 관련된 자원 소비와 환경 배출을 정량화하는 과정이다. 여기에는 제품이나 서비스와 관련된 재료 또는 에너지 입력 및 출력이 포함되면 이를 정량화하기 위한 데이터 수집과 계산이 포함된다. 데이터 수집과 계산 과정에는 단위 공정의 투입물과 산출물 그리고 제품 시스템의 투입물은 제품 시스템의 최종 산출물과 관련이 있다. 여기서 "관련이 있다."는 말은 제품 시스템의 최종 산출물 생산을 단위 공정의 주산물로 세분화한다는 의미이다. LCI 분석 과정은 제품의 환경적 영향을 평가하기 위한 기초 데이터를 제공한다.

제품 시스템은 수행중인 LCA 제품의 제조 프로세스와 제품의 upstream 및 downstream 프로세스로 구성된다. 프로세스 트리(Process tree) 또는 프로세스 흐름도(Process follow diagram)는 제품 시스템의 단위 프로세스 간의 상호 관계를 보여준다.

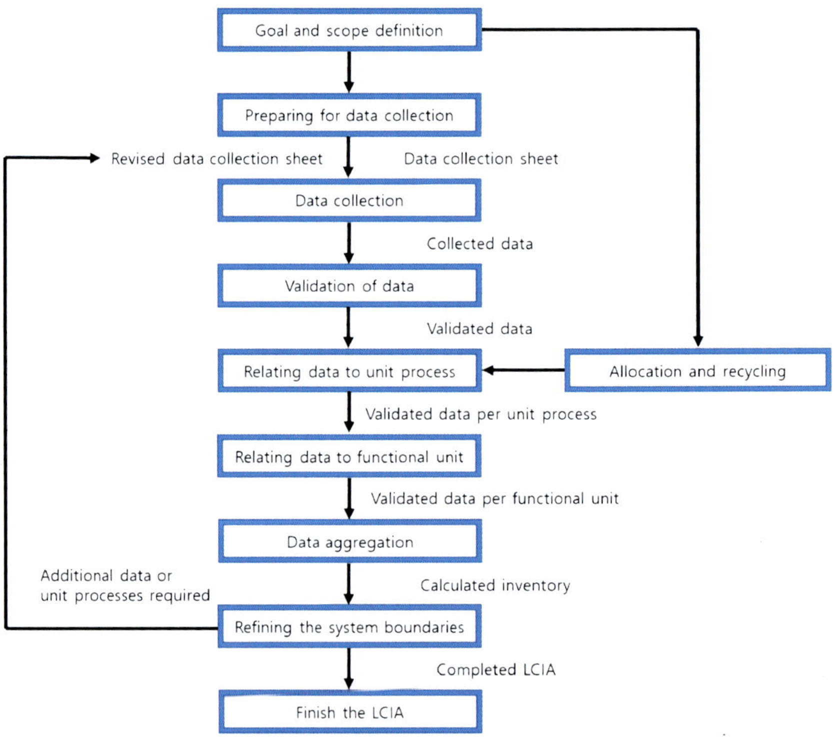

그림 3-4 LCI 분석을 위한 운영 절차

3.3.1 데이터 수집을 위한 준비(Preparation for Data Collection)

제품 시스템 내의 단위 공정의 입력과 출력 데이터 수집을 위한 준비를 하는 단계이다. 이 단계에서는 단위 공정과 관련된 입력 및 출력 데이터를 분류하고, 입력 및 출력으로 분류된 데이터를 수집할 수 있는 다양한 경로를 파악한다. 데이터 수집은 현장 데이터, 문헌 데이터, 데이터베이스 데이터 등 다양한 유형의 경로를 통해 가능하다.

또한, 이 단계에서는 수집하려는 단위 공정의 입력 및 출력 데이터의 품질에 대한 목표를 설정할 수 있다. 여기서 설정된 데이터 품질의 목표는 이 단계에서 수집하는 최종 데이터의 품질이 아닌 것에 주의해야 한다. 따라서, 이 단계에서 수집된 최종 데이터의 품질은 수집된 데이터의 범위에 따라 목표한 품질과 차이가 있을 수 있음에 주의해야 한다. 따라서 최종 수집된 데이터의 품질이 목표에 부합하기 위해 데이터 품질의 목표는 시스템 경계 설정에 필요한 시간적, 지리적, 기술적 항목을 함께 정의하는 것이 좋다. 다음은 데이터 품질 목표와 시스템 경계 설정에 필요한 시간적, 지리적, 기술적 항목의 예를 보여준다.

예) 원유의 국내 수입에 대한 데이터 수집

① 시간적 목표 범위 : 최근 5년 이내의 데이터만 수집

② 지리적 목표 범위 : 국내(대한민국)로 수입되는 원유 데이터만 수집

③ 기술적 목표 범위 : 신뢰할 수 있는 기관을 통한 국내 원유 수입 통계 데이터만 수집

데이터 수집 용지(Data Collection Sheet)는 각 단위 공정의 입력 및 출력 데이터를 나열한 데이터 수집을 위한 매개체이다. 이 용지는 시스템 경계 내의 단위 공정의 특성을 고려하여 작성된다. 또한, 이 용지는 각 단위공정의 다양한 입력과 출력 데이터를 나열하여 데이터 수집 후 교차 확인을 통해 누락된 데이터는 없는지 확인이 가능하기 때문에 처음 LCA를 수행하는 경우에는 매우 유용하게 활용될 수 있다. 다음은 데이터 수집 용지에 대한 예를 보여준다.

예) 국내 원유 수입에 대한 입력 데이터 수집

우선 국내 원유 수입에 대한 입력 데이터를 단위 공정의 특성을 고려하여 세분하여 나열하고(아래 표 카테고리), 각 세분된 단위 공정에서 수집할 수 있는 데이터를 나열(아래 표 수집 데이터 정보)한다.

카테고리	수집 데이터 정보
국내 원유 정제 정유사 및 점유율	• 각 정유사의 점유율 정보 수집
국내 원유 수입항	• 각 정유사의 정제시설과 가까운 수입항 정보 수집
국내로 원유를 수출하는 국가	• 최근 5년 내, 국내 원유 수출국 정보 수집 • 각 원유 수출국으로부터의 수입 비율 정보 수집
원유 수출국의 수출항	• 각 원유 수출국의 원유 수출항 정보 수집
수출항부터 수입항까지 거리	• 각 원유 수출항부터 원유 수입항까지 정보 수집
원유 운송 표본 선박 정보 수집	• 원유 운송 표본 선박의 선속 정보 수집 • 1일 연료 소모량(만선 및 공선 별) 정보 수집 • 선박 연료의 배출계수와 에너지 밀도 정보 수집 • 원유 선적량 정보 수집

이렇게 세분화된 단위 공정에서 통합하여 수집할 수 있는 자료를 하나의 데이터 수집 용지로 분류하여 수집하면 데이터 수집 후 교차 확인 과정에서 누락된 데이터는 없는지 확인하는 과정이 수월하다. 아래 표들은 위 표에 제시한 카테고리들 중에서 하나로 통합하여 수집할 수 있는 자료를 하나의 데이터 수집 용지로 분류한 예를 보여준다.

(1) “국내 원유 정제 정유사 및 점유율” 그리고 “국내 원유 수입항”을 통합한 데이터 수

집 용지의 예

정유사	점유율 (%)	수입항
SK energy	28.0	울산
S-Oil	22.3	울산
GS Caltex	26.7	여수
Hyundai Oilbank	23.0	대산

(2) "국내로 원유를 수출하는 국가" 그리고 "원유 수출국의 수출항"을 통합한 데이터 수

집 용지의 예

원유 수출국	수출항	수입비율 (%)
필리핀	마닐라	0.09
태국	스리라차	0.02
말레이시아	빈툴루	0.25
인도네시아	카심 마린	0.63
브루나이	세리아	0.29
호주	멜버른	0.99
뉴질랜드	타라나키	0.04
베트남	붕따우	0.15
파푸아뉴기니	쿠물 마린	0.06
러시아	노보로시스크	3.52
카자흐스탄	노보로시스크	4.97
튀니지	스키라	0.03
알제리	아르제브	1.41
리비아	마르사 엘 브레가	0.35
콩고	제노	0.11
가봉	루치나	0.65
나이지리아	콰 이보에	0.80
수단	포트 수단	0.05
적도기니	포트 말라보	0.26
캐나다	포트하비	0.11
미국	코퍼스 크리스티	5.46
멕시코	도스 보카스	2.86
콜롬비아	투마코	0.09
이란	카르그	5.21
이라크	말바스라 석유 터미널	12.37
쿠웨이트	미나 알 아마디	14.51
카타르	알 샤인	5.91
아랍에미리트	아부 다비	6.45
사우디아라비아	라스 타누라	28.95
오만	칼하트	0.13
노르웨이	스투르 원유 터미널	0.46
영국	밀포드 헤이븐	2.81

여러 카테고리를 하나로 통합하여 자료를 수집하면 데이터 수집 용지 관리가 편리하고, 누락된 데이터의 교차 확인이 편리한 장점이 있다. 하지만 모든 자료 수집를 통합하여 수집할 수는 없다. 이런 경우에는 각 카테고리에 따라 데이터 수집 용지를 마련해야 한다. 다음은 이와 같은 예를 보여준다.

(1) "수출항부터 수입항까지 거리" 데이터 수집 용지 예

원유 수출국	수입항		
	울산 (Nmile)	여수 (Nmile)	대산 (Nmile)
필리핀	1,786	1,741	1,945
태국	3,336	3,321	3,524
말레이시아	2,565	2,520	2,724
인도네시아	2,510	2,465	2,669
브루나이	2,460	2,415	2,619
호주	5,889	5,844	6,047
뉴질랜드	6,389	6,344	6,554
베트남	2,568	2,523	2,727
파푸아뉴기니	3,625	3,580	3,783
러시아	10,418	10,373	10,576
카자흐스탄	10,418	10,373	10,576
튀니지	9,933	9,888	10,091
알제리	10,666	10,622	10,825
리비아	9,483	9,438	9,641
콩고	11,660	11,615	11,818
가봉	11,785	11,740	11,918
나이지리아	12,378	12,321	12,525
수단	7,904	7,859	8,063
적도기니	12,411	12,346	12,549
캐나다	21,271	21,227	21,430
미국	16,431	16,384	16,312
멕시코	16,384	16,339	16,542
콜롬비아	16,862	16,818	17,021

이란	7,534	7,489	7,693
이라크	7,646	7,601	7,804
쿠웨이트	7,630	7,585	7,788
카타르	7,365	7,320	7,524
아랍에미리트	7,269	7,224	7,428
사우디아라비아	7,483	7,438	7,642
오만	6,767	6,722	6,925
노르웨이	13,065	13,020	13,223
영국	12,162	12,117	12,321

(2) "원유 운송 표본 선박 정보 수집" 데이터 수집 용지 예

카테고리	수집 데이터 값
선속 (knots)	12.1
만선 시 1일 연료 소모량 (ton/day)	49.8
공선 시 1일 연료 소모량 (ton/day)	34.6
선박 연료유 배출 계수 (kg CO_2/kg fuel)	3.11
선박 연료유 에너지 밀도 (MJ/m^3)	36,000
원유 선적량 (%)	95

위 예를 통해 제시한 바와 같이, 우선 수행하는 단위 공정과 관련된 입력 및 출력 데이터 목록을 먼저 나열하고, 나열된 각각의 목록을 따로 표를 통해 수집하면 수집하고자 하는 전체 입력 및 출력 데이터를 누락없이 수집할 수 있다. 또한, 누락된 데이터의 교차 확인이 수월하다.

3.3.2 데이터 수집과 검증(Data Collection and Verification)

LCI 분석 단계에서 수집되는 데이터는 환경적으로 지속 가능한 제품 설계 및 개선을 위한 중요한 기초 자료를 제공하며, “입력 데이터”와 “출력 데이터”로 나눌 수 있다. 입력 데이터는 제품 시스템에 투입되는 모든 자원과 에너지가 해당하며, 여기에는 원재료, 에너지, 보조 자재, 물과 기타 자원 등이 해당한다. 출력 데이터는 제품 시스템에서 배출되는 모든 물질과 에너지가 해당하며, 여기에는 제품 및 부제품, 폐기물, 배출물, 에너지 방출, 재활용 및 재사용 가능한 재료 등이 해당한다. 또한, 데이터는 수집 방법에 따라 “Foreground Data”와 “Background Data”로 구분된다. 전자는 데이터를 직접 측정하거나 현장에서 수집한 데이터이고, 후자는 문헌, 데이터베이스, 이전 연구 등과 같이 간접적으로 수집된 데이터이다. 하지만, 직접 또는 간접적인 데이터 수집이 어려운 경우 추정치를 사용하는 경우도 있다.

데이터 수집은 LCA 실무자가 직접 수집하는 것이 바람직하지만, 그러지 못한 상황도 있다. LCA 실무자가 데이터를 직접 수집하지 않는 경우 데이터 수집에 각별한 주의가 필요하다. 예를 들어, 단위 공정에 대한 데이터 수집을 현장 작업자의 도움을 받아 수집한다고 가정해보자. 이 경우에는 데이터 수집과 관련된 단위 공정 내용을 현장 작업자가 정확하게 이해하도록 하는 것이 필수적이다. 이를 위해 수행하는 LCA의 기초적인 설명과 함께 단위 공정을 통해 수집할 데이터의 종류와 기능 단위를 정확하게 전달하는 것이 중요하다. 단위 공정을 통해 수집할 데이터의 종류를 전달하므로 수행하는 LCA의 단위 공정과 관련된 데이터만 수집할 수 있고, 관련 없는 데이터는 수집하지 않게 된다. 만약 LCA 실무자가 단위 공정을 통해 수집할 데이터의 종류를 전달하지 않고 현장 작업자가 단위 공정과 관련된 데이터를 수집한 경우, LCA 실무자는 수집된 데이터 중에서 수행하는 LCA와 관련성 유무를 판단하기 위한 데이터 분류 작업을 추가로 수행을 위한 시간을 소비해야 한다. 또한, 단위 공정에서 수집할 데이터의 기능 단위 정보를 전달하므로 현장 작업자의 자의적 판단으로 수집된 다양한 단위의 정보를 다시 기능 단위로 변화하지 않아도 되는 수고를 덜 수 있다.

데이터 수집은 중요한 단위 공정에서 시작하여 덜 중요한 공정의 순서로 진행되는 것이 바람직하다. 또한, LCA 연구를 위해 선택한 제품에 대한 데이터는 생산 현장에서 수집되는 것이 바람직하지만, 최근에는 다양한 연구기관, 협회, 그리고 LCA 프로그램 데이터베이스 등 다양한 경로를 통해 수집이 가능하다.

입력 데이터 중, 원재료에는 금속, 플라스틱, 화학물질, 목재 등이 있으며, 보조 자재에는 윤활유, 세척제, 촉매제 등이 있다. 출력 데이터 중, 제품 및 부제품에는 메인 제품과 부가적으로 생성되는 재료 등이 있고, 폐기물에는 고체 폐기물, 액체 폐기물, 유해 폐기물 등이 있다. 또한, 재활용 및 재사용 가능한 재료에는 금속 스크랩, 플라스틱 스크랩 등이 있다. 여기에 해당하는 입력 및 출력 데이터 소스는 제품 생산에 필요한 원재료의 종류와 양 그리고 단위 생산량에서 발생하는 환경 영향 물질의 양 등의 정보를 수집한다.

입력 데이터 중, 에너지에는 전기, 가스, 석탄, 석유 등이 있으며, 물과 기타 자원에는 공정수, 냉각수, 토양 등이 있다. 출력 데이터 중, 배출물에는 이산화탄소(CO_2), 메탄(CH_4), 황산화물(SO_X), 질소산화물(NO_X), 화학적 산소 요구량(COD) 등이 있으며, 에너지 방출에는 열 방출, 소음 방출 등이 있다. 여기에 해당하는 입력 및 출력 데이터 소스는 사용 시간, 단위 시간당 사용량, 기준 단위 사용에서 발생하는 환경 영향 물질의 양 등의 정보를 수집한다. 또한, 배출에 해당하는 경우 관련 데이터 소스에서 측정기록과 법적 배출 제한 등의 정보들도 함께 수집한다.

LCA의 개별 단계에는 다음의 내용을 미리 숙지할 필요가 있다. 우선, 원자재 처리를 포함한 원재료 획득 단계에 대한 데이터는 해당 분야에 직접 종사하지 않는 경우 데이터 수집이 어려운 경우가 많다. 하지만, 최근에는 이 부분에 대한 데이터를 연구기관, 협회, LCA 프로그램 데이터베이스와 같은 다양한 경로를 통해 수집할 수 있다. 원자재 획득 단계에 대한 데이터 정보 제공을 위해 만들어진 데이터베이스에는 재료, 에너지, 공정에 대한 데이터가 포함된다. 그러나 이런 데이터베이스는 시스템 경계와 LCA 수행을 원활하게 하기 위한 가정이 포함되거나 특수한 케이스에 적용하기 위해 만들어진 경우도 있다. 우선, 가정이 포함된 데이터는 수행 중인 LCA에 적용하기 전에 LCA의 목표 또는 시스템 경계에 부합하는지 확인하는 것이 필요하다. 또한, 특수한 케이스에 적용하기 위해 만들어진 데이터의 경우 특정 LCA에는 적합하지 않을 수 있으므로, 수집된 데이터가 수행 중인 LCA의 특성에 부합하는지 확인할 필요가 있다. 그렇지 않으면 몇몇 잘못 사용된 데이터 때문에 전체 LCA 과정을 다시 반복해야 하는 불상사가 생길 수 있다.

LCA 연구를 위해 선택한 제품의 제조 데이터는 현장 데이터를 이용하는 것이 가장 바람직하다. 이 경우 수집하고자 하는 데이터를 데이터 수집 용지에 가능한 한 상세하게 작성하여 누락된 데이터의 추가 수집을 위해 현장을 다시 방문하는 일이 없도록 주의할 필요가 있다. 현장 데이터를 사용할 수 없는 경우, 문헌, 데이터베이스, 이전 연구 등의 데이터를 이용할 수 있는데, 이 경우에는 수행 중인 LCA의 특성에 부합하는 데이터를 수집하는 것이 바람직하다.

운송 데이터도 현장 데이터를 직접 이용하는 것이 바람직하다. 이 경우 운송 거리, 운송 수단, 사용된 연료 유형, 사용 연료에 따른 환경 영향 물질의 배출량 등의 정보를 수집한다. 이들 정보 중에서 운송 거리의 경우는 시기나 가격 변동에 따라 차이가 발생할 수 있어 현장 데이터를 계속 수집하지 않으면 정확한 정보 수집이 어려운 경우도 있다. 이런 경우에는 계산되거나 추정된 운송 데이터를 사용할 수도 있다.

사용 데이터는 사용자(고객)로부터 수집되는 것이 가장 바람직하다. 하지만, 각 사용자를 통한 사용 데이터를 수집하는 것은 불가능에 가깝기 때문에 이를 실행하는 것은 매우 어렵다. 따라서 일반적으로 평균 사용 시간, 평균 사용 강도(부하), 사용 에너지 또는 자원, 사용 에너지 또는 자원에 따른 환경 영향 물질 배출량 등의 정보를 수집한다.

폐기 데이터 수집 역시 해당 분야에 직접 종사하지 않는 경우 데이터 수집이 어려운 경우가 많다. 폐기 데이터 수집에는 폐기 경로(소각, 매립, 재사용 등) 정보가 필요하며, 각 경로에 대해 주로 연구기관, 협회, LCA 프로그램 데이터베이스 등을 통해 관련 데이터를 수집한다.

수집된 데이터를 처리(수행 중인 LCA에 적용)하기 전에 LCA 전체 시스템 경계 또는 각 단위 공정에 대한 유효성을 확인한다. 이 과정을 데이터 검증이라고 하며, 이는 수집된 데이터의 신뢰성, 정확성 및 일관성을 보장하는 중요한 단계이다. 데이터 검증에는 다양한 방법들이 있다. 우선 데이터의 신뢰성은 데이터 출처 검토를 통해 검증된다. 이 과정에서는 수집된 데이터가 공인된 기관, 학술 논문, 산업 보고서 등 신뢰할 수 있는 자료인지를 확인하는 과정을 통해 데이터를 수집한 출처의 신뢰성을 평가한다. 데이터의 정확성은 민감도 분석을 통해 주요 변수의 변화가 결과에 미치는 영향을 분석하고, 데이터의 불확실성을 평가하는 방법으로 평가한다. 마지막으로 데이터의 일관성은 동일한 데이터를 여러 출처에서 수집하여 비교하고, 일치하는지 확인하는 방법을 통해 평가한다. 데이터 검증에서는 이러한 과정 외에도, 독립적인 전문가나 동료에게 데이터 검토를 요청하여 데이터 수집 및 분석 과정에서 발생할 수 있는 오류를 발견하고 수정하는 방법,

수집된 데이터를 유사한 시스템이나 표준 데이터베이스와 비교하여 수집된 데이터의 타당성을 평가하는 방법, 데이터 수집이 이루어진 현장을 직접 방문하여 현장에서 실제로 발생하는 과정과 수집된 데이터가 일지하는지 확인하는 방법, 누락되거나 불완전한 데이터가 없이 필요한 모든 데이터가 수집되었는지 확인하는 방법 등의 과정이 포함될 수 있다.

수집 데이터의 검증 절차는 초기 평가와 심층 분석 절차를 통해 이루어진다. 초기 평가 단계에서는 데이터 수집 초기에 데이터를 간단히 검토하여 명백한 오류나 이상치가 있는지 확인한다. 심층 분석 단계에서는 수집된 데이터에 대한 심층 분석을 수행하여 데이터의 정확성과 신뢰성을 평가하는 단계이다. 앞에서 설명한 수집 데이테 검증 방법들은 이 단계에서 주로 사용된다. 이 단계에서는 필요에 따라 추가적인 데이터를 수집하거나 기존 데이터를 수정하는 과정이 포함된다. 이렇게 검증된 데이터에 대한 내용은 데이터의 신뢰성과 품질을 입증하는 자료를 위해 검증 보고서 작성과 같은 문서화 과정이 수행되기도 한다. 또한, 수행 중인 LCA가 계속 사용되는 경우 데이터의 지속적인 모니터링을 통해 데이터 품질을 유지하고, 새로운 데이터가 추가될 때마다 검증 절차를 반복하기도 한다.

3.3.3 단위 프로세스 환경 부하 계산(Calculation of Environmental Load per Unit Process)

제품의 단위 프로세스에 대해 수집되고 검증된 데이터는 이제 LCI 분석을 용이하게 하기 위해 처리(수행 중인 LCA에 적용)한다. 각 단위 프로세스의 입력 및 출력 데이터는 제품의 중량이나 에너지의 양에 따라 구분된다. 이런 구분으로 인해 단위 프로세스의 주요 제품산출 품목의 단위 질량 또는 에너지로 표현되는 입력 및 출력 데이터의 매개변수가 생성된다. 수행중인 단위 프로세스에서의 부산물이 생성되는 경우, 주산물에 해당하는 투입물과 산출물은 부산물의 단위에 해당하는 것과는 구별되어야 한다. 해당 단위 프로세시의 투입물과 산출물을 제품 단위로 할당하는 과정을 할당(Allocation)이라 하면, 이는 뒤에서 설명한다. 다음은 LPG 연료의 생산 단계 단위 프로세스의 환경부하 계산 과정을 보여준다.

(1) LPG 연료의 생산단계의 환경부하 계산 과정

1) 입력 데이터 수집

LPG 수입국, LPG 수입량, 수입 비율, 정제 시설과 가스 프로세싱을 통한 수입 비율

LPG 수입국	수입량 (bbl)	수입 비율 (%)	정제 시설 비율 (%)	가스 프로세싱 비율 (%)
일본	441,000	0.56	100.0	0.0
말레이시아	708,000	0.89	34.3	65.7
인도네시아	8,000	0.01	42.7	57.3
호주	913,000	1.15	31.3	68.7
앙골라	668,000	0.84	3.2	96.8
나이지리아	790,000	1.00	2.6	97.4
미국	61,966,000	78.12	13.0	87.0
페루	128,000	016	13.2	86.8
쿠웨이트	3,791,000	4.78	5.1	94.9
카타르	3,819,000	4.81	3.0	97.0
아랍에미리트	4,770,000	6.01	9.3	90.7
사우디아라비아	1,322,000	1.67	4.6	95.4

위 표는 LPG 생산 단계 배출 계수 산정을 위한 LPG 수입국, 각 수입국 별 LPG 수입량, 각 수입국 별 LPG 수입량 기준 수입 비율, 각 국가별 LPG 생산의 정제 시설과 가스 프로세싱을 통한 생산 비율에 대한 정보를 보여준다.

지구 온난화 지수(Global Warming Potential)

배출물	지구 온난화 지수 (GWP)
CO_2	1
CH_4	28
N_2O	265

위 표는 각 온실가스의 지구 온난화 영향을 정량적 나타낸 지구 온난화 지수 정보를 보여준다.

정제 시설을 통한 LPG 연료 단위 에너지 생산량 당 배출 계수

배출물	배출량(g/mmBtu)	배출 계수(g CO_2eq/MJ)
CO_2	2,994	2.84
CH_4	28.705	0.76
N_2O	0.104	0.03

위 표는 정제 시설을 통한 LPG 연료 생산 과정에서 단위 에너지 생산량 당 배출 계수(g/mmBtu)를 수행 중인 LCA 연구의 기능 단위(g CO_2eq/MJ)로 변환한 내용을 보여준다.

가스 프로세싱을 통한 LPG 연료 단위 에너지 생산량 당 배출 계수

가스 종류	프로세스 종류	배출량	배출 계수 (g CO_2eq/MJ)
Conventional	Leakage (g CH_4/mmBtu)	130.5	3.46
	Venting (g CO_2/mmBtu)	503.0	0.48
	Flaring (g CO_2/mmBtu)	366.5	0.35
Shale	Leakage (g CH_4/mmBtu)	132.6	3.52
	Venting (g CO_2/mmBtu)	502.0	0.48
	Flaring (g CO_2/mmBtu)	374.1	0.35

위 표는 가스 프로세싱을 통한 LPG 연료 생산 과정에서 단위 에너지 생산량 당 배출 계수(g/mmBtu)를 수행 중인 LCA 연구의 기능 단위(g CO_2eq/MJ)로 변환한 내용을 보여준다.

표에서 "Conventional"은 보통의 유정에 있는 가스 연료를 가스 프로세싱 과정을 통해 LPG 연료로 생산하는 방식이고, "Shale"은 쉐일 가스전에서 가스 프로세싱 과정을 통해 LPG 연료로 생산하는 방식이다. LPG 생산에 있어서 미국은 conventional과 shale의 비율이 46%와 54%를 보이며, 그 이외의 국가들은 100% conventional을 통해 LPG를 생산한다. 또한, 각 방식마다 leakage, venting, flaring 과정에서 온실가스가 배출된다.

2) 출력 데이터 수집

① 정제 시설을 통한 LPG 연료 생산 단계 배출 계수 = 3.63 g CO_2eq/MJ

② 가스 프로세싱을 통한 LPG 연료 생산 단계 배출 계수 (미국)
= 4.32 g CO_2eq/MJ
가스 프로세싱을 통한 LPG 연료 생산 단계 배출 계수 (미국 외)
= 4.29 g CO_2eq/MJ

③ ①과 ②출력 데이터를 이용한 LPG 수입국 별 배출 계수

LPG 수입국	배출 계수 (g CO_2eq/MJ)
일본	3.63
말레이시아	4.06
인도네시아	4.01
호주	4.08
앙골라	4.27
나이지리아	4.27
미국	4.23
페루	4.20
쿠웨이트	4.26
카타르	4.27
아랍에미리트	4.23
사우디아라비아	4.26

④ LPG 수입국 별 배출 계수와 수입 비율을 고려한 LPG 생산 단계 배출 계수
LPG 생산 단계 배출 계수 = 4.23 g CO_2eq/MJ

3.3.4 단위 기능 단위 환경 부하 계산(Calculation of Environmental Load per Unit Functional Unit)

앞에서 LCA 전체를 프로세스 트리를 이용해 그리면 단위 프로세스의 입력 및 출력을 쉽게 구분할 수 있음을 설명하였다. 다시 말해서, 프로세스 트리는 단위 프로세스의 모음인 것이다. 여기서는 데이터 목록(입력 또는 출력 데이터)과 기능 단위를 이용한 환경 부하 계산을 위한 논리적 프로세스를 위한 단계적 절차에 대하여 설명하고자 한다. 아래 그림은 소형 선박 선체 재질 중 하나인 GFRP 생산 단위 공정에 대한 데이터 목록과 기능 단위를 이용한 환경 부하 계산의 단계적 절차를 보여준다.

프로세스 트리를 통해 GFRP는 GFRP 주 재료인 GFRP component와 추가 재료인 rubber pad, structural adhesive, resin, paint로 구성되는 것을 알 수 있다. GFRP의 주 재료는 glass fiber와 epoxy resin로 구성되며, 단위 무게(1 kg) GFRP에서 이 재료들은 각각 598 g과 327 g을 차지하는 것을 알 수 있다. 또한, 추가 재료인 rubber pad, structural adhesive, resin, paint는 단위 무게 GFRP에서 각각 13 g, 2 g, 4 g, 56 g을 차지하는 것을 알 수 있다. 설명한 주 재료와 추가 재료는 단위 무게 GFRP를 생산하기 위해 각각 925 g과 75 g의 무게를 차지한다. 이렇게 만들어진 단위 무게 GFRP는 소형 선박 선체 재질로 사용되고, 최종적으로 동일한 무게만큼 폐기되는 것을 알 수 있다.

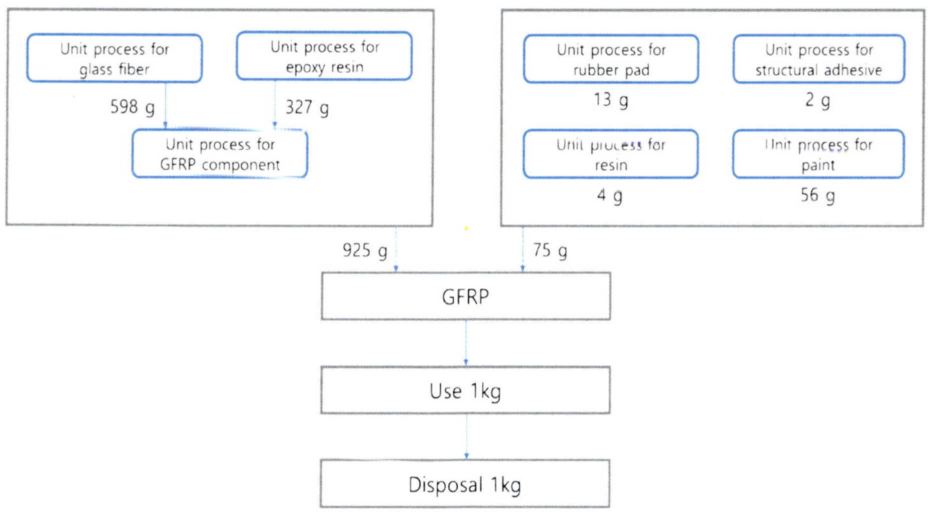

그림 3-5 소형 선박용 GFRP의 프로세스 트리

수행하는 LCA 시스템 제품에 대한 환경 부하 데이터를 계산하려는 경우 제품 시스템의 각 단위 프로세스의 부분적 기여를 알아야 한다. 단위 프로세스의 단위 환경 부하에 따라 기여도가 다른 경우 기여도를 곱하고 전체 단위 프로세스에 걸쳐 합산하면 제품 시스템의 단위 환경 부하를 계산할 수 있다. 이렇게 계산된 값을 제품 시스템의 기능 단위당 환경 부하라 한다. 여기서는 다음의 GFRP 생산 과정에서의 단위 무게(kg) 당 온실가스 배출의 예를 통해 기능 단위 당 환경 부하 계산 방법을 설명하고자 한다.

예) GFRP 생산 단계(단위 프로세스)에서의 기능 단위당(kg CO_2eq/kg) 환경 부하 계산

1) GFRP를 구성하는 주 재료와 추가 재료를 구성하는 각 재료의 무게 비율 정보와 이 재료들의 생산 단계에서 단위 무게(kg) 생산에서 발생하는 온실가스 배출량 정보 수집

재료 구분	재료명	무게 비율(%)	배출 계수(kg CO_2eq/kg)
주 재료	Glass Fiber	59.8	2.63
	Epoxy Resin	32.7	6.72
추가 재료	Rubber Pad	1.3	3.18
	Structural Adhesive	0.2	15.20
	Resin	0.4	6.72
	Paint	5.6	3.56

2) GFRP 생산 단계(단위 프로세스)에서의 기능 단위당(kg CO_2eq/kg) 환경 부하 계산

GFRP 생산 단계에서의 기능 단위당 환경 부하는 ①에 제시한 데이터와 다음의 계산식을 이용해 계산된다.

$$EF_P = \sum_{i=1}^{n} \frac{IR_i \times GHG_i}{100}$$

EF_P : GFRP 생산 단계(단위 프로세스)의 기능 단위당 환경 부하(kg CO_2eq/kg)

IR_i : i번째 재료의 구성 비율(%)

GHG_i : i번째 재료의 생산 단계에서의 단위 무게 당 온실가스 배출량(kg CO_2eq/kg)

위 데이터와 계산식을 적용하면 다음과 같다.

$$EF_P = \frac{59.8 \times 2.63}{100} + \frac{32.7 \times 6.72}{100} + \frac{1.3 \times 3.18}{100} + \frac{0.2 \times 15.20}{100} + \frac{0.4 \times 6.72}{100} + \frac{5.6 \times 3.56}{100} = 4.07$$

GFRP 생산 단계(단위 프로세스)의 기능 단위당 환경 부하 = 4.07 kg CO_2eq/kg

위에 설명된 계산 절차를 통해 전체 시스템에 대한 다양한 단위 프로세스의 데이터 목록(입력 또는 출력 데이터)과 그 환경 부하를 계산할 수 있다. 전체 제품 시스템의 기능 단위당 환경 부하 계산도 동일한 계산 논리가 적용된다.

3.3.5 LCI 데이터베이스(Life Cycle Inventory Database, LCI DB)

재료(GFRP, 알루미늄 등), 에너지(전기, 경유 등)와 같은 목록(입력 또는 출력 데이터)는 LCI 데이터베이스(Life Cycle Inventory Database, LCI DB) 형태로 제공되는 경우가 있다. LCI DB의 시스템 경계는 원자재 획득부터 재료, 에너지 그리고 제조 프로세스까지 포함하며, 이는 공장 출구 게이트까지 제조 공정의 모든 활동이 포함된다.

LCA에 사용할 수 있는 LCI DB는 매우 다양하지만, 여기서는 대표적인 네 가지 LCI DB를 소개하고자 한다. 첫째, "Ecoinvent"는 가장 많이 사용되는 글로벌 LCI 데이터베이스 중 하나로, 다양한 산업과 제품에 대한 포괄적인 데이터를 제공한다. 둘째, "GaBi"는 독일 thinkstep에서 제공하는 데이터베이스로, 상세한 산업 데이터와 함께 다양한 소프트웨어 도구를 제공한다. 셋째, "USLCI "는 미국의 National Renewable Energy Laboratory(NREL)에서 제공하는 데이터베이스로, 미국 내 다양한 산업 데이터가 포함되어 있다. 넷째, "ELCD"는 유럽연합에서 제공하는 데이터베이스로, 유럽 내 산업 공정에 대한 데이터를 제공한다. 또한, "SimaPro", "Ecochain Mobius", "openLCA", "GREET"과 같은 LCA 소프트웨어도 자체 LCI DB를 가지고 있어 이를 이용할 수도 있다.

이와 같은 LCI DB를 사용하면 LCI 데이터 수집이 크게 단순화되지만, LCI DB를 사용할 때는 수행하는 LCA의 연구 목적 그리고 범위에 부합하는지 꼭 확인할 필요가 있다.

또한, 수행하는 LCA에 수집된 LCI DB를 사용해야 할 이유가 있다면, 이를 위한 가정 또는 제한(Assumption or Limitation)에 대한 내용을 반드시 밝힐 필요가 있다. 그리고 LCI DB를 이용할 때는 데이터의 유형, 데이터 출처, 데이터 형식에 관한 내용도 충분히 이해하고 적용해야 한다. 우선 LCI DB를 통해 수집된 데이터는 입력 데이터인지 출력 데이터인지 구분하여 정확하게 사용해야 한다. 그리고 LCI DB를 통해 수집된 데이터는 산업 분야에서 제공하는 생산 공정 데이터, 기업 자체에서 수집한 환경 성과 데이터, 학술 연구 및 기술 문헌에서 제공하는 데이터, 공공기관에서 제공하는 환경 데이터 등과 같이 출처가 다양하므로 LCA 수행에 있어서 LCI DB를 사용할 때는 반드시 데이터 출처를 명확하게 할 필요가 있다. 마지막으로 LCI DB를 통해 수집된 데이터가 특정 공정 단위에서 발생하는 자원 사용 및 배출량에 대한 단위 프로세스 데이터인지, 여러 프로세스를 통합한 제품 전체의 자원 사용 및 배출량에 대한 집계 데이터인지 충분히 이해하고 적용해야 한다. 이 외에도 LCI DB 사용에는 데이터 출처, 수집 방법, 최신성 등을 고려한 데이터 품질 평가, 특정 제품이나 공정에 대한 데이터가 실제 상황 반영 여부 확인, 지역별로 차이가 있는 데이터의 반영 방법 등도 고려해야 한다.

3.3.6 제품 시스템의 LCI표 작성

프로세스 트리에 표현된 제품 시스템의 단위 프로세스별로 계산된 환경 부하는 그 결과를 목록 매개변수로 정리하면 LCI표의 기초가 된다. 다음 예는 가솔린, 디젤, LPG, Bio LPG 연료의 생애 주기에 대한 온실가스 배출을 단위 프로세스별로 세분화하여 나타낸 것이다.

가솔린, 디젤, LPG, Bio LPG 연료의 온실가스 배출량에 대한 LCI표

Fuel Type	Life Cycle Stage (단위 : g CO_2eq/MJ)					
	WtT				TtW	Total
	Production	Import	Refining	Distribution		
Gasoline	8.91	0.68	5.28	0.60	72.77	88.24
Diesel	8.91	0.68	3.34	0.57	76.25	89.75
LPG	5.91	1.47	1.31	0.27	52.64	61.60
Bio LPG (CPO)	22.73	1.66	-	0.22	0	24.61
Bio LPG (RBD)	26.84	1.66	-	0.22	0	28.72

3.3.7 할당(Allocation)

할당(Allocation)은 LCA 연구에서 가장 어려운 구성 요소 중 하나이다. 이는 수행하는 LCA 제품 시스템에 대한 입력 및 출력 흐름을 분할하는 방법으로 사용되기도 하고, 수행하는 LCA 제품 시스템의 단위 프로세스에 의해 발생하는 환경 부하를 비례적으로 분배하는 방식으로 사용되기도 한다.

할당에는 여러 가지 방법이 있으며, 선택된 방법에 따라 평가 결과가 달라질 수 있다. 대표적인 할당 방법은 다음과 같다. 첫째, 물리적 할당은 제품의 질량 비율에 따라 자원 사용과 배출을 나누는 "질량 기준 할당", 제품의 에너지 함량 비율에 따라 자원 사용과 배출을 나누는 "에너지 기준 할당", 제품의 부피 비율에 따라 자원 사용과 배출을 나누는 "부피 기준 할당"으로 나누어 생각할 수 있다. 둘째, 경제적 할당은 제품의 시장 가치 비율에 따라 자원 사용과 배출을 나눔으로 제품의 경제적 중요성을 반영한다. 셋째, 조정은 할당을 피하기 위해 시스템 경계를 확장하거나 단위 프로세스를 세분화한다. 할당은 반드시 필요한 것이 아니므로 조정은 할당을 피하기 위한 방법으로 사용되며, 언급한 두 가지 방법을 이용해 할당을 피할 수 없는 경우에는 할당을 적용해야 한다.

할당 방법을 선택할 때는 다음의 사항들을 고려해야 한다. 첫째, 할당 방법에 필요한 데이터의 가용성을 고려한다. 둘째, 공정의 특성과 각 제품의 특성을 반영하는 할당 방법을 선택해야 한다. 셋째, LCA 연구의 목표와 범위에 따라 가장 적절한 할당 방법을 선택해야 한다. 넷째, 가능한 할당을 피하고, 할당을 피할 수 없는 경우에는 투입과 산출의 물리적 속성에 기반한 할당을 권고하는 ISO 14044 표준을 따라야 한다.

할당은 수행중인 LCA 제품에 대한 입력과 출력의 분배를 다루기 때문에 할당을 수행하기 위해서는 할당의 기준이 필요하다. 할당의 기준은 다음의 두 가지를 고려한다. 첫째, 단위 공정 전반에 걸쳐 투입물과 산출물 사이의 물리적 관계를 고려한다. 둘째, 제품과 부산물 사이의 경제적 가치 또는 질량, 부피, 에너지와 같은 물리적 양의 관계를 고려한다. 여기서는 이 두가지 할당의 기준을 적용하여 "다중 입력 과정"과 "다중 출력 과정"에 대한 할당에 대해 설명한다. 우선 "다중 입력 과정"은 두 가지 이상의 프로세스가 포함되어 두 가지 이상의 입력이 존재한다. 다음은 "다중 입력 과정"의 할당의 예이다.

(1) 원유 수입 과정에서 온실가스 배출량 산정에 대한 다중 입력 과정 할당의 예

1) 국내 정유사의 점유율 (할당)

정유사	점유율 (할당비율, %)	수입항
SK Energy	28.0	울산
S-Oil	22.3	울산
GS Caltex	26.7	여수
Hyundai Oilbank	23.0	대산

2) 원유 수출항부터 수입항까지 거리와 정유사 점유율(할당비율)을 통한 평균 거리 계산

수출항	수입항 및 거리(Nmile)			평균거리 (Nmile)
	울산 (50.3%)	여수 (26.7%)	대산 (23.0%)	
마닐라	1,786	1,741	1,945	1,811
스리라차	3,336	3,321	3,524	3,375
빈툴루	2,565	2,520	2,724	2,590
카심 마린	2,510	2,465	2,669	2,535
세리아	2,460	2,415	2,619	2,485
멜버른	5,889	5,844	6,047	5,913
타라나키	6,389	6,344	6,554	6,415
붕따우	2,568	2,523	2,727	2,593
쿠물 마린	3,625	3,580	3,783	3,649
노보로시스크	10,418	10,373	10,576	10,442
노보로시스크	10,418	10,373	10,576	10,442
스키라	9,933	9,888	10,091	9,957
아르제브	10,666	10,622	10,825	10,691
마르사 엘 브레가	9,483	9,438	9,641	9,507
제노	11,660	11,615	11,818	11,684
루치나	11,785	11,740	11,918	11,804
콰 이보에	12,378	12,321	12,525	12,401

포트 수단	7,904	7,859	8,063	7,929
포트 말라보	12,411	12,346	12,549	12,425
포트하비	21,271	21,227	21,430	21,296
코퍼스 크리스티	16,431	16,384	16,312	16,391
도스 보카스	16,384	16,339	16,542	16,408
투마코	16,862	16,818	17,021	16,887
카르그	7,534	7,489	7,693	7,559
말바스라 석유 터미널	7,646	7,601	7,804	7,670
미나 알 아마디	7,630	7,585	7,788	7,654
알 샤인	7,365	7,320	7,524	7,390
아부 다비	7,269	7,224	7,428	7,294
라스 타누라	7,483	7,438	7,642	7,508
칼하트	6,767	6,722	6,925	6,791
스투르 원유 터미널	13,065	13,020	13,223	13,089
밀포드 헤이븐	12,162	12,117	12,321	12,187

"다중 출력 과정"은 둘 이상의 출력이 있으며, 투입물의 양 또는 조건에 따라 산출물(출력)이 할당된다. 다음은 "다중 출력 과정"의 할당의 예이다.

(2) 개발 LPG 엔진을 적용할 수 있는 범위(엔진 출력 180 ~ 220 kW)의 대상 선박들을 엔진 타입과 조업 해역에 따른 분류를 위한 다중 출력 과정의 할당의 예

① 200 kW LPG 엔진을 적용할 수 있는 선박을 ± 10% 범위까지 확장하여 선정 2020년 5월 기준 대한민국에 등록된 약 70,000척의 선박 중 6,428척이 선정

② 선정된 표본 선박을 엔진 타입(가솔린 및 디젤)과 조업해역(연안 해역, 근해 해역, 기타 해역) 따라 분류

엔진 타입	해역 구분	선박 수	할당 비율 (%)
가솔린	연안 해역	2,208	32.4
	기타 해역	2,080	34.3
디젤	연안 해역	1,091	0.3
	근해 해역	18	16.0
	기타 해역	1,031	17.0

3.4 수명주기 영향 평가(Life Cycle Impact Assessment, LCIA)

LCIA는 LCA의 중요한 단계 중 하나로, 제품이나 서비스의 전 과정 동안 발생하는 환경 영향을 정량화하고 평가하는 과정이다. LCIA는 LCI 분석 단계에서 수집된 자원 사용 및 배출 데이터를 기반으로 제품 시스템의 잠재적인 환경 영향의 중요성을 평가한다. LCIA의 주요 목표는 환경 영향의 범주를 정리하고, 각 범주에서 발생하는 영향을 평가하여 환경 성과를 개선하는 데 필요한 정보를 제공하는 것이다. 또한, 정책 입안자, 기업 경영진 등이 환경친화적인 결정을 내리는데 필요한 과학전 근거를 제공함은 물론 표준화된 방법론을 사용하여 평가 결과의 투명성과 신뢰성을 높인다. 따라서 LCIA는 LCA의 핵심 단계로 매우 중요한 역할을 한다.

LCIA는 분류(Classification), 특성화(Characterization), 표준화(Normalization), 가중치(Weighting) 등의 요소로 구성되어 있다. 분류는 LCI 단계에서 수집된 자원 사용 및 배출 데이터를 각 환경 영향 범주에 할당한다. 이산화탄소 배출은 기후변화 영향 범주에, 질소산화물 배출은 대기오염 영향 범주에 할당하는 것이 예가 될 수 있다. 특성화는 각 환경 영향 범주 내에서 배출물의 기여도를 정량화는 단계이다. 특성화 계수(Characterization Factor)를 사용하여 다양한 배출물의 영향을 공통 단위로 환산하는 과정이 포함된다. 예를 들어, 온실가스 배출물을 이산화탄소 환산량(CO_2eq)로 변환하는 것이다. 정규화는 각 영향 범주의 특성화 결과를 표준값으로 나누어 비교할 수 있게 만든다. 이 과정은 특정 시스템의 환경 영향을 지역적, 국가적 또는 글로벌 수준의 평균값과 비교하는 데 도움이 된다. 가중치는 각 환경 영향 범주의 상대적 중요성을 반영하여 가중치를 부여한다. 이 과정은 주관적인 기준이 반영되는 단계로, 특정 환경 문제에 대한 사회적, 경제적, 정치적 우선순위를 반영할 수 있다. 이들 중에서 분류와 특성화는 LCIA의 필수 요소미여, 표준화와 가중치는 선택 사항이다. 그림 3-6은 해운 분야에서 많이 사용되는 배기 배출물을 이용한 LCIA 요소와 요소 간의 관계를 보여준다.

LCIA는 다양한 환경 영향 범주는 다루며, 주요 범주에는 기후변화, 자원 고갈, 대기오염, 수질오염, 토양오염, 생태 독성, 인체 독성, 지구 온난화, 산성화, 부영양화, 광화학적 오존 생성과 같은 것들이 있다. 위 그림은 해운 분야의 다양한 대기오염물질을 GWP(Global Warming Potential), AP(Acidification Potential), EP(Eutrophication Potential), POCP(Photochemical Ozone Creation Potential)의 네 가지로 분류하고, 분류된 집합 내의 다양한 오염물질의 배출량을 특성화하였다. 또한, 특성화된 방법으로 환경 영향을 정량화하기 위하여 각 대기오염물질의 환경 영향을 고려하여 표준화하였다. 그리고 마지막으로 네 가지 분류된 집합에 속하는 대기오염물질의 가중치(가정)를 그림과 같이 부여하여 최종적인 LCIA 결과를 도출하였다.

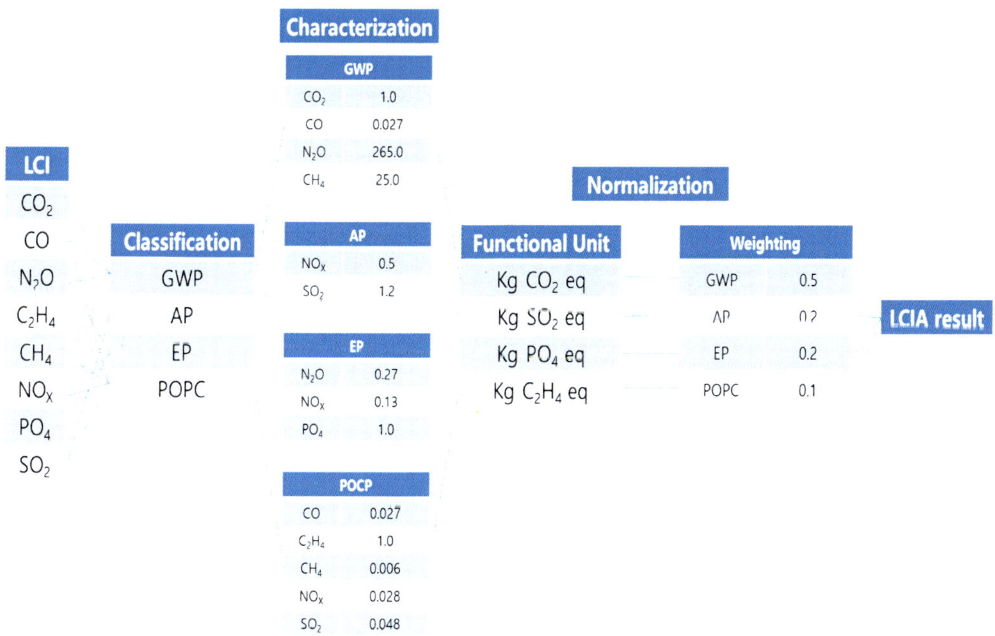

그림 3-6 LCIA 요소간 관계도

LCIA 수행 시에는 다음의 사항들을 고려해야 한다. 첫째, 평가 결과의 신뢰성을 높이기 위해 정확하고 최신의 데이터를 사용하여야 한다. 둘째, 연구의 목표와 범위에 따라 적절한 영향 범주와 방법론을 선택해야 한다. 셋째, 가중치 부여와 같은 주관적인 단계에서 투명하고 명확한 기준을 설정해야 한다. 이와 같은 사항들이 충분히 고려된 LCIA 결과는 제품이나 서비스의 환경 영향을 종합적으로 이해하고 개선하는 데 중요한 역할과 이를 통해 지속 가능한 발전을 추구하는데 필요한 과학적 정보를 제공할 수 있다.

3.4.1 분류(Classification)

분류는 LCI 결과에 나열된 입력 데이터와 출력 데이터를 각 환경 유형에 따른 영향 범주로 나누는 것이다. LCIA에서 고려해야 할 환경 영향 유형은 분류 단계의 핵심 사항이다. 분류 단계는 데이터 정리, 명확한 평가 기준 제공, 환경 영향 분석의 기초를 제공하는 면에서 중요하다. 우선 분류는 LCI 단계에서 수집된 다양한 자원 사용 및 배출 데이터를 체계적으로 정리하고 분류함으로써 후속 특성화 단계에서 정량적 평가가 쉽게 한다. 그리고 분류는 각 자원 사용 및 배출물이 어떤 환경 영향을 미치는지 명확히 정의함으로써 평가의 일관성을 유지할 수 있도록 한다. 마지막으로 분류는 각 환경 영향 범주에 적절히 할당된 데이터를 바탕으로, 특성화 단계를 통해 정량적 환경 영향을 평가할 수 있는 환경 영향 분석의 기초를 제공한다.

여기서는 해운 분야에서 고려되는 일반적인 영향 범주에 관해 설명하고자 한다. 해운 분야는 일반적으로 다음에 나열하는 네 가지 대기오염에 관심을 가지며, 일반적인 영향 범주로 분류한다.

① GWP(Global Warming Potential) : 지구 온난화

② AP(Acidification Potential) : 산성화

③ EP(Eutrophication Potential) : 부영양화

④ POCP(Photochemical Ozone Creation Potential) : 광화학적 오존 생성화

다음 표는 소개된 영향 범주에 영향을 주는 다양한 매개변수와 영향 여부를 보여준다. 표에 영향 범주와 관령이 있는 매개변수는 ● 표시로 연결되어 있으며, 영향 범주와 매개변수 사이 아무 표시가 없는 것은 서로 연관성이 없는 것이다.

Type of pollutant	Symbol	GWP (kg CO_2 eq)	AP (kg SO_2 eq)	EP (kg PO_4 eq)	POCP (kg C_2H_4 eq)
Carbon dioxide	CO_2	●			
Carbon monoxide	CO	●			●
Nitrous Oxide	N_2O	●		●	
Ethene	C_2H_4				●
Methane	CH_4	●			●
Nitrogen Oxides	NOX		●	●	●
Phosphate	PO_4			●	
Sulfur dioxide	SO_2		●		●

LCA에는 이 외에도 다양한 영향 범주가 있다. LCA에 잘 정의되지 않은 영향 범주를 사용하는 경우에는 환경 영향에 대한 정량적 평가가 쉽지 않기 때문에 사용에 주의가 필요하다. 위에 설명한 해운 분야에서 사용되는 네 가지 영향 범주는 그 정의가 잘 되어 있어 해당 영향 범주에 대한 목록 매개변수를 통하여 환경 영향을 정량적으로 평가할 수 있다.

일단 LCA 연구를 위한 환경 영향 범주가 분류되면, 다음 단계는 인과관계를 기반으로 LCI를 해당 영향 범주와 연결하는 것이다. 여기서 중요한 점은 하나의 매개변수가 둘 이상의 영향 범주에 영향을 미칠 수 있다는 것이다. 예를 들면, 위 표의 NOX는 산성화, 부영양화 그리고 광화학적 오존 생성화 세 가지 영향 범주에 영향을 미친다. 이러한 이유로 영향 범주와 연결될 LCI에 대한 정보를 미리 숙지할 필요가 있다. 또한, 영향 범주의 인과관계에 대한 내용도 충분히 이해해야 한다. 다음 그림은 지구 온난화 효과를 발생시키는 온실가스 배출이 환경에 미치는 영향의 인과관계를 보여준다.

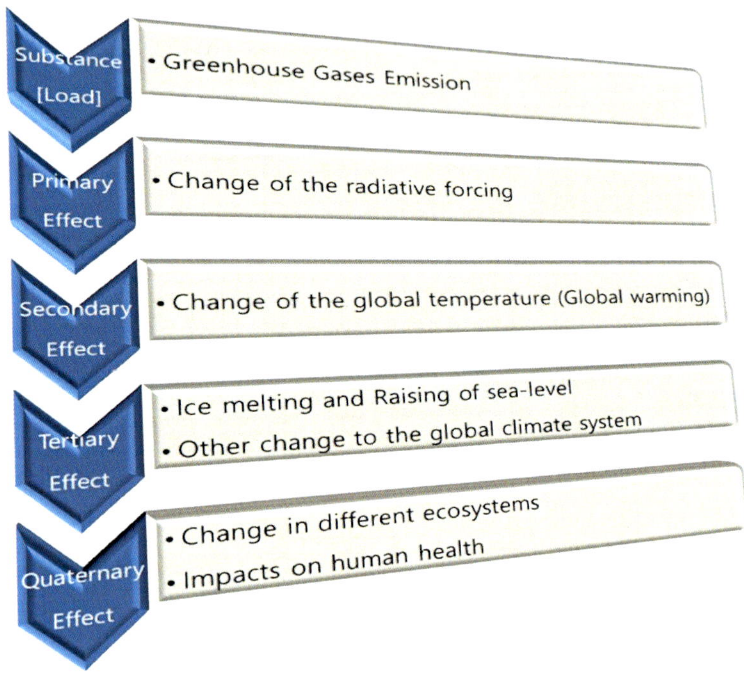

그림 3-7 지구 온난화의 인과관계

한 종류의 자원 사용이나 배출물이 둘 이상의 영향 범주에 영향을 미치는 경우, 특성에 따라 병렬 영향(Parallel Impact), 연속 영향(Serial Impact), 간접 영향(Indirect Impact), 결합 영향(Combined Impact)과 같이 네 가지로 나눌 수 있다.

병렬 영향은 한 종류의 자원 사용이나 배출물이 두 가지 이상의 다른 영향 범주에 영향을 유발하는 것이다. 즉, 한 종류의 자원 사용이나 배출물이 동시에 여러 가지 환경 영향 범주에 속하지만, 각각의 영향을 독립적으로 평가할 수 있다. NO_X가 좋은 예이다. 하나의 매개변수를 여러 가지 환경 영향 범주에 연결한 후에는 각 영향 범주에 대한 기여도를 정확하게 반영하는 논리적 단계가 필요하다. 예를 들어, NO_X의 산성화 지수가 0.5인데 이를 부영양화 또는 광화학적 오존 생성화에 잘못 적용하면 정량화된 결과가 다르므로 주의할 필요가 있다.

연속 영향은 한 환경 영향이 다른 환경 영향을 유발하는 것이다. 즉, 일련의 과정에서 발생하는 첫 번째 영향이 다음 영향을 촉발하는 경우가 해당한다. 온실가스 배출로 인한 기후 변화가 해수면 상승, 기후 시스템 변화, 생태계 변화 등을 연속적으로 유발하는 앞의 그림이 좋은 예이다.

간접 영향은 영향 범주의 영향이 직접적인 배출이나 자원 사용으로 유발되지 않고, 이들로 인해 부수적인 영향이 발생하는 경우가 해당된다. 예는 NO_X가 촉매로 작용하는 광화학 스모그에서 오존이 형성되는 경우이다. 스모그의 근본 원인은 휘발성 유기화합물(Volatile Organic Compounds, VOCs)와 일산화탄소(CO)이기 때문에 NO_X가 스모그를 발생시키는 근본 원인은 아니고 이 경우 촉매로 작용한다.

결합 영향은 배출물이 서로 다른 영향 범주에 상호 영향을 미치는 것이다. 이는 개별적으로 평가된 환경 영향이 결합되어 더 큰 또는 예기치 않은 영향을 미칠 수 있다. 예는 광산화제 형성에 필요한 NO_X와 VOC의 상승적 영향이 해당한다.

3.4.2 특성화(Characterization)

분류가 완료되면 각 영향 범주로 분류된 자원 사용 및 배출물 데이터의 환경 영향을 정량화할 수 있다. 이 단계에서는 다양한 배출물들이 환경에 미치는 상대적인 영향을 공통 단위로 환산하여 평가한다. 특성화는 각 배출물이 얼마나 심각한 환경 영향을 미치는지를 명확히 하고, 이를 비교 가능하게 만드는 데 중요한 역할을 한다. 이는 각 환경 영향 범주 내에서 배출물의 상대적 중요성을 명확히 하여 주요 환경 문제를 식별할 수 있게 한다. 따라서, 특성화 결과는 제품, 공정 또는 서비스의 환경 성과를 개선하는 데 필요한 과학적 근거를 제공한다. 또한, 환경 영향의 정량적 평가를 위해 일관된 평가 방법을 적용하기 위해 특성화 계수(Characterization Factor)를 사용하며, 이는 LCA 결과의 신뢰성과 비교 가능성을 높인다. 이것은 정량화를 위한 실질적인 수단을 제공하며, 이는 각 영향 범주에 대한 다양한 배출물들의 환경 영향을 정량화한다. 이 특성화 계수는 각 환경 영향 범주에 속하는 배출물의 환경 영향을 정량화하기 위해 정의된다. 이 인자는 특성 배출물이 해당 범주에 미치는 영향을 나타내는 계수로, 이를 통해 서로 다른 배출물의 영향을 비교할 수 있다. 주의할 점은, 이 특성화 계수는 주어진 영향 범주에 분류된 배출물 간의 상대적 환경 영향을 다루기 때문에 정량화는 주어진 영향 범주 내에서만 이루어진다는 것이다. 모든 개별 정량화된 영향이 동일 차원 또는 단위를 갖도록 정량화되면, 정량화된 영향을 동일 영향 범주 내에서 집계하거나 추가할 수 있다. 따라서 특정 영향 범주의 환경 영향은 제품 시스템의 LCI를 이용해 계산될 수 있다.

LCI가 특정 영향 범주에서 미치는 환경 영향을 정량화 하는데 핵심은 특성화 계수 또는 등가 계수(Equivalent Factor)이다. 특성화 계수는 화학에서 사용하는 등가 원리를 기반으로 한다. 예를 들어, CO_2와 CH_4는 모두 지구 온난화에 영향을 미치지만, 그 정도는 다르다. 1 g의 CH_4가 지구 온난화에 미치는 영향은 25 g의 CO_2와 같다. 따라서 지구 온난화의 기준을 1 g의 CO_2를 1 g CO_2eq로 정의하면, 등가 원리를 기반하여 1 g의 CH_4는 25 g CO_2eq로 환산하여 표시할 수 있게 된다. 특성화 계수를 사용할 수 있으면, 개별 영향 범주에 해당하는 LCI의 환경 영향을 다음의 방정식을 사용하여 정량화할 수 있다.

$$CI_{i,j} = Load_j \times eq_{i,j}$$

$CI_{i,j}$: i 번째 영향 범주 안에 j 번째 LCI의 특성화 영향 크기

$Load_j$: j 번째 LCI의 양

$eq_{i,j}$: i 번째 영향 범주 안에 j 번째 LCI의 특성화 계수(등가 계수)

위 식의 i 번째 영향 범주에 대한 모든 j에 해당하는 LCI를 합산하면 i 번째 영향 범주에 대한 정량화된 전체 환경 영향을 구할 수 있다. 다음 표는 이에 대한 예를 보여준다.

배출물 종류	$Load_j$ (kg)	$eq_{i,j}$ (kg CO_2eq/kg)	$CI_{i,j}$ (kg CO_2eq)
Carbon Dioxide (CO_2)	10	1.0	10.0
Nitrous Oxide (N_2O)	1	265.0	265.0
Methane (CH_4)	1	25.0	25.0
Sum			300.0

그러나 특성화 계수를 이용한 정량화 계산은 임계값을 고려하지 않으므로 농도와 환경 영향 사이에 선형 관계가 존재하는 것으로 가정하는 한계가 있다. 또한, 배출은 발생 장소와 방법에 따라 같은 환경을 초래한다고 가정하며, 특히 시간 경과에 따른 배출 속도의 함수로서의 환경 영향을 고려하지 않는다. 반면, 영향을 미치는 구역 측면에서 지리적 영향과 배출에 대한 해당 지역의 민감도를 고려할 수 있다.

3.4.3 표준화(Normalization)

표준화의 목적은 제품 시스템의 영향 범주의 특성화 결과로 평가된 환경 영향을 더 쉽게 해석하고 비교할 수 있도록 하는 것이다. 이를 통해 특정 제품이나 서비스가 어떤 환경적 측면에서 더 큰 영향을 미치는지 명확하게 파악할 수 있다. 즉, 표준화는 다양한 기준값과 지역적 차이를 고려하여 비교 가능한 형식으로 변환된 환경 영향을 통해 더 나은 환경 의사결정을 지원하는 방법으로 활용되기 때문에 LCIA 결과를 해석하고 비교하는 데 중요한 도구로 활용된다. LCA 연구에 있어 표준화를 수행해야 하는 이유는 첫째, LCI 데이터 및 특성화 결과의 오류를 확인할 수 있다. 둘째, 다른 영향 범주의 특성화 결과와 관련하여 특성화된 영향을 더 잘 해석할 수 있다. 셋째, 후속 과정인 가중치 부여 단계의 시작점을 제공한다.

그렇다면 표준화를 수행하기 위해 기준이 되는 표준화 기준(Normalization Reference)은 무엇인가? 표준화 기준은 특성화의 또 다른 형태이며, 둘의 차이는 지리적, 시간적 시스템 경계이다. 특성화의 지리적 시스템 경계가 제품 시스템으로 제한되는 반면 표준화 기준은 제품 시스템이 위치한 전체 지역을 포괄한다. 또한, 특성화의 시간적 시스템 경계는 원자재 획득부터 제품의 최종 폐기까지 걸쳐 있으므로 제품 수명주기 단계의 시간 간격은 설정되지 않는 것이 일반적이다. 그러나 표준화 기준의 시간적 경계는 일반적으로 1년으로 설정된다.

다양한 지리적 규모의 영향 범주가 환경에 미치는 영향을 고려하기 위해 세 가지 다른 지리적 규모, 즉 글로벌(Global), 지역(Regional) 및 현지(Local)가 고려된다. 이런 지리적 시스템 경계는 일반적으로 다음과 같이 구분한다. 글로벌은 지구 전체를 시스템 경계로 하며, 지역은 동아시아 또는 서유럽과 같은 특정 지역을 시스템 경계로 하며, 현지는 개별 국가 또는 개별 국가의 도시 또는 도시의 일부를 시스템 경계로 한다. 각 영향 범주는 그 특성에 따라 다른 지리적 규모를 가지고 있다. 예를 들면, 지구 온난화, 오존층 고갈, 비생물적 자원 고갈 등의 영향 범주는 글로벌 영향에 속하며, 산성화 및 부영양화는 지역 영향에 속하고, 광화학 산화제 생성은 현지 영향에 속한다.

표준화를 계산은 각 영향 범주의 결과인 특성화 결과를 표준화 기준값으로 나누어 계산하며, 이를 수식으로 표현하면 다음과 같다.

$$NO_i = \frac{Characterizedresult\,(CI_i)}{Normalization\,reference\,value}$$

NO_i : 특정 제품 또는 서비스의 i 번째 영향 범주의 표준화 결과값

$Characterizedresult\,(CI_i)$: 특정 제품 또는 서비스의 i 번째 영향 범주의 배출량

$Normalization\,reference\,value$: 기준 지역에서 특정 제품 또는 서비스의 연간 총 배출량

예를 들면, 선박에 탑재되는 엔진의 온실가스 배출량이 10,000 kg CO_2eq이고, 해당 제품이 속한 대한민국의 연간 평균 온실가스 배출량이 100,000,000 kg CO_2eq이라고 가정하면, 이 제품의 기후 변화에 대한 normalized score(NO_i)는 다음과 같이 계산된다.

$$NO_i = \frac{10,000}{100,000,000} = 0.0001$$

표준화 결과는 환경 영향을 쉽게 비교할 수 있고, 지역적 또는 글로벌 기준과 비교하여 특정 환경 영향의 중요성을 평가할 수 있는 장점이 있다. 하지만, 표준화 기준 계산을 위한 지리적, 시간적 시스템 경계를 선택하는 객관적 기준이 없기 때문에 기준값 선택에 따라 결과가 크게 달라질 수 있다. 다시 말해서, 각국의 환경 정책이나 데이터 가용성에 따라 기준값이 달라질 수 있다. 즉, 임의적인 기준에 따른 표준화 단계의 표준화 영향 결과값도 임의적일 수 있다는 것이다. 또한, 표준화 과정의 모든 영향 범주는 똑같이 중요하다는 암묵적인 가정이 내포되어 있으므로 각 영향 범주의 가중치는 동일하거나 1로 가정되지만 실제로는 그렇지 않다. 이런 이유로 표준화 결과를 비교에 사용하면 잘못된 결론을 초래할 수 있다. 또 다른 표준화 과정의 한계는 표준화 기준이 영향 범주 간의 동일한 가중치로 계산되었기 때문에 각 영향 범주와 제품 시스템에 따른 가중치 영향을 추가로 계산해야 하는 것이다. 이러한 이유로 표준화 과정은 특성화 과정과 가중치 과정의 중간 단계로 간주될 수 있다. 하지만, 표준화 기준을 위한 시스템 경계 선택은 임의적이지만 뒤에 설명하는 가중치처럼 사회적 선호나 가치에 영향을 받지 않는다. 따라서 잘 정의되고 정당한 시스템 경계를 이용한 표준화 기준은 표준화 과정의 가치를 더할 수 있다.

3.4.4 가중치(Weighting)

가중치(Weighting)은 다양한 환경 영향 범주에 부여된 상대적 중요성을 평가하고, 종합적인 환경 점수를 계산하는 단계이다. 여기서 말하는 가중치는 상대적 중요성을 의미하며, 이 상대적 중요성에 따라 가중치를 부여하는 과정이다. 이 단계는 각 환경 영향 범주가 전체 환경 성과에 얼마나 기여하는지를 평가하여, 제품이나 서비스의 환경적 성과를 종합적으로 비교하고 분석할 수 있도록 한다. 가중치의 목적은 첫째, 서로 다른 환경 영향 범주 간의 상대적 중요성을 반영한다. 둘째, 환경 성화를 종합적인 단일 지표로 표현할 수 있게 한나. 셋째, 의사 결정 과정에서 우선순위를 설정하는 데 도움을 준다.

가중치를 부여하는 방법은 정량적과 정성적 두 가지 접근 방법이 있다. 정량적 방법이 단일 값 또는 단일 제품 시스템의 가중 영향 형태를 취하는 접근 방법이라면, 정성적 방법은 이보다 더 넓은 관점에서 가중 영향 형태를 취하는 접근 방법이다. 하지만, 두 접근방식 모두 사회적, 윤리적, 정치적 가치가 가중치 프로세스를 결정하는 원칙인 것은 동일하게 적용된다. 가중치 부여는 다음 식과 같이 계산된다.

$$WI_i = NO_i \times W_i$$

WI_i : i 번째 영향 범주의 가중 영향
NO_i : i 번째 영향 범주의 표준화 영향
W_i : i 번째 영향 범주의 가중치

위 식은 표준화된 영향과 가중치 사이에 선형 관계가 존재한다고 가정하기 때문에, 모든 영향 범주에 대해 요약하면 다음 식과 같이 제품 시스템의 가중 영향이 얻어신나.

$$WI = \sum(W_i \times NO_i)$$

정량적 가중치 프로세스는 일반적으로 패널 방식, 수익화 방식, 타겟 방식의 세 가지 범주의 가중치 부여 방법이 사용된다. 정량적 가중치 프로세스는 normalized score와 가중치가 다음 표와 같이 주어진 경우를 예로 다음과 같이 진행할 수 있다.

환경 영향	Normalized score (NO_i)	가중치 (W_i)
온실가스	0.0001	0.5
산성화	0.00005	0.3
부영양화	0.00002	0.2

$$\begin{aligned} WI &= (0.0001 \times 0.5) + (0.00005 \times 0.3) + (0.00002 \times 0.2) \\ &= 0.00005 + 0.000015 + 0.000004 = 0.000069 \end{aligned}$$

정성적 접근 방법은 제품, 프로세스, 재료, 설계 옵션 등과 같이 두 시스템 간의 비교 연구에 자주 사용된다. 자주 사용되는 평가 기준으로 예방원칙, 사회적 선호도, 기업의 기술적 또는 재정적 능력 등이 포함될 수 있다.

가중치는 종합적인 환경 성과를 한눈에 파악할 수 있고, 의사 결정 과정에서 다양한 환경 영향의 상대적 중요성을 고려할 수 있고, 복잡한 환경 데이터를 단순화하여 이해하기 쉽게 하는 장점이 있다. 반면, 가중치 설정에 주관적인 요소가 개입할 수 있고, 가중치가 사회적, 경제적, 정책적 변화에 따라 변할 수 있으며, 모든 이해관계자가 가중치에 동의하지 않으며, 특정 환경 영향 범주가 과소평가되거나 과대평가될 위험이 존재하는 단점도 있다.

3.5 해석(Interpretation)

LCA의 해석 단계는 LCA의 최종 단계로, 분석 결과를 평가하고 이해하는 과정을 포함한다. 이 과정은 LCI와 LCIA에 대하여 완성도, 민감도, 일관성 등과 같은 다양한 측면에서 분석하는 과정이 포함된다. 또한, 제품 시스템이 환경에 미치는 영향에 크게 기여하는 핵심 이슈도 식별한다. 이러한 맥락에서 주요 프로세서, 자재, 활동, 구성 요소 또는 수명주기 단계 등이 이 분석의 핵심이다. 이러한 분석을 통해 LCA 목표에 따라 제품의 환경적 측면, 개선이 가능한 영역 또는 소비자에게 전달될 수 있는 주요 환경 정보에 대한 결론이 도출되고 권고사항이 제시된다. 따라서 해석 단계의 목표는 첫째, LCA 결과를 바탕으로 명확한 결론을 도출한다. 둘째, 개선이 필요한 부분을 식별하고, 환경적 성과를 향상시키기 위한 권고사항을 제시한다. 셋째, 결과의 신뢰성을 평가하고, 결과 해석에 영향을 미칠 수 있는 한계와 불확실성을 고려한다.

이와 같은 해석 단계의 목표는 LCA 결과를 명확하게 해석하여 실질적인 개선 방안을 제시하고, 제품이나 서비스의 환경 성과를 종합적으로 평가하며, 지속 가능한 개발을 위한 의사 결정을 지원하는 장점이 있다. 반면, 결과의 해석이 복잡하고 주관적일 수 있고, 불확실성과 한계가 존재하며, 모든 이해관계자가 결과와 권고사항에 동의하지 않을 수 있는 단점도 있다. 따라서, 해석 단계에서는 이러한 단점을 최대한 보완할 방법을 사용할수록 이 단계에서 도출된 결론과 권고사항은 환경적 성과를 개선하고 지속 가능한 개발을 촉진하는 데 중요한 자료로 활용될 수 있다.

LCA의 해석에는 세 가지 핵심 요소가 있다. 첫째는 핵심 이슈 식별이고, 둘째는 완성도, 민감도 및 일관성 확인을 통한 평가, 셋째는 권고사항과 함께 결론 개발이다. 여기서는 LCA의 해석에 관한 이 세 가지 요소에 대해 설명하고자 한다.

3.5.1 핵심 이슈 식별(Identification of Key Issues)

LCA를 수행하는 목적 중 하나는 제품 시스템의 약점을 파악하고, 제품의 에코 디자인을 통해 이러한 약점을 개선하는 것이다. 따라서 제품의 환경적 측면 개선을 목표로 하는 모든 LCA에서는 핵심 이슈를 식별하는 것이 필수이다. LCA의 해석 단계에서 핵심 이슈 식별의 목적은 첫째, 가장 중요한 환경 영향을 식별하여 자원과 노력을 집중할 수 있도록 한다. 둘째, 환경적 성과를 개선하기 위한 최적의 전력을 도출할 수 있다. 셋째, 이해관계자들에게 명확하고 신뢰성 있는 정보를 제공하여 의사 결정을 지원한다.

핵심 이슈 식별 과정은 환경적 성과를 개선하기 위한 집중적이고 효율적인 접근을 가능하게 하고, 자원과 노력을 가장 큰 환경적 이슈에 집중할 수 있도록 하며, 구체적이고 실질적인 개선 방안을 도출할 수 있는 장점이 있다. 반면, 데이터의 품질과 가용성에 따라 결과의 신뢰성이 달라지고, 모든 환경 영향 범주를 완벽하게 고려하지 못하며, 주관적인 판단이 개입될 수 있는 단점이 있다.

핵심 이슈는 제품 시스템의 총 영향에 상당한 영향을 미치는 활동으로 정의되며, 프로세스, 자재, 구성 요소 또는 LCA의 단위 프로세스 등이 해당되며, 일반적으로 1% 이상인 것을 포함한다. 제품 시스템의 핵심 이슈나 약점을 파악하기 위해 "기여 분석(Contribution Analysis)"이라는 방법을 사용한다. 핵심 이슈 식별에 사용되는 LCA 결과는 특성화된 영향 결과, 가중 영향 결과 또는 LCI 결과일 수 있으며, 이들 중에서 특성화된 영향 결과(Characterized Impact Results)가 가장 자주 사용된다.

특성화된 영향 결과는 일반적으로 매트릭스 형식으로 표현된다. 여기에서 행에는 목록 항목이 나열되고 열에는 프로세스 트리에 표시된 단위 프로세스 및 활동이 식별된다. 하지만, 이러한 표시방법이 꼭 절대적인 기준은 아니며 상황에 따라 행과 열에 나열하는 항목이 바뀔 수 있다. 다음 표는 대한민국으로 수입되는 가솔린, 디젤, LPG 그리고 Bio LPG 연료의 수명주기 각 단계에서의 온실가스 배출에 대한 특성화된 영향 결과를 매트릭스 형식을 이용하여 나타낸 것이다.

Fuel Type	Life Cycle Stage (단위 : g CO_2eq/MJ)					
	WtT				TtW	Total
	Production	Import	Refining	Distribution		
Gasoline	8.91	0.68	5.28	0.60	72.77	88.24
Diesel	8.91	0.68	3.34	0.57	76.25	89.75
LPG	5.91	1.47	1.31	0.27	52.64	61.60
Bio LPG (CPO)	22.73	1.66	-	0.22	0	24.61
Bio LPG (RBD)	26.84	1.66	-	0.22	0	28.72

표의 각 행에는 각 연료유의 종류를 나타내는 목록 항목이 나열되었으며, 열에는 단위 프로세스 및 활동을 식별하여 표시하였다. 특성화된 영향 결과 매트릭스의 모든 단위 프로세스 및 활동은 합계를 통하여 총량으로 표시되어 진다.

특성화된 영향 결과 매트릭스의 모든 항목은 제품 시스템의 총 영향으로 나누어진 전체에 대한 단위 항목의 백분율로 표시될 수도 있다. 다음 표는 이러한 예를 보여준다.

Component		GWP emission factor(kg CO_2eq/kg)	Weight ratio(%)
GFRP Component	Glass fiber	2.63	59.8
	Epoxy resin	6.72	32.7
Rubber pad		3.18	1.3
Structural adhesive		15.20	0.2
Resin		6.72	0.4
Paint		3.56	5.6
Sum			100.0

매트릭스의 각 항목에 있는 백분율 값은 제품 시스템 또는 단위 프로세스의 전체 지구 온난화 영향에 대한 각 단위 프로세스 또는 특정 재료와 관련된 활동의 기여도를 나타낸다. 위 표에 제시된 매트릭스에서 핵심 이슈를 식별하는 데 "전체 영향의 1%보다 큰 기여도"와 같은 임의로 선택한 기준을 적용할 수 있다. 하지만, 위 표에서 식별된 주요 단위 공정 및 활동에는 GFRP를 구성하는 주요 구성 요소와 GFRP를 제품으로 생산하기 위해 부수적으로 필요한 구성 요소가 포함되어 있다. 따라서 어느 구성 요소를 제외하면 제품을 구성하는 구성 요소의 일부가 세외되기 때문에 제품을 생산하는 전체의 환경 영향을 평가하기 힘들 수 있다. 이와 같은 경우에는 이러한 임의 기준을 선택하지 않을 수 있다.

핵심 이슈 파악을 위해 LCI 결과나 가중 영향 결과를 사용하는 경우가 있는데, 이 경우에는 LCI 결과보다 가중 영향 결과를 자주 사용한다. 가중 영향 결과는 모든 영향 범주에서 파생되므로, 이렇게 식별된 핵심 이슈는 임의 선택 기준을 적용한 앞의 경우와는 다르다. 가중 영향 결과를 이용하여 식별된 핵심 이슈는 제품 시스템의 모든 영향 범주를 종합하여 전체 제품 시스템의 관점을 반영한다. 이러한 핵심 이슈 식별의 차이가 있으므로 두 접근방식을 이용하여 핵심 이슈를 식별하고, 두 접근방식에서 공통으로 식별된 핵심 이슈를 제품 시스템의 핵심 이슈로 사용하는 것이 바람직하다.

3.5.2 완성도, 민감도, 일관성, 데이터 품질 요구 사항 평가(Evaluation of Completeness, Sensitivity, Consistency, Data Quality Requirements)

목표, 시스템 경계 설정, 주요 가정, 데이터 품질 등 LCA 연구를 수행하기 위한 기본 전제는 목표 및 범위 정의 단계에서 결정된다. 그 다음 LCI 단계에서 데이터가 수집되고, LCIA 단계에서 환경에 미치는 영향이 평가된다. LCA 해석 단계의 첫 번째 부분에서는 핵심 이슈가 확인된다. 그러나 이러한 모든 결과는 가정, 데이터 품질, 사용 방법론 등에 대한 앞서 정의한 기본 전제에 기반한다. 이러한 기본 전제에 대한 문제점을 확인하고 얻어진 모든 결과에 대한 체계적인 평가를 수행하기 위해 완성도, 민감도, 일관성 등과 같은 체계적인 평가가 수행되어야 한다. 여기서는 결과에 대한 완성도, 민감도, 일관성에 대한 평가에 대해 설명한다.

(1) 완성도 평가

완성도 평가는 LCA 연구의 모든 필수 요소들이 충분하고 정확하게 포함되었는지 확인하는 과정이다. 이 단계는 LCA 연구의 신뢰성을 확보하고, 결과가 충분히 뒷받침되는지 검증하기 위해 필수적이다. 완성도 평가의 목적은 LCA 연구에 필요한 모든 데이터가 충분하고 정확하게 수집되었는지 확인하고, LCA 연구가 설정된 목표와 범위에 따라 수행되었는지 검토함으로 결과가 충분히 신뢰할 수 있는지를 평가하는 것이다.

이 단계에서 특정 데이터가 누락되었거나 불완전하다고 판단되는 경우 LCA 연구의 목표 및 범위 정의를 재평가하여 누락되거나 불완전한 데이터로 인해 초기 목표 및 범위 정의가 수정되어야 하는지 아닌지를 결정해야 한다. 누락되거나 불완전한 데이터가 식별된 핵심 이슈에 큰 영향을 미치는 경우, LCA 연구의 목표와 범위는 적절하게 수정되어야 한다. 반면, 누락되거나 불완전한 데이터가 식별된 핵심 이슈에 큰 영향을 미치지 않는 경우 누락된 데이터를 추가하지 않거나 불완전한 데이터를 올바른 데이터로 수정하는 방법 등을 이용할 수 있다.

완성도 평가는 다음과 같은 내용이 확인되어야 한다. 첫째, 모든 LCA 세부 프로세스(원료 채취, 제조, 유통, 사용, 폐기)에서 필요한 데이터가 충분히 수집되었으며, 수집된 데이터가 신뢰할 수 있고 최신 데이터인지 검토한다. 둘째, 수집된 데이터가 지리적, 시간적, 기술적 대표성을 가지고 목표와 범위에 적합한지 검토한다. 셋째, 수집된 데이터를 이용하여 LCA가 설정된 목표와 범위에 따라 일관되게 수행되었는지 검토한다. 여기에는 시스템 경계, 기능 단위, 할당 방법 등이 목표와 범위에 맞게 설정되었는지 검토하는 것이 포함된다. 넷째, LCA 개별 프로세스의 결과를 비교하여 불일치나 비논리적 요소가 없는지 확인하는 과정을 통해 결과가 논리적이고 일관되게 도출되었는지 검토한다. 다섯째, LCA의 가정, 제한사항, 데이터 출처 등 중요한 정보가 명확하게 기록되었으며, 문서로 만드는 과정에서 모든 과정과 결과가 충분히 서술되었는지 검토한다. 완성도 평가에서 수행되는 검토의 경우 주관적 기준에 따라 이루어지기 때문에 여기서는 따로 예를 통해 설명하지 않는다.

(2) 민감도 평가

민감도 평가는 LCA 연구 결과가 주요 입력 변수나 가정에 얼마나 민감한지를 평가하는 과정이다. 이 단계는 LCA 연구의 신뢰성을 높이고, 결과가 특정 변수나 가정에 얼마나 의존적인지를 이해하는 데 도움을 준다. 민감도 평가의 목적은 입력 변수나 가정의 변화가 결과에 미치는 영향을 평가하여 결과의 신뢰성을 확보함과 동시에 결과에 가장 큰 영향을 미치는 주요 변수를 식별하여 집중적으로 관리할 수 있도록 한다. 또한, 민감도 평가를 통해 모델의 취약점을 파악하여 개선할 수 있도록 하고, 불확실성을 줄여 더 나은 의사 결정을 지원한다.

민감도 평가는 데이터의 범위를 특정하여 가정하거나 데이터를 변경하는 등의 방법을 이용하며, 다양한 조건 또는 값을 사용하여 얻은 결과를 비교, 분석하는 방법을 이용하여 평가한다. 민감도는 변화율 또는 결과와의 절대 편차 등으로 표현될 수 있으며, 민감도 평가 결과의 변화가 클수록 중요한 가정 또는 데이터로 간주되어진다.

민감도 평가에서 가장 널리 채택되는 방법은 시나리오(예: 데이터 범위, 가정 범위 등)를 사용하여 LCA 결과 및 핵심 이슈를 도출하는 것이다. 민감도 평가 전후에 식별된 핵심 이슈의 변화가 있는 경우, 해당 시나리오를 민감하다고 판단하고 기초 데이터를 이용한 결과와 비교, 분석을 통해 추가 내용을 확인한다. 일반적으로 민감도 평가 항목은 다음과 같다

① 배정기준, 대량기부 결정기준에 사용되는 기준

② 경계 설정 프로세스 및 시스템 정의

③ 데이터에 관한 판단과 가정

④ 영향 카테고리 선택

⑤ 재고결과 할당(분류)

⑥ 특성화된 영향 계산

⑦ 표준화된 영향 계산

⑧ 가중치 영향 계산

⑨ 가중치 부여 방법

⑩ 데이터 품질

배터리 전기추진 선박 전력의 발전 시나리오에 대한 온실가스 배출은 민감도 평가의 예가 될 수 있다. 우선 현재 대한민국의 전력 생산 비율과 각 전력 생산방식에서 단위 전력(kWh)당 온실가스 배출량을 정리하면 아래 표와 같다.

에너지원	발전 비율 (%)	GWP (kg CO_2eq/kWh)
원자력	29.62	0.00568
석탄	32.51	0.91200
기름	0.33	0.70600
LNG	27.52	0.56500
수력	0.62	0.00624
재생	9.40	0.03880

민감도 평가는 현재 전력 생산 비율을 적용한 전력 생산방식에서 단위 전력(kWh)당 온실가스 배출량(0.45966 kg CO_2eq/kWh)을 기준으로 각 전력 생산방식을 100% 활용한 경우를 가정하여 GFRP 소형 선박의 수명주기를 17.5년으로 가정한 LCA 연구에 적용하였다. 이를 이용한 민감도 평가 결과는 다음 표와 같다.

에너지원	온실가스 배출량 (kg CO_2eq)	현재 전력 생산방식 대비 비율 (%)
현재 전력 생산방식	1.57×10^6	100
원자력	1.94×10^4	1.2
석탄	3.21×10^6	204.5
기름	2.41×10^6	153.5
LNG	1.93×10^6	122.9
수력	2.13×10^4	1.4
재생	1.33×10^5	8.5

민감도 평가 결과 화석연료인 석탄, 기름, LNG를 전력 생산방식으로 100% 활용할 경우, 현재 전력 생산방식보다 더 많은 온실가스를 배출하는 것을 확인할 수 있다. 그 중, 석탄의 경우는 현재 전력 생산방식보다 2배 이상의 온실가스를 배출하기 때문에 온실가스 감축을 위해서는 석탄을 통한 전력 생산을 줄이는 것이 가장 효과가 큰 것을 민감도 평가를 통해 확인할 수 있다. 또한, 화석연료가 아닌 원자력, 수력, 재생의 경우는 현재 전력 생산방식의 10% 미만의 온실가스를 배출하는 것을 확인할 수 있다. 그 중, 원자력과 수력이 차이는 크지 않지만, 각각 현재 전력 생산방식의 1.2%와 1.4%밖에 온실가스를 배출하지 않기 때문에 온실가스 감축을 위해서는 원자력과 수력을 통한 전력 생산을 늘리는 것이 효과적인 전력 생산 방법임을 민감도 평가를 통해 확인할 수 있다.

민감도는 탄력성의 방법을 사용하여 평가할 수 있다. 데이터 변화에 따른 결과의 변화로 정의되는 탄력성의 크기에 따라 해당 항목의 민감도를 실증적으로 평가하는 방법이다. 하지만, 민감도를 평가하는 데 사용할 수 있는 명확한 기준은 없다. 하지만, 앞에 설명한 완성도 평가와 뒤에 설명할 일관성 평가와는 다르게, 민감도 평가는 LCA 보고서에 그 내용이 포함되는 경우가 많으므로 평가를 위한 기준은 민감도를 확인할 수 있는 명확한 기준을 사용하는 것이 중요하다.

(3) 일관성 평가

일관성 평가는 연구가 설정된 목표와 범위에 맞게 일관되게 수행되었는지를 확인하는 과정이다. 따라서, 이 단계는 LCA 연구의 전반적인 품질과 신뢰성을 보장하기 위해 필수적이다. 일관성 평가의 목적은 LCA 연구에 사용된 방법, 절차, 데이터 및 가정이 전체 LCA에 걸쳐 일관되게 적용되었는지 평가하는 것이다. 특히, 적용된 것과 범위 정의에 정의된 것 사이에 불일치가 일관성 평가에서 자세히 조사되어야 한다. 일관성 평가를 위해 많이 사용되는 질문은 다음과 같다.

① 지역적, 시간적 차이가 일관되게 적용되었는가?

② 할당 규칙과 시스템 경계가 모든 항목에 일관되게 적용되었는가?

③ 특성화와 같은 LCIA 요소와 방법이 일관되게 적용되었는가?

④ 범위 정의에 정의된 대로 데이터 품질이 LCA 연구 전반에 걸쳐 일관되게 적용되었는가?

⑤ 가중치 부여 방법과 요소가 일관되게 적용되었는가?

위에 설명된 질문들을 기초로 하여 일관성 평가는 다음과 같은 내용이 확인되어야 한다. 첫째, LCA 연구의 목표와 범위가 명확하게 정의되었는지 확인하고, 전체 LCA 연구가 단위 프로세스에서 설정된 목표와 범위에 맞게 수행되었는지 검토한다. 둘째, 데이터 수집 과정에서 사용된 방법과 출처가 일관되게 적용되었는지 확인하고, 수집된 데이터 처리 및 분석 방법이 일관되게 수행되었는지 검토한다. 셋째, 사용된 모델과 가정이 일관되게 적용되었는지 확인하고, 시스템 경계, 기능 단위, 할당 방법 등이 일관되게 수행되었는지 검토한다. 넷째, 도출된 결과가 논리적이고 일관되게 해석되었는지 확인하고, 결과 해석 과정에서 일관성이 유지되었는지 검토한다. 다섯째, LCA 모든 과정과 결과가 문서로 만드는 과정에서 충분히 서술되었는지 확인하고, 이 과정에서 연구의 투명성과 재현성을 보장하는 데 필요한 정보가 명확하게 기록되었는지 검토한다. 일관성 평가도 완성도 평가와 마찬가지로 수행되는 검토가 주관적 기준에 따라 이루어지고, 민감도 평가와 같이 특정 기준이 결과를 바꾸지 않기 때문에 따로 예를 통해 설명하지 않는다.

(4) 데이터 품질 요구 사항 평가

LCA 연구 결과의 신뢰성을 이해하고 연구 결과를 적절하게 해석하기 위해서는 수행된 LCA에 사용된 데이터 품질에 대한 설명이 중요하다. 이를 위해 사용하는 방법이 데이터 품질 요구 사항 평가이다. 데이터 품질 요구 사항에 대한 확인은 반복적인 프로세스이다. 우선 수집된 데이터는 목표 및 범위 정의 단계에서 설정한 요구 사항을 기준으로 확인해야 한다. 후속 단계(LCI 및 LCIA)에서 데이터를 수집하는 동안 데이터 품질은 계속 확인되어야 하며, 요구 사항을 충족하지 못하는 경우 데이터를 다시 수집하거나 요구 사항을 수정해야 한다. 데이터 품질 요구 사항을 평가하려면 다음의 변수가 포함되어야 한다.

① 시간적 범위 : 예) 최근 5년 이내 데이터

② 지리적 범위 : 예) 대한민국에서 제조, 사용 및 폐기 과정에서 수집된 데이터

③ 기술적 범위 : 예) 가장 최신 기술을 포함하는 데이터

또한, 데이터의 완전성, 일관성, 정확성, 대표성, 재현성 등의 요소를 정의하는 것이 필요하다. 이러한 요소는 LCI 데이터의 품질을 판단하는 척도로도 활용된다. 완전성과 일관성 평가에 대해서는 이미 앞에서 설명했으므로, 여기서는 정확성, 대표성, 재현성에 대해 설명한다.

정확성은 데이터가 실제 값을 얼마나 잘 반영하는지를 평가하는 것이다. LCA 사용되는 데이터의 출처를 검토함으로 데이터가 신뢰할 수 있는지 확인한다. 일반적으로 실험실 측정 데이터, 공인 기관의 보고서, 공정 운영 데이터 등이 높은 정확성을 가진다. 또한, 데이터 수집에 사용된 측정 방법이 적절하고 장비는 잘 보정되었는지 확인한다. 하지만, 측정 오류와 입력 오류 등과 같이 데이터 수집 과정에서 오류가 발생할 수 있으므로, 가능하면 이런 오류를 제거한다. 또한, 동일한 항목에 대해 여러 출처의 데이터를 비교하여 데이터 간 차이가 큰 경우 추가적인 검토를 수행한다.

대표성은 데이터가 특정 시간, 상소, 기술적 조건을 얼마나 잘 반영하는지 평가하는 것이다. LCA에 사용되는 데이터가 지역별 환경규제, 에너지 믹스, 공정 차이와 같이 특정 지역의 조건을 잘 반영하는지 확인한다. 또한, 데이터 발생 시점을 확인하여 수집되는 데이터가 현재 시점 또는 연구 대상 기간의 조건을 반영하는지 확인한다. 마지막으로, 수집되는 데이터가 최신 기술이거나 평균적인 기술 수준을 반영하는 등과 같이 해당 기술이나 공정의 실제 운영 조건을 반영하는지 확인한다.

재현성은 같은 방법과 조건에서 다른 연구자가 같은 결과를 얻을 수 있는지를 평가하는 것이다. LCA 연구에서 데이터 수집과 처리 과정, 가정, 계산 방법 등이 충분히 상세하게 기록되어 다른 연구자가 같은 절차를 재현할 수 있는지 확인한다. 또한, 같은 조건에서 일부 데이터를 다시 수집하거나 실험하여 결과를 재현할 수 있는지 확인한다.

데이터 품질 요구 사항 평가는 이 외에도, LCA 연구를 대중에게 공개하는 비교 주장에 사용하는 경우 비판적 검토가 추가로 수행되어야 한다. 이것은 수행된 LCA 연구에 대하여 독립적인 전문가나 이해관계자가 연구를 철저히 검토하는 과정이다. 이 검토 과정은 연구가 설정된 목표와 범위에 부합하며, 결과가 신뢰할 수 있는지 확인하는 데 중요한 역할을 한다. 이 과정에는 연구의 목표와 범위가 명확하게 정의되고, 적합한지 평가한다. LCA에 사용된 데이터에 대해서는 데이터의 출처와 수집 방법이 신뢰할 수 있는지 평가하며, 방법론에 대해서는 국제적으로 인증된 표준(예: ISO 14040, ISO 14044)을 따랐는지, 시스템 경계, 기능 단위, 할당 방법 등이 적절하게 설정되었는지 평가한다. 결과에 대해서는 주요 결과와 결론이 데이터와 방법론에 따라 충분히 뒷받침될 수 있도록 논리적이고 일관되게 해석되었는지 평가한다. 마지막으로 문서화에 대해서는 모든 데이터, 가정, 계산 과정, 결과 등이 명확하게 문서로 만들어져 다른 연구자가 같은 절차를 재현할 수 있는지 평가한다.

3.5.3 결론 및 권고사항(Conclusions and Recommendations)

LCA의 결론 및 권고사항은 LCA 연구의 최종 단계에서 도출된 결과를 바탕으로 한다. 이 단계는 연구의 주요 결과를 요약하고, 이를 기반으로 실질적인 권고사항을 제시하는 단계로, 이를 통해 연구의 목표를 달성하고, 의사결정 과정에서 유용한 정보를 제공한다.

결론은 LCA 연구의 주요 결과를 요약하고, 연구의 목표에 비추어 해석하는 단계이다. 결론에 도달하는 데는 논리적인 단계가 있다. 우선, 제품 시스템의 핵심 이슈를 파악한다. 이 단계에서는 단위 프로세스별로 주요 환경 영향을 요약하고, 환경적 성화가 특히 두드러진 부분이나 개선이 필요한 부분을 확인한다. 다음은 결과의 완성도, 민감도, 일관성을 평가한다. 이 과정에서는 연구 과정에서의 불확실한 요소와 그로 인한 결과의 영향을 제시하고, 데이터 수집, 가정, 모델링 과정에서의 한계점 등을 논의한다. 또한, 여러 다른 시나리오나 조건 간의 비교 결과를 제시하여 서로 다른 제품이나 공정의 환경적 영향의 상대적 우위를 평가하기도 한다. 마지막으로 LCA 연구에서 예비 결론을 도출하고 그 결론이 목표 및 범위 정의 단계에서 정의된 데이터 품질 요구 사항 및 가정과 일치하는지 평가한다. 이 세 가지 사항이 모두 충족되면 최종 결론을 내리고 적절한 권고사항을 제시한다.

권고사항은 LCA 연구 결과를 바탕으로 실질적인 행동 방안을 제시하는 단계이다. 이는 LCA 연구의 목적과 맞게 환경적 성과를 개선하기 위한 구체적인 조치가 포함된다. 권고사항은 다음에 설명하는 몇 가지 방법을 통해 이루어진다. 첫째, 개선 방안 제시이다. 이 방법은 LCA 단위 프로세스에서 환경적 성과를 개선할 수 있는 구체적인 방안을 제시하는 것으로, 에너지 효율 향상, 재료 사용 최적화, 배출 감소 등의 실질적인 개선 조치를 포함한다. 둘째, 정책 및 전략적 권고이다. 이 방법은 기업이나 정부 차원에서 적용할 수 있는 방법으로, 지속 가능한 개발 목표에 부합하는 정책적, 전략적 권고를 제시하는 방법이다. 셋째, 추가 연구 필요성 제안이다. 수행된 LCA에서 발생한 데이터 부족이나 불확실성을 줄이기 위해 추가적인 연구에 관한 방향이나 데이터 수집 전략을 권고하는 방법이다. 넷째, 이해관계자와의 소통이다. 이 방법은 연구 결과와 권고사항을 이해관계자에게 효과적으로 전달하기 위해 이해관계자의 참여를 유도하고, 협력을 강화는 전략을 포함하는 방안을 제시한다.

3.6 LCA 예(Example of LCA)

3.6.1 목표와 범위 정의

(1) 목표

LCA 방법론을 사용하여 소형 어선 가솔린 엔진 연료인 휘발유의 수명주기 동안 배출되는 온실가스를 통한 배출계수를 계산한다.

(2) 범위

휘발유의 Well-to-Wake(WtW)가 LCA 연구 범위이며, 여기에는 원유 생산, 운송, 정제, 분배, 사용에 걸친 휘발유의 수명주기를 포함한다. WtW 범위는 원유 생산부터 운송, 정제, 분배 단계를 포함하는 Well-to-Tank(WtT)와 사용 단계를 포함하는 Tank-to-Wake(TtW)로 다시 구분하였다.

3.6.2 LCI

(1) 원유 생산 단계

휘발유의 생산 단계 배출계수는 2018년 기준 원유의 수입 비율과 국가별 Carbon Intensity(CI) 값 등을 고려하여 산정하였다. 수입 비율은 대한민국 통계청 자료를 이용하여 국가별 수입량을 기준으로 계산되었으며(KOSIS, 2018), 국가별 CI 값은 기존 연구(Global carbon intensity of crude oil production, 2018)를 참고하였다. 이 정보들은 다음 표에 정리하였다.

원유 수출국	수입량 (bbl)	수입 비율 (%)	CI (g CO_2eq/MJ)
필리핀	988,000	0.09	11.5
태국	262,000	0.02	5.9
말레이시아	2,803,000	0.25	12.8
인도네시아	7,008,000	0.63	15.1
브루나이	3,213,000	0.29	6.4
호주	11,092,000	0.99	9.4
뉴질랜드	421,000	0.04	8.4
베트남	1,636,000	0.15	9.2
파푸아뉴기니	650,000	0.06	8.9
러시아	39,323,000	3.52	9.7
카자흐스탄	55,434,000	4.97	9.7
튀니지	299,000	0.03	15.3
알제리	15,738,000	1.41	20.1
리비아	3,920,000	0.35	11.2
콩고	1,261,000	0.11	29.2
가봉	7,250,000	0.65	13.1
나이지리아	8,973,000	0.80	12.4
수단	571,000	0.05	14.8
적도기니	2,889,000	0.26	6.8
캐나다	1,193,000	0.11	17.7
미국	60,942,000	5.46	11.3
멕시코	31,966,000	2.86	9.9
콜롬비아	992,000	0.09	8.8
이란	58,202,000	5.21	17.4
이라크	138,131,000	12.37	14.0
쿠웨이트	162,005,000	14.51	7.1
카타르	65,980,000	5.91	7.0
아랍에미리트	72,030,000	6.45	7.5
사우디아라비아	323,174,000	28.95	5.1
오만	1,471,000	0.13	11.7
노르웨이	5,101,000	0.46	6.4
영국	31,360,000	2.81	8.3

(2) 원유 수입 단계

휘발유의 수입 단계 배출계수는 2018년 기준 원유의 정유사별 정제비율, 정제비율과 수입 비율을 고려한 원유 수출국부터 국내 수입항까지 평균 거리, 그리고 원유 수입을 위한 원유 운반선 정보 등을 고려하여 산정하였다.

대한민국에는 네 개의 정유회사가 있으며, 각 정유사의 정제능력 기준의 정제비율 그리고 정제시설 위치 정보를 바탕으로 한 원유 수입항에 대한 정보는 다음 표에 제시하였다.

정유사	정제량 (bbl/day)	정제비율 (%)	수입항
SK Energy	840,000	28.0	울산
S-Oil	669,000	22.3	울산
GS Caltex	800,000	26.7	여수
Hyundai Oilbank	690,000	23.0	대산

원유 수입 평균 거리는 원유 수출국에서 국내 수입항까지 거리 정보를 이용하였다. 원유 수출국의 대표적인 원유 수출항 1곳을 선정하고, 여기서부터 국내 원유 수입항까지 거리 정보를 수집하였다. 이 거리 정보와 위 표의 정제비율을 고려하여 원유 수출국부터의 평균 거리를 계산하였다. 이 정보들은 아래 표에 제시하였으며, 표에 제시된 정보를 이용한 평균 거리는 8,746 Nmile이다.

원유 수출국	수출항	수입항 및 거리(Nmile)			평균거리 (Nmile)
		울산 (50.3%)	여수 (26.7%)	대산 (23.0%)	
필리핀	마닐라	1,786	1,741	1,945	1,811
태국	스리라차	3,336	3,321	3,524	3,375
말레이시아	빈툴루	2,565	2,520	2,724	2,590
인도네시아	카심 마린	2,510	2,465	2,669	2,535
브루나이	세리아	2,460	2,415	2,619	2,485
호주	멜버른	5,889	5,844	6,047	5,913
뉴질랜드	타라나키	6,389	6,344	6,554	6,415

베트남	붕따우	2,568	2,523	2,727	2,593
파푸아뉴기니	쿠물 마린	3,625	3,580	3,783	3,649
러시아	노보로시스크	10,418	10,373	10,576	10,442
카자흐스탄	노보로시스크	10,418	10,373	10,576	10,442
튀니지	스키라	9,933	9,888	10,091	9,957
알제리	아르제브	10,666	10,622	10,825	10,691
리비아	마르사 엘 브레가	9,483	9,438	9,641	9,507
콩고	제노	11,660	11,615	11,818	11,684
가봉	루지나	11,785	11,740	11,918	11,804
나이지리아	콰 이보에	12,378	12,321	12,525	12,401
수단	포트 수단	7,904	7,859	8,063	7,929
적도기니	포트 말라보	12,411	12,346	12,549	12,425
캐나다	포트하비	21,271	21,227	21,430	21,296
미국	코퍼스 크리스티	16,431	16,384	16,312	16,391
멕시코	도스 보카스	16,384	16,339	16,542	16,408
콜롬비아	투마코	16,862	16,818	17,021	16,887
이란	카르그	7,534	7,489	7,693	7,559
이라크	말바스라 석유 터미널	7,646	7,601	7,804	7,670
쿠웨이트	미나 알 아마디	7,630	7,585	7,788	7,654
카타르	알 샤인	7,365	7,320	7,524	7,390
아랍에미리트	아부 다비	7,269	7,224	7,428	7,294
사우디아라비아	라스 타누라	7,483	7,438	7,642	7,508
오만	칼하트	6,767	6,722	6,925	6,791
노르웨이	스투르 원유 터미널	13,065	13,020	13,223	13,089
영국	밀포드 헤이븐	12,162	12,117	12,321	12,187

원유 수입에 사용되는 선박은 Deadweight 30만톤급의 VLCC를 선정하고, 95% 선적과 연료는 Bunker C를 가정하였다. 선박의 운항 속력과 연료 소모량은 1년간의 운항 데이터를 바탕으로 Laden과 Ballast 항차의 평균값을 이용하였다. 선박에 대한 정보는 다음 표에 제시하였다.

분류	값
선속 (Knots)	12.1
만선시 1일 연료 소모량 (ton/day)	49.8
공선시 1일 연료 소모량 (ton/day)	34.6
Bunker C의 배출계수 (kg CO_2e/kg fuel)	3.11
선적율 (%)	95
원유 에너지 밀도 (MJ/m^3)	36,000

(3) 원유 정제 단계

원유 정제 단계의 배출계수는 LCA software 중 하나인 GREET의 데이터베이스 정보를 이용하였다. 본 연구는 정제 단계에서 발생하는 온실가스와 관련된 CO_2, CH_4, N_2O의 정보만 이용하였고, GWP는 IPCC 5차 assessment report(2014)에서 제시한 값을 이용하였다. 이에 대한 정보는 다음 표에 제시하였다.

배출물	배출량 (g/mmBtu)	GWP	배출계수 (g CO_2eq/MJ)
CO_2	4,154	1	3.94
CH_4	18.401	28	1.29
N_2O	0.181	265	0.05

정제된 휘발유의 분배 단계 배출계수는 2018년 기준 대한민국 지역별 휘발유 소비비율, 원유 정제비율, 그리고 정제시설이 있는 도시로부터 소비지까지 거리 정보를 이용하여 평균 수송 거리를 산정하였다. 다음 표는 정제시설로부터 소비지까지 거리와 소비비율에 대한 정보를 나타내며, 표에 제시된 정보를 이용한 분배 단계의 평균 수송 거리는 198.0 km이다.

정제시설	소비지	거리 (km)	소비비율 (%)
대산	서울	132	11.8
	인천	121	5.0
	경기	100	6.2
울산	부산	59	5.4
	대구	110	4.4
	울산	7	2.6
	경기도	359	19.7
	강원도	391	3.7
	경상북도	199	6.9
	경상남도	97	7.6
여수	광주	120	2.6
	대전	218	2.8
	세종	230	0.3
	경기도	320	1.5
	충청북도	253	4.1
	충청남도	266	5.7
	전라북도	150	4.2
	전라남도	141	4.0
	제주도	235	1.5

(4) 휘발유 분배 단계

휘발유 분배 단계의 운송 수단으로 15톤 탱크로리를 선정하였으며, 95% 선적과 연료는 디젤유를 가정하였다. 탱크로리에 대한 정보는 다음 표에 제시하였다.

분류	값
디젤유 1리터당 탱크로리 이동 거리 (km/liter)	2.9
디젤유 배출계수 (kg CO_2e/liter fuel)	2.69
휘발유 에너지 밀도 (MJ/kg)	42.8

(5) 휘발유 사용 단계

휘발유의 소비 단계 배출계수는 EPA(2022) 자료를 이용하였으며, GWP는 정제 단계와 같은 자료를 이용하였다. 다음 표는 휘발유 소비 단계 배출계수와 GWP 자료이다.

배출물	배출량 (kg/gal)	GWP	배출계수 (g CO_2eq/MJ)
CO_2	8.78	1	72.23
CH_4	0.00224	28	0.52
N_2O	0.00005	265	0.02

3.6.3 LCIA

앞에 제시한 표의 정보를 이용하여 휘발유 수명주기 각 단계의 배출계수를 계산하면 다음 표와 같고, 이를 전부 합산한 휘발유 수명주기의 배출계수는 88.24 g CO_2eq/MJ 이다.

WtT				TtW	합계
생산	수입	정제	분배	사용	
8.91	0.68	5.28	0.60	72.77	88.24

3.6.4 해석

앞에 제시한 예는 소형 선박에 사용되는 가솔린 및 디젤 엔진을 LPG 엔진으로 변경하는 것을 가정하여 선박 수명주기 동안 온실가스 배출량을 비교하고, 그 결과를 이용하여 LPG 엔진의 친환경성을 제시하는 전체 논문의 일부이다. 따라서 해석 단계에 필요한 결론 및 권고사항은 여기서는 따로 제시하지 않는다. 또한, 전체 LCA 과정의 핵심 이슈 파악, 완성도 평가, 일관성 평가에 관한 내용도 따로 제시하지 않는다. 다만, 앞에서 제시된 내용을 바탕으로 수행할 수 있는 민감도 분석에 관한 내용을 다음과 같이 제시한다.

민감도 분석은 원유 수입 단계 배출계수에 영향을 미치는 입력 데이터인 수입 평균 거리, 선적비율, 선속, 1일 연료 소모량 등을 고려하여 수행할 수 있다. 제시한 입력 데이터 중, 수입 평균 거리와 1일 연료 소모량은 10% 증가한 값을, 선적비율과 선속은 10% 감소한 값을 새로운 입력 데이터로 하여 원유 수입 단계 배출계수에 미치는 영향 정도를 파악하였다. 결과는 아래 표에 제시하였다.

입력 데이터	기존 조건	새로운 조건	새로운 배출계수 (g CO_2eq/MJ)
수입 평균 거리 (Nmile)	8,746	9,621	0.747
선적비율 (%)	95	85.5	0.755
선속 (Knot)	12.1	10.9	0.754
1일 연료 소모량 (ton/day)	42.2	46.4	0.747

표에 제시된 결과를 통해 휘발유의 수입 단계 배출계수에 대한 민감도는 LCA 연구에서 수행된 수입 단계 배출계수 0.68 g CO_2eq/MJ과의 차이가 큰 것이 민감도가 높은 것이다. 따라서, 선적비율이 가장 높고, 다음은 선속, 그리고 수입 평균 거리와 1일 연료 소모량이 가장 낮은 것을 확인할 수 있다.

산업화와 도시화가 급격하게 진행되면서 제조업, 발전소 등에서 배출되는 오염물질과 자동차, 버스, 트럭 등 교통수단에서 배출되는 배기가스가 대기질을 악화시키고 있다. 또한, 난방과 농업 활동도 대기오염에 기여하고 있다. 특히, 미세먼지(PM2.5)는 국민 건강에 큰 영향을 미치는 주요 대기오염물질로 지목되고 있으며, 이로 인해 호흡기 질환과 심혈관 질환 등의 발생률이 증가하고 있다.

참고 문헌

< 해외 논문 등 >

1. Amoatey, P., Omidvarborna, H., Baawain, M. S., & Al-Mamun, A. (2019). Emissions and exposure assessments of SOX, NOX, PM10/2.5 and trace metals from oil industries: A review study (2000–2018). Process Safety and Environmental Protection, 123, 215-228.
2. Ampah, J. D., Yusuf, A. A., Afrane, S., Jin, C., & Liu, H. (2021). Reviewing two decades of cleaner alternative marine fuels: Towards IMO's decarbonization of the maritime transport sector. Journal of Cleaner Production, 320, 128871.
3. Baik, J.H., Yim, S.D., Nam, I.-S., Mok, Y.S., Lee, J.-H., Cho, B.K., et al., 2004. Control of NOx emissions from diesel engine by selective catalytic reduction (SCR) with urea. Top. Catal. 30 (1–4), 37–41.
4. Barreiro, J., Zaragoza, S., & Diaz-Casas, V. (2022). Review of ship energy efficiency. Ocean Engineering, 257, 111594.
5. Bongrand, G., & Allemand, N. (2020). Background informal technical document on maritime shipping emissions, reduction techniques and determination of their costs.
6. Deng, J., Wang, X., Wei, Z., Wang, L., Wang, C., & Chen, Z. (2021). A review of NOx and SOx emission reduction technologies for marine diesel engines and the potential evaluation of liquefied natural gas fuelled vessels. Science of the Total Environment, 766, 144319.
7. Ekmekçioğlu, A., Ünlügençoğlu, K., & Çelebi, U. B. (2022). Estimation of shipping emissions based on real-time data with different methods: A case study of an oceangoing container ship. Environment, Development and Sustainability, 24(3), 4451-4470.

8. EPA, Ports Emissions Inventory Guidance: Methodologies for Estimating Port-Related and Goods Movement Mobile Source Emissions, 2022.

9. Fang, S., Wang, Y., Gou, B., Xu, Y., 2019. Toward future green maritime transportation: an overview of seaport microgrids and all-electric ships. IEEE Trans. Veh. Technol. 69, 207–219.

10. Grigoriadis, A., Mamarikas, S., Ioannidis, I., Majamäki, E., Jalkanen, J. P., & Ntziachristos, L. (2021). Development of exhaust emission factors for vessels: A review and meta-analysis of available data. Atmospheric Environment: X, 12, 100142.

11. He J, Zhou C, Zhou B. Research on Design and Installation of Marine Dual Fuel Power System [J]. Tianjin Science and Technology, 2020,47: 47-50+53.

12. Hoang, A. T., Foley, A. M., Nižetić, S., Huang, Z., Ong, H. C., Ölçer, A. I., ... & Nguyen, X. P. (2022). Energy-related approach for reduction of CO_2 emissions: A critical strategy on the port-to-ship pathway. Journal of Cleaner Production, 355, 131772.

13. Identec solutions, https://www.identecsolutions.com/news/sustainable-ports-become-reality

14. IEEE Spectrum, https://spectrum.ieee.org/nuclear-waste-train-car

15. IPCC. Summary for policymakers. In: Climate Change: The Physical Science Basis. Contribution of Working Group I to the Sixth Assessment Report of the Intergovernmental Panel on Climate Change; 2021a. p. 5–7.

16. IPCC. Technical summary. In: Climate Change: The Physical Science Basis. Contribution of Working Group I to the Sixth Assessment Report of the Intergovernmental Panel on Climate Change; 2021b. p. 80–82.

17. Kim, H., Yeo, S., Lee, J., & Lee, W. J. (2023). Proposal and analysis for effective implementation of new measures to reduce the operational carbon intensity of ships. Ocean Engineering, 280, 114827.

18. Lloyd's Register. Exhaust gas cleaning systems: Guidelines for the management of consumables and waste products.
https://www.lr.org/en/sulphur-2020/ [Accessed 11 December 2019].
MAN B&W. MAN B&W two-stroke marine engines emission project guide for MarpolAnnex = 6 * ROMANVI regulations.
https://marine.man-es.com/applications/projectguides/2stroke/content/special_pg/PG_7020-0145-10v2.pdf, [Accessed 26 November 2019].
19. Milazzo, M. F., Ancione, G., & Lisi, R. (2017). Emissions of volatile organic compounds during the ship-loading of petroleum products: Dispersion modelling and environmental concerns. Journal of environmental management, 204, 637-650.
20. Ni, P., Wang, X., & Li, H. (2020). A review on regulations, current status, effects and reduction strategies of emissions for marine diesel engines. Fuel, 279, 118477.
21. Nuchturee, C., Li, T., & Xia, H. (2020). Energy efficiency of integrated electric propulsion for ships–A review. Renewable and Sustainable Energy Reviews, 134, 110145.
22. Petersen, Michael, Eastern, A., (2019). LPG as Future Bunker Fuel.
23. Seongwan Kim, Hyeonmin Jeon & Jongsu Kim (2020) Trend analysis of domestic and international regulations for electric propulsion system, Journal of International Maritime Safety, Environmental Affairs, and Shipping, 4:3, 113-121, DOI:10.1080/25725084.2020.1809949
24. Sonawane, U., & Agarwal, A. K. (2021). Engine emission control devices for particulate matter and oxides of nitrogen: challenges and emerging trends. Novel Internal Combustion Engine Technologies for Performance Improvement and Emission Reduction, 197-220.
25. UNEP, 2019, AIR POLLUTION in Asia and the Pacific: Science-based solutions.
26. Vichard L, Steiner NY, Zerhouni N, et al. Hybrid fuel cell system degradation modeling methods: a comprehensive review. J Power Sources 2021;506:230071.

27. Wang, Q., Zhang, H., & Zhu, P. (2023). Using nuclear energy for maritime decarbonization and related environmental challenges: existing regulatory shortcomings and improvements. International journal of environmental research and public health, 20(4), 2993.

28. Wang, Y., Cao, Q., Liu, L., Wu, Y., Liu, H., Gu, Z., & Zhu, C. (2022). A review of low and zero carbon fuel technologies: Achieving ship carbon reduction targets. Sustainable Energy Technologies and Assessments, 54, 102762.

29. Xing, H., Stuart, C., Spence, S., & Chen, H. (2021). Alternative fuel options for low carbon maritime transportation: Pathways to 2050. Journal of Cleaner Production, 297, 126651.

30. Zhao, Y., Fan, Y., Fagerholt, K., & Zhou, J. (2021). Reducing sulfur and nitrogen emissions in shipping economically. Transportation Research Part D: Transport and Environment, 90, 102641.

31. Zetterdahl, M., Moldanova, J., Pei, X., Pathak, R.K., Demirdjian, B., 2016. Impact of the 0.1% fuel sulfur content limit in SECA on particle and gaseous emissions from marine vessels. Atmos. Environ. 145, 338–345.

<국내 논문 등>

1. 김지호. (2022). 디젤엔진의 천연가스/디젤 및 에멀젼연료의 배기배출물 특성 연구 (Doctoral dissertation, 부경대학교).
2. 안용성 외 (2019). 선박 대기오염물질 배출저감 기술의 평가·인증체계 구축 및 활용 방안 연구. 한국해양수산개발원
3. 한국선급 (2021). CII 규제 대응 지침서.
4. 한국선급 (2012). Technical information 에너지효율설계지수(EEDI) 검증 및 국제 에너지효율(IEE) 증서 발행.
5. 환경부 국가미세먼지정보센터 (2023). 2021 국가 대기오염물질 배출량 NATIONAL AIR POLLUTANTS EMISSION.

선박 기인 대기오염물질 및 배출량 산정

2025년 7월 31일 인쇄 발행

저 자 이원주, 여실중, 김정국
발 행 인 송기수
발 행 처 도서출판 GS인터비전
편 집 처 도서출판 GS인터비전
편 집 인 공예서
표 지 디 자 인 도서출판 GS인터비전
인 쇄 처 트윈벨미디어
등 록 번 호 제 25100-2016-000050호
I S B N 979-11-5576-516-6(93530)

주 수 서울 은평구 증산로 15길 69 2층
전 화 02-976-7898, 02-3272-7898
팩 스 02-6468-7898
홈페이지 gsintervision.kr
E-Mail gsinter7@gmail.com

정 가 25,000원